大学物理学习指导

（微课版）

主　编　何跃娟　朱　云　张子越　吴亚敏

苏州大学出版社

图书在版编目(CIP)数据

大学物理学习指导：微课版 / 何跃娟等主编. --
苏州：苏州大学出版社，2024.1(2025.1重印)
  ISBN 978-7-5672-4597-6

  Ⅰ.①大… Ⅱ.①何… Ⅲ.①物理学－高等学校－教
学参考资料 Ⅳ.①O4

  中国国家版本馆 CIP 数据核字(2024)第 008209 号

DAXUE WULI XUEXI ZHIDAO (WEIKEBAN)
书　　名：大学物理学习指导(微课版)
主　　编：何跃娟　朱　云　张子越　吴亚敏
责任编辑：周建兰
装帧设计：吴　钰
出版发行：苏州大学出版社(Soochow University Press)
社　　址：苏州市十梓街1号　邮编：215006
印　　刷：江苏凤凰数码印务有限公司
邮购热线：0512-67480030
销售热线：0512-67481020
开　　本：787 mm×1 092 mm　1/16　印张：13.5　字数：315 千
版　　次：2024 年 1 月第 1 版
印　　次：2025 年 1 月第 2 次修订印刷
书　　号：ISBN 978-7-5672-4597-6
定　　价：39.80 元

图书若有印装错误,本社负责调换
苏州大学出版社营销部　电话:0512-67481020
苏州大学出版社网址　http://www.sudapress.com
苏州大学出版社邮箱　sdcbs@suda.edu.cn

前言
PREFACE

大学物理是高等学校理工科各专业的一门重要的基础课,它对学生科学素质的提高、综合能力的培养、创新意识的形成、探索精神的增强和思维能力的训练等诸方面都起着重要的作用.对于刚进入大学的学生来说,由于大学物理的难度较大,教学进度较快,在学习过程中往往会遇到一些困难,或一时难以适应.为了使学生在学习过程中能更深刻地理解物理概念,抓住每章的重点、难点,提高分析问题和解决问题的能力,把握学习的主动性,进而提高教学效率和质量,我们结合多年的教学实践经验,根据教育部教学指导委员会最新颁布的《理工科类大学物理课程教学基本要求》,编写了《大学物理学习指导(微课版)》.

本书作为大学物理课程的教辅用书,紧贴教学实际,注重教学实用性.全书共分十二章,每一章均包括基本要求、主要内容及例题、难点分析、习题.本书把例题和主要内容结合在一起,并且重要的例题都有点评,以便学生更好地领会和掌握所学.习题中的选择题和填空题可用作学生课后自我练习,附有答案;计算及证明题部分结合教学要求,并充分考虑实际课时安排,每次课后都有2~3题练习,以利于学生进一步理解概念,掌握重点、难点.同时,增加了所有知识点的微课,每个微课时长为5~10 min,方便学生利用碎片化时间学习.微课中包含大量的动画和实验视频,方便学生理解,这是一本立体化的教辅书.

本书由江南大学理学院物理系组织编写,本次参与改编内容的老师是何跃娟(第1、2、8、9章)、朱云(第3、4、5章)、张子越(第6、11、12章)、吴亚敏(第7、10章).具体微课拍摄和讲解的是何跃娟(第1、2、8、9、10、11章)、朱云(第3、4、5章)、张子越(第6、12章)、吴亚敏(第7章).全书由何跃娟进行最后统稿和审定.

本书中部分插图和习题参考了一些大学物理教材,在此对相关作者表示感谢!同时感谢江南大学理学院物理系所有老师对本书的编写及微课的拍摄所提出的很好的建议及意见.感谢苏州大学出版社周建兰编辑为本书的出版付出的努力.

由于编者水平有限,书中难免有不当或错误之处,敬请读者不吝指正.

编 者
2023 年 12 月于无锡

目 录
CONTENTS

第1章

质 点 力 学

一、基本要求

1. 熟练掌握描述质点运动的四个物理量——位置矢量、位移、速度和加速度.

2. 理解运动方程的物理意义及作用,能熟练处理质点运动学的两类问题:① 已知质点的运动方程,确定质点的位置、位移、速度和加速度;② 已知质点运动的加速度和初始条件,求其速度和运动方程.

3. 掌握曲线运动的自然坐标表示法.能熟练计算质点在平面内运动时的速度和加速度,以及质点做圆周运动时的角速度、角加速度、切向加速度和法向加速度.

4. 了解惯性参考系及非惯性参考系的定义,了解牛顿运动定律的适用范围.正确理解力的概念.

5. 掌握几种常见的力(重力、弹性力和摩擦力)及力的分析方法.能利用微积分求解一维变力作用下的质点动力学问题.

6. 掌握动量和冲量的概念,会计算一维变力的冲量.

7. 掌握动量定理和动量守恒定律,并能熟练应用.

8. 掌握功、功率的定义及计算方法.

9. 掌握保守力做功的特点、势能的概念及它们的物理意义,会计算引力势能、重力势能和弹力势能.

10. 掌握动能定理、功能原理和机械能守恒定律及其适用条件,并能熟练应用.

二、主要内容及例题

(一) 描述质点运动的四个物理量

1. 位置矢量 $\boldsymbol{r}$ 为

$$\boldsymbol{r} = x\boldsymbol{i} + y\boldsymbol{j} + z\boldsymbol{k} \tag{1-1}$$

物理运动时,位置矢量随时间而改变,即 $\boldsymbol{r} = \boldsymbol{r}(t) = x(t)\boldsymbol{i} + y(t)\boldsymbol{j} + z(t)\boldsymbol{k}$,此式称为运动函数或运动方程,其分量式为

描述质点运动的
物理量1

1

$$\begin{cases} x = x(t) \\ y = y(t) \\ z = z(t) \end{cases} \tag{1-2}$$

从中消去时间 t，可得质点运动轨迹方程.

2. 位移 $\Delta \boldsymbol{r}$ 为

$$\Delta \boldsymbol{r} = \boldsymbol{r}(t+\Delta t) - \boldsymbol{r}(t) = \Delta x \boldsymbol{i} + \Delta y \boldsymbol{j} + \Delta z \boldsymbol{k} \tag{1-3}$$

一般情况下，$|\Delta \boldsymbol{r}| \neq \Delta r$，如图 1-1 所示.

路程和位移不同，路程用 Δs 表示，一般 $\Delta s \geqslant |\Delta \boldsymbol{r}|$.

3. 速度 $\boldsymbol{v}$.

平均速度为

$$\overline{\boldsymbol{v}} = \frac{\Delta \boldsymbol{r}}{\Delta t} \tag{1-4a}$$

瞬时速度（简称速度）为

$$\boldsymbol{v} = \lim_{\Delta t \to 0} \frac{\Delta \boldsymbol{r}}{\Delta t} = \frac{\mathrm{d}\boldsymbol{r}}{\mathrm{d}t} \tag{1-4b}$$

速度的大小即速率. 当 $\Delta t \to 0$ 时，$|\mathrm{d}\boldsymbol{r}| = \mathrm{d}s$，故瞬时速率（简称速率）为

$$v = |\boldsymbol{v}| = \frac{\mathrm{d}s}{\mathrm{d}t} \tag{1-5}$$

4. 加速度 $\boldsymbol{a}$.

平均加速度为

$$\overline{\boldsymbol{a}} = \frac{\Delta \boldsymbol{v}}{\Delta t} \tag{1-6a}$$

瞬时加速度（简称加速度）为

$$\boldsymbol{a} = \lim_{\Delta t \to 0} \frac{\Delta \boldsymbol{v}}{\Delta t} = \frac{\mathrm{d}\boldsymbol{v}}{\mathrm{d}t} = \frac{\mathrm{d}^2 \boldsymbol{r}}{\mathrm{d}t^2} \tag{1-6b}$$

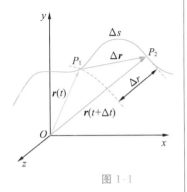

图 1-1

描述质点运动的
物理量 2

例 1-1　已知一质点的运动方程 $\boldsymbol{r} = at^2 \boldsymbol{i} + bt^2 \boldsymbol{j}$（其中 a、b 为常量），则该质点做何运动？

分析：质点运动的速度、加速度可通过对运动方程分别求导得出，而质点的轨迹方程为 $y = f(x)$，可由运动方程的两个分量式：$x = x(t)$，$y = y(t)$，从中消去时间 t 得到.

解答：因为速度 $\boldsymbol{v} = \dfrac{\mathrm{d}\boldsymbol{r}}{\mathrm{d}t} = 2at\boldsymbol{i} + 2bt\boldsymbol{j}$ 与时间有关，可初步断定质点做变速运动；而加速度 $\boldsymbol{a} = \dfrac{\mathrm{d}\boldsymbol{v}}{\mathrm{d}t} = 2a\boldsymbol{i} + 2b\boldsymbol{j}$ 与时间无关，故可判断质点做匀变速运动.

由质点的运动方程可得相应的分量式为

$$\begin{cases} x = at^2 \\ y = bt^2 \end{cases}$$

从以上两式中消去时间 t，得轨迹方程 $y=\dfrac{b}{a}x$，这表明质点在 xOy 平面上运动的轨迹是直线.

综合以上分析可知，该质点做匀变速直线运动.

注意：在分析质点做怎样的运动时，要从质点速度、加速度的特征及轨迹方程等几方面综合考虑，再作判断.

（二）曲线运动的自然坐标表示

下面介绍自然坐标系中质点的运动方程、速度和加速度.

运动方程为

$$s=s(t) \tag{1-7}$$

速度为

$$\boldsymbol{v}=v\boldsymbol{e}_{\mathrm{t}} \tag{1-8}$$

速率为

$$v=\frac{\mathrm{d}s}{\mathrm{d}t}$$

切向加速度为

$$\boldsymbol{a}_{\mathrm{t}}=\frac{\mathrm{d}v}{\mathrm{d}t}\boldsymbol{e}_{\mathrm{t}}=\frac{\mathrm{d}^{2}s}{\mathrm{d}t^{2}}\boldsymbol{e}_{\mathrm{t}} \tag{1-9a}$$

法向加速度为

$$\boldsymbol{a}_{\mathrm{n}}=\frac{v^{2}}{\rho}\boldsymbol{e}_{\mathrm{n}} \tag{1-9b}$$

加速度为

$$\boldsymbol{a}=a_{\mathrm{t}}\boldsymbol{e}_{\mathrm{t}}+a_{\mathrm{n}}\boldsymbol{e}_{\mathrm{n}}=\boldsymbol{a}_{\mathrm{t}}+\boldsymbol{a}_{\mathrm{n}}=\frac{\mathrm{d}v}{\mathrm{d}t}\boldsymbol{e}_{\mathrm{t}}+\frac{v^{2}}{\rho}\boldsymbol{e}_{\mathrm{n}} \tag{1-9c}$$

式中，ρ 为轨道的曲率半径，如图 1-2 所示.

对圆周运动，切向加速度大小为

$$a_{\mathrm{t}}=\frac{\mathrm{d}v}{\mathrm{d}t}$$

法向加速度大小为

$$a_{\mathrm{n}}=\frac{v^{2}}{R}\,（R\text{ 为圆周的半径}）$$

加速度大小为

$$a=|\boldsymbol{a}|=\sqrt{a_{\mathrm{n}}^{2}+a_{\mathrm{t}}^{2}}=\sqrt{\left(\frac{v^{2}}{R}\right)^{2}+\left(\frac{\mathrm{d}v}{\mathrm{d}t}\right)^{2}}$$

加速度方向为

$$\tan\alpha=\frac{a_{\mathrm{n}}}{a_{\mathrm{t}}}\,（\alpha\text{ 为 }\boldsymbol{a}\text{ 与 }\boldsymbol{v}\text{ 所成的夹角}）$$

曲线运动的
自然坐标表示

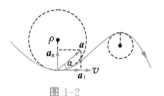

图 1-2

例 1-2　质点做曲线运动，r 表示位置矢量，v 表示速度，a 表示加速度，s 表示路程，a_t 表示切向加速度的大小，下列表达式：（1）$\dfrac{\mathrm{d}v}{\mathrm{d}t}=a$，（2）$\dfrac{\mathrm{d}r}{\mathrm{d}t}=v$，（3）$\dfrac{\mathrm{d}s}{\mathrm{d}t}=v$，（4）$\left|\dfrac{\mathrm{d}\boldsymbol{v}}{\mathrm{d}t}\right|=a_t$，哪个是对的？

分析：$\dfrac{\mathrm{d}v}{\mathrm{d}t}$ 表示切向加速度 a_t 的大小，它表示速度大小随时间的变化率，是加速度矢量沿速度方向的一个分量，起改变速度大小的作用；$\dfrac{\mathrm{d}r}{\mathrm{d}t}$ 表示质点到坐标原点的距离随时间的变化率，在极坐标系中称为径向速率；$\dfrac{\mathrm{d}s}{\mathrm{d}t}$ 在自然坐标系中表示质点的速率 v；$\left|\dfrac{\mathrm{d}\boldsymbol{v}}{\mathrm{d}t}\right|$ 表示加速度的大小，而不是切向加速度的大小．

解答：以上 4 个式子中只有表达式（3）是对的．

运动学中的
第一类问题

运动学中的
第二类问题

（三）质点运动学的两类问题

1. 已知 $r=r(t)$ 或自然坐标 $s=s(t)$，求质点的位移、速度、加速度、切向加速度、法向加速度——微分法．

2. 已知 $a(t)$ 和初始条件 r_0 和 v_0，求其速度和运动方程——积分法．

例 1-3　已知一物体的运动方程为 $r=t\boldsymbol{i}+t^2\boldsymbol{j}$［SI（国际单位制）单位］．求：

（1）第 2 s 内的位移；

（2）$t=1$ s 时的速度、加速度、切向加速度、法向加速度和曲率半径．

分析：已知运动方程，求位移、速度、加速度，这是典型的运动学中的第一类问题．

解答：（1）$r\Big|_{t=1}=\boldsymbol{i}+\boldsymbol{j}$，$r\Big|_{t=2}=2\boldsymbol{i}+4\boldsymbol{j}$，位移 $\Delta r=\boldsymbol{i}+3\boldsymbol{j}$．

（2）
$$\boldsymbol{v}=\frac{\mathrm{d}\boldsymbol{r}}{\mathrm{d}t}=\boldsymbol{i}+2t\boldsymbol{j}，\boldsymbol{v}\Big|_{t=1}=\boldsymbol{i}+2\boldsymbol{j}$$

$$\boldsymbol{a}=\frac{\mathrm{d}\boldsymbol{v}}{\mathrm{d}t}=2\boldsymbol{j}，a_t=\frac{\mathrm{d}v}{\mathrm{d}t}=\frac{\mathrm{d}\sqrt{4t^2+1}}{\mathrm{d}t}=\frac{4t}{\sqrt{4t^2+1}}$$

所以 $t=1$ s，$a_t\big|_{t=1}=\dfrac{4\sqrt{5}}{5}$ m·s^{-2}．

而 $a_t^2+a_n^2=a^2=4$，得 $a_n\big|_{t=1}=\dfrac{2\sqrt{5}}{5}$ m·s^{-2}．

又 $a_n=\dfrac{v^2}{\rho}$，即 $\dfrac{5}{\rho}=\dfrac{2\sqrt{5}}{5}$，得 $\rho=\dfrac{5\sqrt{5}}{2}$ m．

例 1-4 飞轮加速转动时，飞轮边缘上一点的运动方程为 $s=0.1t^3$（SI 单位）．已知飞轮半径为 2 m．当此点的速率 $v=30$ m·s^{-1} 时，其加速度大小为多少？

分析：已知飞轮边缘上一点做圆周运动的运动方程为 $s=0.1t^3$，可由 $v=\dfrac{\mathrm{d}s}{\mathrm{d}t}$ 求出其速率，而后由 $a_t=\dfrac{\mathrm{d}v}{\mathrm{d}t}$ 和 $a_n=\dfrac{v^2}{R}$ 求出其切向加速度和法向加速度，最后依 $a=\sqrt{a_n^2+a_t^2}$ 求出加速度的大小．

解答：质点在 t 时刻的速率为

$$v=\frac{\mathrm{d}s}{\mathrm{d}t}=0.3t^2$$

当 $v=30$ m/s 时，$t=10$ s．此刻

$$a_t=\frac{\mathrm{d}v}{\mathrm{d}t}=0.6t=6(\text{m·s}^{-2})$$

$$a_n=\frac{v^2}{R}=0.045t^4=450(\text{m·s}^{-2})$$

所以，该点的加速度大小为

$$a=\sqrt{a_t^2+a_n^2}=\sqrt{6^2+450^2}\approx450.04(\text{m·s}^{-2})$$

例 1-5 一质点沿 x 轴运动，其加速度大小为 $a=4t$，式中 a 的单位为 m·s^{-2}，t 的单位为 s．当 $t=0$ 时，$v_0=5$ m·s^{-1}，$x_0=5$ m．求：

（1）质点速度随时间的变化关系；

（2）质点的运动方程．

分析：该题属于运动学中的第二类问题，即已知加速度求质点的速度和运动方程．由加速度定义，有

$$a=\frac{\mathrm{d}v}{\mathrm{d}t}=4t \quad （\text{一维运动可用标量式}）$$

对上式分离变量，再由初始条件积分，可得质点的速度和运动方程．

解答：（1）因为

$$a=\frac{\mathrm{d}v}{\mathrm{d}t}=4t$$

分离变量，得

$$dv = 4t\,dt$$

由初始条件知定积分上下限：

$$\int_{v_0}^{v} dv = \int_{0}^{t} 4t\,dt$$

解得

$$v = v_0 + 2t^2 = 5 + 2t^2\,(\text{m}\cdot\text{s}^{-1})$$

（2）由速度定义，有

$$v = \frac{dx}{dt} = 5 + 2t^2$$

分离变量，得

$$dx = (5 + 2t^2)\,dt$$

由初始条件积分，有

$$\int_{5}^{x} dx = \int_{0}^{t} (5 + 2t^2)\,dt$$

解得

$$x = 5 + 5t + \frac{2}{3}t^3\,(\text{m})$$

例 1-6 某物体做直线运动，其运动规律为 $a = -kv^2t$，式中，k 为大于零的常量.已知当 $t = 0$ 时，初速度为 v_0，求速度 v 与时间 t 的函数关系式.

分析：本题属于运动学中的第二类问题.由于已知 a，而 $a = \dfrac{dv}{dt}$，即 $\dfrac{dv}{dt} = -kv^2t$，等式中只有 v 和 t 两个变量，故分离变量后再由初始条件积分，即可求出结果.

解答：因为

$$a = \frac{dv}{dt} = -kv^2t$$

分离变量，得

$$\frac{dv}{v^2} = -kt\,dt$$

由初始条件积分，有

$$\int_{v_0}^{v} \frac{dv}{v^2} = \int_{0}^{t} -kt\,dt$$

解得速度 v 与时间 t 的函数关系式为

$$\frac{1}{v} = \frac{kt^2}{2} + \frac{1}{v_0}$$

例 1-7　一物体悬挂在弹簧上做竖直振动,其加速度 $a = -ky$,式中,k 为常量,y 是以平衡位置为原点所测得的坐标.假定振动的物体在坐标 y_0 处的速度为 v_0,试求速度 v 与坐标 y 的函数关系式.

分析:该题属于运动学中的第二类问题.与上题不同之处在于,本题给出的是加速度和位置的关系,因此要经变量代换、分离变量等,再积分求出结果.

解答:因为

$$a = \frac{dv}{dt} = -ky$$

作变量代换,有

$$a = \frac{dv}{dt} = \frac{dv}{dy}\frac{dy}{dt} = v\frac{dv}{dy}$$

得

$$-ky = v\frac{dv}{dy}$$

分离变量,可得

$$-ky\,dy = v\,dv$$

对上式积分,并代入初始条件 $y = y_0$,$v = v_0$,有

$$-\int_{y_0}^{y} ky\,dy = \int_{v_0}^{v} v\,dv$$

解得

$$v^2 = v_0{}^2 + k(y_0{}^2 - y^2)$$

（四）圆周运动的角量描述　线量与角量的关系

1. 描述质点圆周运动的角量.

由角坐标 θ、角位移 $\Delta\theta$,得角速度为

$$\omega = \lim_{\Delta t \to 0}\frac{\Delta\theta}{\Delta t} = \frac{d\theta}{dt} \tag{1-10}$$

角加速度为

$$\alpha = \frac{d\omega}{dt} = \frac{d^2\theta}{dt^2} \tag{1-11}$$

运动方程为

$$\theta = \theta(t)\text{ 或 }s = s(t)$$

2. 线量与角量的关系:

$$v = R\omega,\ a_t = R\alpha,\ a_n = R\omega^2,\ \Delta s = R \cdot \Delta\theta \tag{1-12}$$

圆周运动的
角量描述

例 1-8　一质点做半径 $R = 0.1$ m 的圆周运动,其角坐标 $\theta = 2 + 3t^3$,式中 θ 的单位为 rad,t 的单位为 s.

（1）求 $t = 2$ s 时,质点的法向加速度大小和切向加速度大小.

（2）当 t 为多少时,法向加速度和切向加速度的数值相等?

（3）此时质点运动了多少圈?

分析：此题已知质点的运动方程 $\theta = \theta(t)$，由 $\omega = \dfrac{\mathrm{d}\theta}{\mathrm{d}t}$ 和 $\alpha = \dfrac{\mathrm{d}\omega}{\mathrm{d}t}$ 可求出角速度 ω 和角加速度 α，再利用角量和线量的关系，即可求得 a_{t} 和 a_{n}．

解答：(1) 质点角速度为

$$\omega = \frac{\mathrm{d}\theta}{\mathrm{d}t} = 9t^2$$

角加速度为

$$\alpha = \frac{\mathrm{d}\omega}{\mathrm{d}t} = 18t$$

所以任意时刻 t 质点的 a_{t} 和 a_{n} 分别为

$$a_{\mathrm{t}} = R\alpha = 18Rt$$
$$a_{\mathrm{n}} = R\omega^2 = 81Rt^4$$

当 $t = 2$ s 时，切向加速度大小 $a_{\mathrm{t}} = 3.6$ m·s^{-2}，法向加速度大小 $a_{\mathrm{n}} = 129.6$ m·s^{-2}．

(2) 当 $a_{\mathrm{n}} = a_{\mathrm{t}}$ 时，即 $81Rt^4 = 18Rt$，此时 $t^3 = \dfrac{2}{9}$，解得 $t \approx 0.61$ s．

(3) 此时质点转过的角度 $\theta = 2 + 3t^3 \approx 2.67(\mathrm{rad})$．

质点运动的圈数为

$$N = \frac{\theta}{2\pi} \approx 0.42 \text{ r}$$

注意：熟练掌握线量和角量的关系式，并灵活运用．

（五）相对运动

$$\boldsymbol{v}_{绝对} = \boldsymbol{v}_{相对} + \boldsymbol{v}_{牵连}$$

或者

$$\boldsymbol{v}_{甲乙} = \boldsymbol{v}_{甲丙} + \boldsymbol{v}_{丙乙} \tag{1-13}$$

注意：相对运动的速度关系式是矢量式．

（六）牛顿运动定律

第一定律：引出了惯性和力的概念及惯性参考系的定义．如果牛顿第一定律在某个参考系中适用，则这个参考系称为惯性参考系，简称惯性系．

第二定律：

$$\boldsymbol{F} = \frac{\mathrm{d}\boldsymbol{p}}{\mathrm{d}t} = \frac{\mathrm{d}(m\boldsymbol{v})}{\mathrm{d}t} \tag{1-14a}$$

当质点做低速（$v \ll c$）运动，其质量可看作常量时，上式可写为

$$\boldsymbol{F} = m\frac{\mathrm{d}\boldsymbol{v}}{\mathrm{d}t} = m\boldsymbol{a} \tag{1-14b}$$

式中，$\boldsymbol{F}$ 为合外力，$\boldsymbol{a}$ 的方向与 $\boldsymbol{F}$ 的方向一致．$\boldsymbol{F}$ 与 $\boldsymbol{a}$ 的关系为瞬时关系，即当合外力撤去或变为零时，加速度也就立即消失．

相对运动

牛顿运动定律
力学相对性原理

在直角坐标系中,它在 Ox、Oy、Oz 三个方向上的分量分别为

$$F_x = m\frac{\mathrm{d}v_x}{\mathrm{d}t} = ma_x \tag{1-15a}$$

$$F_y = m\frac{\mathrm{d}v_y}{\mathrm{d}t} = ma_y \tag{1-15b}$$

$$F_z = m\frac{\mathrm{d}v_z}{\mathrm{d}t} = ma_z \tag{1-15c}$$

在自然坐标系中,其切向和法向的分量分别为

$$F_t = ma_t = m\frac{\mathrm{d}v}{\mathrm{d}t} \tag{1-16a}$$

$$F_n = ma_n = m\frac{v^2}{\rho} \tag{1-16b}$$

第三定律:

$$\boldsymbol{F}_{12} = -\boldsymbol{F}_{21} \tag{1-17}$$

必须明确:牛顿运动定律只适用于惯性参考系中的质点或可视为质点的物体,且研究对象的质量不会随着运动而明显变化.

例 1-9　已知一质量为 m 的质点在 x 轴上运动,质点只受到指向原点的引力的作用,引力大小与质点离原点的距离 x 的平方成反比,即 $F = -\dfrac{k}{x^2}$,k 为比例常量.设质点在 $x = A$ 时的速度为零,求质点在 $x = \dfrac{A}{4}$ 处的速度的大小.

分析:这是变力作用下的动力学问题,由牛顿运动定律 $\boldsymbol{F} = m\boldsymbol{a}$,已知 F 随 x 变化,则知 a 随 x 变化,过渡到前面讲述的运动学中的第二类问题.

解答:根据牛顿第二定律,有

$$F = -\frac{k}{x^2} = m\frac{\mathrm{d}v}{\mathrm{d}t}$$

利用变量代换,得

$$-\frac{k}{x^2} = m\frac{\mathrm{d}v}{\mathrm{d}t} = m\frac{\mathrm{d}v}{\mathrm{d}x}\cdot\frac{\mathrm{d}x}{\mathrm{d}t} = mv\frac{\mathrm{d}v}{\mathrm{d}x}$$

再分离变量,有

$$v\,\mathrm{d}v = -k\frac{\mathrm{d}x}{mx^2}$$

对上式积分,并代入始、末条件,有

$$\int_0^v v\,\mathrm{d}v = -\int_A^{A/4}\frac{k}{mx^2}\,\mathrm{d}x$$

解得

$$\frac{1}{2}v^2 = \frac{k}{m}\left(\frac{4}{A} - \frac{1}{A}\right) = \frac{3}{mA}k$$

所以

$$v=\sqrt{\frac{6k}{mA}}$$

注意：物体受的变力可以是速度的函数，也可以是位置的函数，或者是时间的函数．通常在列出动力学方程后，需要采用积分的方法去解方程．这也是解题过程中的难点，解题时特别需要注意积分变量的统一和初始条件的确定．

例 1-10 在光滑的水平面上设置一竖直的圆筒，半径为 R，一小球紧靠圆筒内壁运动，如图 1-3 所示，摩擦因数为 μ．在 $t=0$ 时，球的速率为 v_0，求任意时刻 t 小球的速率和运动路程．

分析：由于运动学和动力学之间的联系是以加速度为桥梁的，因此可先分析动力学问题．小球做圆周运动的过程中，使其运动状态发生变化的是圆桶内壁对小球的正压力 $\boldsymbol{F}_N$ 和小球与桶之间的摩擦力 $\boldsymbol{F}_f$，通过牛顿运动定律，可把它们与小球运动的切向和法向加速度联系起来，再用运动学的积分关系即可求出速率和运动路程．

解答：选小球为研究对象，画出其水平面上的受力分析图，建立自然坐标系，如图 1-3 所示，应用牛顿运动定律列方程．

法向：

$$F_N=m\frac{v^2}{R}$$

切向：

$$-F_f=m\frac{\mathrm{d}v}{\mathrm{d}t}$$

因 $F_f=\mu F_N$，所以有

$$\frac{\mathrm{d}v}{\mathrm{d}t}=-\mu\frac{v^2}{R}$$

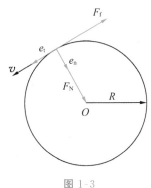

图 1-3

对上式分离变量后积分，并代入始、末条件，有

$$-\int_{v_0}^{v}\frac{1}{v^2}\mathrm{d}v=\int_{0}^{t}\frac{\mu}{R}\mathrm{d}t$$

解得

$$v=\frac{v_0R}{R+v_0\mu t}$$

利用 $v=\frac{\mathrm{d}s}{\mathrm{d}t}$，求得在时间 t 内小球经过的路程为

$$s=\int_{0}^{t}v\mathrm{d}t=v_0R\int_{0}^{t}\frac{\mathrm{d}t}{R+v_0\mu t}=\frac{R}{\mu}\ln\left(1+\frac{v_0\mu t}{R}\right)$$

（七）力学中常见的几种力

1. 万有引力（含重力）的定义：

$$F = G \frac{m_1 m_2}{r^2} \tag{1-18}$$

2. 弹性力.

（1）压力：物体间相互挤压而引起的弹性力，方向垂直于接触面.

（2）张力：绳子两端受到力的作用而被拉紧后，由于发生拉伸形变所引起的绳中张力.

（3）弹簧的弹力：弹簧被拉伸或压缩时产生的弹性力.

$$F = -kx \tag{1-19}$$

3. 摩擦力：包括动摩擦力和静摩擦力.

$$F_f = \mu F_N$$
$$F_{fmax} = \mu_0 F_N \tag{1-20}$$

（八）动量　冲量　动量定理　动量守恒定律

1. 动量的定义.

$$\boldsymbol{p} = m\boldsymbol{v} \tag{1-21}$$

2. 冲量的定义.

$$\boldsymbol{I} = \int_{t_1}^{t_2} \boldsymbol{F} \, dt \tag{1-22}$$

$\boldsymbol{I}$ 即为变力 $\boldsymbol{F}$ 在 t_1 到 t_2 这段时间内的冲量.

3. 动量定理.

一定时间内，作用于系统的合外力的冲量等于系统在此时间内的动量的增量，即

$$\boldsymbol{I} = \Delta \boldsymbol{p} \tag{1-23}$$

写成分量形式为

$$I_x = p_{x_2} - p_{x_1} \tag{1-24a}$$
$$I_y = p_{y_2} - p_{y_1} \tag{1-24b}$$
$$I_z = p_{z_2} - p_{z_1} \tag{1-24c}$$

4. 动量守恒定律.

系统所受的合外力为零，或在极短时间内系统所受的外力远比系统内相互作用的内力小得多而可以忽略不计时（如碰撞、爆炸），可应用动量守恒定律来处理问题.常有以下三种情况.

（1）系统所受合外力为零，则系统动量守恒.

（2）系统所受合外力不为零，但合外力远远小于系统内力，则近似认为系统动量守恒.

（3）系统所受合外力不为零，但合外力在某一方向上的分量为零，系统的总动量不守恒，但系统在此方向上的动量守恒.如 $\boldsymbol{F} \neq 0$，$F_x = 0$，则 x 方向上系统动量守恒.

几种常见的力

动量　冲量
动量定理

动量守恒定律

例 1-11 设作用在质量为 1 kg 的物体上的力 $F=6t+3$(SI 单位).如果物体在这一力的作用下由静止开始沿直线运动,在 0~2.0 s 的时间间隔内,这个力作用在物体上的冲量是多少?

分析:这是一个典型的求变力(力是时间的函数)冲量的问题.

解答:

$$I=\int_{t_1}^{t_2}F\mathrm{d}t=\int_0^2(6t+3)\mathrm{d}t=(3t^2+3t)\Big|_0^2=18\ \mathrm{N\cdot s}$$

例 1-12 一质点的运动轨迹如图 1-4 所示.已知质点的质量为 20 g,且 A、B 两位置处速率都为 20 m·s^{-1},v_A 与 x 轴成 45°角,v_B 垂直于 y 轴,求质点由 A 点运动到 B 点的这段时间内,作用在质点上外力的总冲量.

分析:冲量 $\boldsymbol{I}=\int_{t_1}^{t_2}\boldsymbol{F}\mathrm{d}t$,因外力 $\boldsymbol{F}$ 未知,故不能直接用定义式求外力的冲量.但是若采取转换的办法,利用动量定理,通过求质点在从 A 点运动到 B 点过程中动量的增量,就可较方便地求出合外力的冲量.

解答:根据动量定理 $\boldsymbol{I}=\Delta\boldsymbol{p}$,有

$$I_x=-mv_B-mv_A\cos45°=-0.683\ \mathrm{kg\cdot m\cdot s^{-1}}$$
$$I_y=0-mv_A\sin45°=-0.283\ \mathrm{kg\cdot m\cdot s^{-1}}$$

总冲量为

$$\boldsymbol{I}=-(0.683\boldsymbol{i}+0.283\boldsymbol{j})\mathrm{kg\cdot m\cdot s^{-1}}$$

注意:动量定理 $\boldsymbol{I}=\Delta\boldsymbol{p}$ 是矢量式,若质点做曲线运动,在计算 $\boldsymbol{I}$ 和 $\boldsymbol{p}$ 时要注意其矢量性.

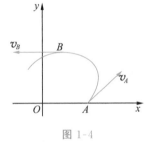

图 1-4

例 1-13 水面上有一质量为 m_1 的木船,开始时静止不动,从岸上以水平速度将一质量为 m_2 的沙袋抛到木船上,然后两者一起运动.设运动过程中受到的阻力与速度成正比,比例系数为 k.如沙袋和木船的作用时间极短,试求:

(1) 沙袋抛到船上后,沙袋和木船一起开始运动的速度;

(2) 沙袋和木船从开始一起运动直到静止时所走过的距离.

分析:(1) 取沙袋和木船为系统,在沙袋落到船上的瞬间,在水平方向,其相互作用的内力远大于系统所受外力,故系统在该方向上动量守恒.

(2) 可运用动力学方程求解变力作用下的位置问题.

解答:(1) 设沙袋被抛到木船上后,共同运动的初速度大小为 v,并设此运动方向为 x 轴正方向,则水平方向上动量守恒,有

$$(m_1+m_2)v=m_2v_0$$

得

$$v=\frac{m_2v_0}{m_1+m_2}$$

方向与 v_0 方向一致.

（2）
$$F_f = -kv = -k\frac{\mathrm{d}x}{\mathrm{d}t}$$

又
$$F_f = (m_1 + m_2)a = (m_1 + m_2)\frac{\mathrm{d}v}{\mathrm{d}t}$$

所以
$$-k\frac{\mathrm{d}x}{\mathrm{d}t} = (m_1 + m_2)\frac{\mathrm{d}v}{\mathrm{d}t}$$

则 $\mathrm{d}x = -\dfrac{m_1 + m_2}{k}\mathrm{d}v$，两边积分，得

$$\int_0^x \mathrm{d}x = -\frac{m_1 + m_2}{k}\int_v^0 \mathrm{d}v$$

解得

$$x = \frac{(m_1 + m_2)v}{k} = \frac{m_2 v_0}{k}$$

此即为沙袋和木船一起走过的距离.

（九）功　功率

1. 功：力对空间的累积作用.

$$W = \int_a^b \boldsymbol{F} \cdot \mathrm{d}\boldsymbol{r} \tag{1-25}$$

在直角坐标系中，功的计算式可写为

$$W = \int_a^b (F_x \mathrm{d}x + F_y \mathrm{d}y + F_z \mathrm{d}z) \tag{1-26}$$

2. 功率为

$$P = \frac{\mathrm{d}W}{\mathrm{d}t} = \boldsymbol{F} \cdot \frac{\mathrm{d}\boldsymbol{r}}{\mathrm{d}t} = \boldsymbol{F} \cdot \boldsymbol{v} \tag{1-27}$$

功　功率

例 1-14　一物体按规律 $x = ct^3$ 在介质中做直线运动，式中，c 为常量，t 为时间.设介质对物体的阻力正比于速率的平方，阻力系数为 k，试求物体由 $x = 0$ 运动到 $x = 1$ 时阻力所做的功.

分析：本题是一维变力做功问题，需按功的定义来求解.关键在于要把阻力 F_f 表示为 x 的函数.由运动学关系 $v = \dfrac{\mathrm{d}x}{\mathrm{d}t}$ 求出 $v(t)$，代入 $F_f = -kv^2$，得到阻力与 t 的函数关系，再利用 $x = x(t)$，把 $F_f(t)$ 转换为 $F_f(x)$.这样就可由定义式求 W_f.

解答：物体运动速度的大小为

$$v = \frac{\mathrm{d}x}{\mathrm{d}t} = 3ct^2$$

所以，物体受的阻力为

$$F_f = -kv^2 = -9kc^2 t^4 = -9kc^{\frac{2}{3}} x^{\frac{4}{3}}$$

故阻力所做的功为

$$W_f = -9kc^{\frac{2}{3}} \int_0^1 x^{\frac{4}{3}} dx = -\frac{27}{7} kc^{\frac{2}{3}}$$

注意：由于阻力的方向与物体运动的方向相反，所以阻力所做的功为负值。

例 1-15 质量 $m = 2$ kg 的物体受到力 $\boldsymbol{F} = (5t\boldsymbol{i} + 3t^2\boldsymbol{j})$（SI 单位）的作用而运动，$t = 0$ 时物体位于原点并静止。求前 10 s 内力 $\boldsymbol{F}$ 所做的功。

分析：本题是变力做功的问题，需按功的定义求解，因 $\boldsymbol{F}$ 为时间 t 的函数，所以要运用动力学方程写出变力作用下的加速度、速度和位置矢量后再来求解。

解答：物体的加速度为

$$\boldsymbol{a} = \frac{\boldsymbol{F}}{m} = \frac{5}{2} t\boldsymbol{i} + \frac{3}{2} t^2 \boldsymbol{j}$$

其速度为

$$\boldsymbol{v} = \int_0^1 \boldsymbol{a}\, dt = \frac{5}{4} t^2 \boldsymbol{i} + \frac{1}{2} t^3 \boldsymbol{j}$$

力 $\boldsymbol{F}$ 所做的功为

$$W = \int \boldsymbol{F} \cdot d\boldsymbol{r} = \int \boldsymbol{F} \cdot \boldsymbol{v}\, dt = \int_0^{10} (F_x v_x + F_y v_y)\, dt = \int_0^{10} \left(\frac{25}{4} t^3 + \frac{3}{2} t^5 \right) dt \approx 2.66 \times 10^5 \text{ J}$$

保守力的功
势能

（十）保守力的功、势能

1. 保守力做功的特点：保守力做功仅与物体的始、末位置有关，而与过程中物体所经过的路径无关，即

$$\oint \boldsymbol{F}_{\text{保}} \cdot d\boldsymbol{r} = 0 \qquad (1-28)$$

2. 保守力的功与势能的关系：保守力所做的功等于系统势能增量的负值，即

$$W_{\text{保}} = -(E_{p2} - E_{p1}) = -\Delta E_p \qquad (1-29)$$

3. 某一位置 a 的势能：相对于一个零势点位置 c 来说，某一位置 a 的势能在数值上等于保守力从该位置到势能零点所做的功，可表示为

$$E_{pa} = \int_a^c \boldsymbol{F}_{\text{保}} \cdot d\boldsymbol{r} \qquad (1-30)$$

4. 三种形式的势能。

（1）重力势能

$$E_{p\text{重}} = mgh$$

式中，h 为物体离地面的高度，重力势能零点一般选在地表处。

（2）弹性势能

$$E_{p\text{弹}} = \frac{1}{2} kx^2 \qquad (1-31)$$

式中，x 为弹簧形变量，弹性势能零点一般选在弹簧原长处。

（3）引力势能

$$E_{p引} = -G\frac{m_1 m_2}{r} \qquad (1-32)$$

式中，r 为两物体间的距离，一般引力势能零点选取在无穷远处.

例 1-16　已知地球的半径为 R，质量为 M.现有一质量为 m 的物体，在离地面高度为 $2R$ 处，以地球和物体为系统.

（1）若取无穷远处为势能零点，则系统的引力势能为多少？

（2）若取地面为势能零点，则系统的引力势能为多少？

分析：本题是求引力势能的题.第一问以无穷远处为势能零点，系统的引力势能直接代入式（1-32）即可.

第二问以地面为势能零点，可用势能的定义式（1-30）来求，也可仍然以无穷远处为势能零点，此时 $E_p = E_{p\infty} - E_{p地}$.

解答：（1）以无穷远处为势能零点，则

$$E_p = -\frac{GMm}{3R}$$

（2）**解法一**　以地面为势能零点，则

$$E_p = \int_{3R}^{R} \boldsymbol{F}_{保} \cdot \mathrm{d}\boldsymbol{r} = \int_{3R}^{R} -\frac{GMm}{r^2}\mathrm{d}r = \frac{GMm}{r}\bigg|_{3R}^{R} = \frac{2GMm}{3R}$$

解法二　当以无穷远处为势能零点时，物体在地面处 $r = R$，引力势能为

$$E_{p1} = -\frac{GMm}{R}$$

物体在距离地面 $2R$ 处，$r = 3R$，引力势能为

$$E_{p2} = -\frac{GMm}{3R}$$

故若取地面为势能零点，有

$$E_p = E_{p2} - E_{p1} = -\frac{GMm}{3R} - \left(-\frac{GMm}{R}\right) = \frac{2GMm}{3R}$$

（十一）动能定理　机械能守恒

1.质点的动能定理的表达式：

$$W = \frac{1}{2}mv_2^2 - \frac{1}{2}mv_1^2 \qquad (1-33)$$

即合外力对物体所做的功等于物体动能的增量.

质点的动能用 E_k 表示，$E_k = \frac{1}{2}mv^2$.

2.质点系的动能定理的表达式：

$$\sum_i W_{i外} + \sum_i W_{i内} = \sum_i \frac{1}{2}m_i v_{i2}^2 - \sum_i \frac{1}{2}m_i v_{i1}^2 \qquad (1-34)$$

动能定理　功能原理
机械能守恒

式中，$\sum\limits_i W_{i外}$ 为外力对质点系做功之和，$\sum\limits_i W_{i内}$ 为内力对质点系做功之和，$\sum\limits_i \dfrac{1}{2} m_i v_{i2}^2$ 为质点系末状态的动能，$\sum\limits_i \dfrac{1}{2} m_i v_{i1}^2$ 为质点系初状态的动能.

3. 功能原理.

系统机械能的增量等于它所受外力所做的功与非保守内力所做的功的代数和，即

$$\sum_i W_{外i} + \sum_i W_{非保内i} = E_2 - E_1 = \Delta E \qquad (1\text{-}35)$$

4. 机械能守恒定律.

当 $\sum\limits_i W_{外i} + \sum\limits_i W_{非保内i} = 0$ 时，$\Delta E = 0$.

例 1-17　一链条总长为 l，质量为 m，放在桌面上，并使其下垂.下垂一端的长度为 a，如图 1-5 所示.设链条与桌面之间的动摩擦因数为 μ，令链条由静止开始运动.求：

(1) 链条由静止开始到离开桌面的过程中摩擦力对链条所做的功；

(2) 链条离开桌面时的速率.

分析：(1) 链条下落过程中摩擦力是个变力，用做功公式求其做的功.

(2) 求链条离开桌面时的速率，可用功能原理求解.

解答：(1) 建立如图 1-5 所示的坐标系，任意时刻(设下垂一端离坐标原点的距离为 x)摩擦力的大小为

$$f = (l - x) \frac{mg}{l} \mu$$

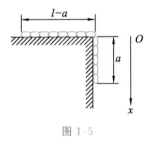

图 1-5

摩擦力所做的功为

$$W_f = \int_a^l -(l-x) \frac{mg}{l} \mu \, \mathrm{d}x = -\frac{mg\mu}{l} \left[lx - \frac{1}{2} x^2 \right] \Big|_a^l = -\frac{mg\mu}{2l} (l-a)^2$$

(2) 由功能原理(以桌面处为势能零点)，有

$$W_f = \left(\frac{1}{2} mv^2 - mg \cdot \frac{l}{2} \right) - \left(\frac{1}{2} mv_0^2 - \frac{mga}{l} \cdot \frac{a}{2} \right)$$

则链条离开桌面时的速率为

$$v = \sqrt{\frac{g}{l} \left[(l^2 - a^2) - \mu(l-a)^2 \right]}$$

三、难点分析

1. 描述质点运动的四个物理量(位置矢量、位移、速度、加速度)的矢量性及其相互关系的矢量运算是本章的难点之一，解决这

个问题的关键是时刻牢记这四个物理量的矢量性,不能疏忽.要学会把物理量的矢量放到适当的坐标系中分析,如直角坐标系、自然坐标系等.初学者切记,不能把矢量当标量、把变量当常量、把积分运算用代数运算来处理,学习时可重点关注解决运动学中的第二类问题(已知加速度和初始条件,但 $a \neq$ 常量,求物体的运动速度、运动方程)的方法.

2. 运用牛顿运动定律处理动力学问题时,要注意物体的受力既有恒力,也有变力.大学物理与中学物理的重要区别是,要解决变力作用下的动力学问题,这就要转变观念,学会用微积分的思想去思考、处理物理问题.常用的数学处理方法有分离变量法、变量代换法等,具体应用可参考本章例题.

3. 理解微元法思想,求解一维变力的功是本章的又一难点.在用微积分求解物理问题时,涉及微元的构造、积分变量与积分上下限如何确定等问题,如果微元或微分变量选得合适,计算就方便,否则就可能难以计算出结果.

4. 变力的冲量计算、动量定理及动量守恒定律中的平面问题要考虑用矢量处理.在运用功能原理、机械能守恒定律时,要注意它们的适用条件及势能零点的选取,注意内力、外力的区分.

总之,本章内容是大学物理的基础知识,大学物理与中学物理相比,一个显著的特点是微积分和矢量运算的运用.对初学大学物理的学生来说,熟练运用微积分和矢量运算解决物理问题是较为突出的难点,要克服这个困难,需要具备扎实的数学知识.

四、习题

(一) 选择题

1. 某质点做直线运动的运动方程为 $x = 3t - 5t^3 + 6$(SI 单位),则该质点做　　　　　　　　　　　　　　　　　　(　　)

　A. 匀加速直线运动,加速度沿 x 轴正方向

　B. 匀加速直线运动,加速度沿 x 轴负方向

　C. 变加速直线运动,加速度沿 x 轴正方向

　D. 变加速直线运动,加速度沿 x 轴负方向

2. 一质点做直线运动,某时刻的瞬时速度 $v = 2 \text{ m} \cdot \text{s}^{-1}$,瞬时加速度 $a = -2 \text{ m} \cdot \text{s}^{-2}$,则 1 s 后质点的速度　　(　　)

　A. 等于零　　　　　　　　B. 等于 $-2 \text{ m} \cdot \text{s}^{-1}$

　C. 等于 $2 \text{ m} \cdot \text{s}^{-1}$　　　　D. 不能确定

3. 如图 1-6 所示,湖中有一小船,有人用绳绕过岸上一定高度处的定滑轮拉湖中的船向岸边运动,该人以匀速率 v_0 收绳.设绳

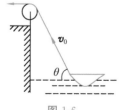

图 1-6

不伸长且湖水静止,当绳子与水平面的夹角为 θ 时,船在水面上实际行进的速率为 （ ）

A. $v_0\cos\theta$ B. $\dfrac{v_0}{\cos\theta}$ C. $v_0\sin\theta$ D. $\dfrac{v_0}{\sin\theta}$

4. 一运动质点在某瞬时位于矢径 $\boldsymbol{r}(x,y)$ 的端点处,其速度的大小为 （ ）

A. $\dfrac{\mathrm{d}r}{\mathrm{d}t}$ B. $\dfrac{\mathrm{d}\boldsymbol{r}}{\mathrm{d}t}$

C. $\dfrac{\mathrm{d}|\boldsymbol{r}|}{\mathrm{d}t}$ D. $\sqrt{\left(\dfrac{\mathrm{d}x}{\mathrm{d}t}\right)^2+\left(\dfrac{\mathrm{d}y}{\mathrm{d}t}\right)^2}$

5. 以下运动形式中,a 保持不变的运动是 （ ）

A. 单摆的运动   B. 匀速率圆周运动

C. 行星的椭圆轨道运动   D. 抛体运动

6. 质点做曲线运动,r 表示位置矢量,v 表示速度,a 表示加速度,s 表示路程,a_t 表示切向加速度的大小,下列表达式中（ ）

(1) $\dfrac{\mathrm{d}v}{\mathrm{d}t}=a$; (2) $\dfrac{\mathrm{d}r}{\mathrm{d}t}=v$; (3) $\dfrac{\mathrm{d}s}{\mathrm{d}t}=v$; (4) $\left|\dfrac{\mathrm{d}\boldsymbol{v}}{\mathrm{d}t}\right|=a_t$.

A. 只有(1)、(4)是对的   B. 只有(2)、(4)是对的

C. 只有(2)是对的   D. 只有(3)是对的

7. 某物体的运动规律为 $\dfrac{\mathrm{d}v}{\mathrm{d}t}=-kv^2t$,式中 k 为大于零的常量. 当 $t=0$ 时,初速度为 v_0,则速度 v 与时间 t 的函数关系是（ ）

A. $v=\dfrac{1}{2}kt^3+v_0$ B. $v=-\dfrac{1}{2}kt^2+v_0$

C. $\dfrac{1}{v}=\dfrac{kt^2}{2}+\dfrac{1}{v_0}$ D. $\dfrac{1}{v}=-\dfrac{kt^2}{2}+\dfrac{1}{v_0}$

8. 质点沿半径为 R 的圆周做匀速率运动,每间隔时间 T 转一圈,在 $2T$ 时间间隔内,其平均速度大小与平均速率大小分别为 （ ）

A. $\dfrac{2\pi R}{T},\dfrac{2\pi R}{T}$ B. $0,\dfrac{2\pi R}{T}$

C. $0,0$ D. $\dfrac{2\pi R}{T},0$

9. 一质点做半径为 0.1 m 的圆周运动,其角位置的运动方程为 $\theta=\dfrac{\pi}{4}+\dfrac{1}{2}t^2$(SI 单位),则其切向加速度为 （ ）

A. 0.2 m·s^{-2} B. 0.4 m·s^{-2}

C. 0.1 m·s^{-2} D. 0.5 m·s^{-2}

10. 一质点沿螺线自内向外做匀速率运动,如图 1-7 所示,则质点运动的加速度 （　　）

A. 变大　　　　　　　　　B. 变小

C. 不变　　　　　　　　　D. 部分过程变大,部分过程变小

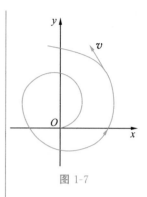

图 1-7

11. 某质量为 1 kg 的质点在平面内运动,其运动方程为 $x=3t$, $y=15-t^3$(SI 单位),则在 $t=2$ s 时该质点所受合外力为 （　　）

A. $7j$ N　　　　B. $-12j$ N　　　C. $-6j$ N　　　D. $(6i+j)$ N

12. 跳高运动员越杆时蹬地获得动量和动能,在这个过程中:

(1) 地面对人的作用力做功不为零;

(2) 地面对人的作用力冲量不为零;

(3) 地面对人的作用力做功为零;

(4) 地面对人的作用力冲量为零.

以上说法正确的是 （　　）

A. (1)、(3)　　B. (1)、(4)　　C. (2)、(3)　　D. (2)、(4)

13. 一质量为 m 的小球 A 在距离地面某一高度处以速度 v 水平抛出,触地后反跳.在抛出 t s 后小球 A 又跳回原高度,速度仍沿水平方向,速度大小也与抛出时相同,如图 1-8 所示,则小球 A 在与地面碰撞过程中,地面给它的冲量大小为 （　　）

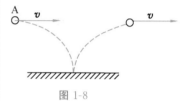

图 1-8

A. mgt　　　　B. $2mgt$　　　　C. 0　　　　D. $3mgt$

14. 如图 1-9 所示,圆锥摆的摆球质量为 m,速率为 v,圆半径为 R,当摆球在轨道上运动一圈时,摆球所受绳子拉力的冲量大小为 （　　）

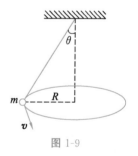

图 1-9

A. $2mv$　　　B. $\dfrac{2\pi Rmg}{v\cos\theta}$　　　C. $\dfrac{2\pi Rmg}{v}$　　　D. 0

15. 一质点在力 $F=5m(5-2t)$(SI 单位)的作用下,$t=0$ 时从静止开始做直线运动,式中,m 为质点的质量,t 为时间,则当 $t=5$ s 时质点的速率为 （　　）

A. 50 m·s⁻¹　　　　　　　B. 25 m·s⁻¹

C. 0　　　　　　　　　　D. -50 m·s⁻¹

16. 质量为 m 的质点以不变速率 v 沿图 1-10 中正三角形 ABC 的水平光滑轨道运动.质点越过 A 角时,轨道作用于质点的冲量的大小为 （　　）

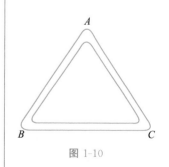

图 1-10

A. mv　　　　B. $\sqrt{2}mv$　　　C. $\sqrt{3}mv$　　　D. $2mv$

17. 在由两个质点组成的系统中,若质点之间只有万有引力作用,且此系统所受外力的矢量和为零,则此系统 （　　）

A. 动量与机械能一定都守恒

B. 动量与机械能一定都不守恒

C. 动量不一定守恒,机械能一定守恒

D. 动量一定守恒,机械能不一定守恒

18. 质量 $m=0.5$ kg 的质点在 xOy 坐标平面内运动,其运动方程为 $x=5t,y=0.5t^2$(SI 单位),从 $t=2$ s 到 $t=4$ s 这段时间内,外力对质点做的功为 （　　）

A. 1.5 J　　　　　B. 3 J　　　　　C. 4.5 J　　　　　D. -1.5 J

19. 一个做直线运动的物体,其速度 v 与时间 t 的关系曲线如图 1-11 所示.设时刻 t_1 至 t_2 间外力做功为 W_1,时刻 t_2 至 t_3 间外力做功为 W_2,时刻 t_3 至 t_4 间外力做功为 W_3,则 （　　）

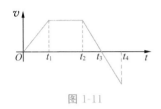

图 1-11

A. $W_1>0,W_2<0,W_3<0$　　　　B. $W_1>0,W_2<0,W_3>0$

C. $W_1=0,W_2<0,W_3>0$　　　　D. $W_1=0,W_2<0,W_3<0$

20. 一质点受力为 $F=F_0\mathrm{e}^{-kx}$,若质点在 $x=0$ 处的速度为零,此质点所能达到的最大动能为 （　　）

A. $\dfrac{F_0}{k}$　　　　B. $\dfrac{F_0}{\mathrm{e}^k}$　　　　C. F_0k　　　　D. $F_0k\mathrm{e}^k$

（二）填空题

1. 一质点在 xOy 平面内运动,其运动方程为 $x=2t$ 和 $y=19-2t^2$(SI 单位),则在第 2 s 内质点的平均速度大小 $\bar{v}=$ _____,2 s 末的瞬时速度大小 $v_2=$ _____.

2. 一质点沿直线运动,其运动方程为 $x=6t-t^2$(SI 单位),则 t 在 0～4 s 的时间间隔内,质点的位移大小为 _____,质点走过的路程为 _____.

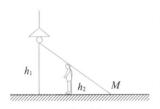

图 1-12

3. 灯距地面高度为 h_1,一个人身高为 h_2,在灯下以匀速率 v 沿水平直线行走,如图 1-12 所示.他的头顶在地上的影子 M 点沿地面移动的速度为 $v_M=$ _____.

4. 质点在重力场中做斜上抛运动,初速度的大小为 v_0,与水平方向成 α 角,则质点到达抛出点的同一高度时的切向加速度大小为 _____,法向加速度大小为 _____,该时刻质点所在处轨迹的曲率半径为 _____.(忽略空气阻力)

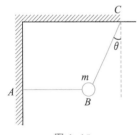

图 1-13

5. 质量为 m 的小球,用轻绳 AB、BC 连接,如图 1-13 所示,其中 AB 水平.剪断绳 AB 前后的瞬间,绳 BC 中的张力比 $F_{\mathrm{T}}:F_{\mathrm{T}}'=$ _____.

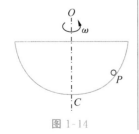

图 1-14

6. 一光滑的内表面半径为 10 cm 的半球形碗,以匀角速度 ω 绕其对称轴 OC 旋转,如图 1-14 所示.已知放在碗内表面上的一个小球 P 相对静止,其位置高于碗底 4 cm,则由此可推知碗旋转的角速度约为 _____.

7. 在一吊车底板上放一质量为 10 kg 的物体,若吊车底板加速上升,加速度大小 $a=3+5t$(SI 单位),则 2 s 内吊车底板给物

体的冲量大小 $I=$ _____,2 s 内物体动量的增量大小 $\Delta p=$ _____.(g 取 $10\ \mathrm{m\cdot s^{-2}}$)

8. 图 1-15 所示为一圆锥摆,质量为 m 的小球在水平面内以角速度 ω 匀速转动,在小球转动一周的过程中,

(1) 小球动量增量的大小为_____;

(2) 小球所受重力的冲量大小为_____;

(3) 小球所受绳子拉力的冲量大小为_____.

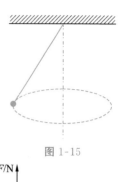

图 1-15

9. 质量 $m=10$ kg 的木箱放在地面上,在水平拉力 F 的作用下由静止开始沿直线运动,其拉力随时间的变化关系如图 1-16 所示.若已知木箱与地面间的摩擦因数 μ 为 0.2,那么在 $t=4$ s 时,木箱的速度大小为_____;在 $t=7$ s 时,木箱的速度大小为_____.(g 取 $10\ \mathrm{m\cdot s^{-2}}$)

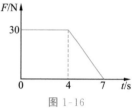

图 1-16

10. 如图 1-17 所示,一质点在几个力的作用下,沿半径为 R 的圆周运动,其中一个力是恒力 $\boldsymbol{F}_0$,方向始终沿 x 轴正向,即 $\boldsymbol{F}_0=F_0\boldsymbol{i}$,当质点从 A 点沿逆时针方向走过 $\frac{3}{4}$ 圆周到达 B 点时,$\boldsymbol{F}_0$ 所做的功 $W=$_____.

图 1-17

11. 今有一劲度系数为 k 的轻质弹簧竖直放置,下端悬一质量为 m 的小球,开始时弹簧为原长,小球恰好与地面接触.今将弹簧上端慢慢提起,直到小球刚能脱离地面,此过程中外力的功为_____.

12. 一质点在两恒力的作用下,位移为 $\Delta\boldsymbol{r}=3\boldsymbol{i}+8\boldsymbol{j}$(SI 单位),在此过程中,动能增量为 24 J.已知其中一恒力 $\boldsymbol{F}_1=12\boldsymbol{i}-3\boldsymbol{j}$(SI 单位),则另一恒力所做的功为_____.

13. 一长为 l、质量为 m 的匀质链条放在光滑的桌面上,若其长度的 $\frac{1}{5}$ 悬挂于桌边下,则将其慢慢拉回桌面,需做功_____.

14. 有一人造地球卫星,质量为 m,在地球表面上空 2 倍于地球半径 R 的高度沿圆轨道运行.用 m、R、引力常量 G 和地球质量 m_E 表示各物理量,则卫星的动能为_____,系统的引力势能为_____.

15. 如图 1-18 所示,一弹簧原长 $l_0=0.1$ m,劲度系数 $k=5\ \mathrm{N\cdot m^{-1}}$,其一端固定在半径 $R=0.1$ m 的半圆环的端点 A,另一端与一套在半圆环上的小环相连.在把小环由半圆环中点 B 移到另一端 C 的过程中,弹簧的拉力对小环所做的功为_____.

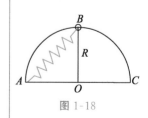

图 1-18

(三)计算及证明题

1. 有一质点沿 x 轴做直线运动,t 时刻的坐标为 $x=4.5t^2-2t^3$(SI 单位).试求:

（1）第 2 s 内的平均速度；

（2）第 2 s 末的瞬时速度；

（3）第 2 s 内的位移和路程.

2. 一质点沿 x 轴运动,其加速度 a 与位置坐标 x 的关系为

$$a = 2 + 6x^2 \quad \text{(SI 单位)}$$

如果质点在原点处的速度为零,试求其在任意位置处的速度.

3. 一质点从静止开始做直线运动,开始时加速度为 a_0,此后加速度随时间均匀增加,经过时间 τ 后,加速度为 $2a_0$,经过时间 2τ 后,加速度为 $3a_0$……求经过时间 $n\tau$ 后,该质点的速度和走过的距离.

4. 一艘正在沿直线行驶的电艇,在发动机关闭后,其加速度方向与速度方向相反,大小与速度的平方成正比,即 $\dfrac{\mathrm{d}v}{\mathrm{d}t} = -kv^2$,式中 k 为常量.试证明：电艇在关闭发动机后又行驶了 x 距离时的速度 $v = v_0 \mathrm{e}^{-kx}$,其中 v_0 是发动机关闭时的速度.

5. 一质点沿半径为 R 的圆周运动,质点所经过的弧长与时间的关系为 $s = bt - \dfrac{1}{2}ct^2$,其中 b、c 是大于零的常量.求从 $t = 0$ 开始到质点的切向加速度与法向加速度大小首次相等时所经历的时间.

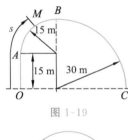

图 1-19

6. 质点 M 在水平面内的运动轨迹如图 1-19 所示,OA 段为直线,AB、BC 段分别为不同半径的两个 $\dfrac{1}{4}$ 圆周.设 $t = 0$ 时,M 在 O 点,已知质点的运动方程为

$$s = 30t + 5t^2 \quad \text{(SI 单位)}$$

求 $t = 2$ s 时质点 M 的切向加速度大小和法向加速度大小.

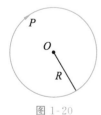

图 1-20

7. 如图 1-20 所示,质点 P 在水平面内沿一半径 $R = 2$ m 的圆轨道转动.转动的角速度 ω 与时间 t 的函数关系为 $\omega = kt^2$（k 为常量）.已知 $t = 2$ s 时质点 P 的速度为 32 m·s^{-1}.试求 $t = 1$ s 时质点 P 的速度与加速度的大小.

8. 质量 $m = 6$ kg 的质点沿 x 轴运动,设 $t = 0$ 时,$x = 0$,$v = 0$.如果质点在作用力 $F = 3 + 4x$ 作用下,求其运动到 $x = 3$ m 处的速度大小（式中 F 的单位为 N,x 的单位为 m）.

9. 质量为 m 的子弹以速率 v_0 水平射入沙土中,设子弹所受的阻力与速度方向相反,大小与速度大小成正比,比例系数为 k,忽略子弹的重力.求：

（1）子弹射入沙土后速度随时间变化的函数式；

（2）子弹进入沙土的最大深度.

10. 如图 1-21 所示,在光滑的水平面上固定一半径为 R 的圆形环围屏,质量为 m 的滑块沿环形内壁转动,滑块与壁间的摩擦因数为 μ.

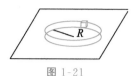

图 1-21

（1）当滑块速度为 v 时,求它与壁间的摩擦力及滑块的切向加速度;

（2）求滑块的速率由 v 变为 $\dfrac{v}{3}$ 所需的时间.

11. 力 $\boldsymbol{F}$ 作用在质量 $m=1$ kg 的质点上,使之沿 Ox 轴运动. 已知在此力作用下质点的运动方程为 $x=3t-4t^2+t^3$（SI 单位）. 求在 $0\sim4$ s 的时间间隔内力 $\boldsymbol{F}$ 的冲量.

12. 如图 1-22 所示,质量为 2.5 g 的乒乓球以 $v_1=10$ m·s^{-1} 的速率飞来,被板推挡后,又以 $v_2=20$ m·s^{-1} 的速率飞出,设 $\boldsymbol{v_1}$、$\boldsymbol{v_2}$ 在垂直板面的同一平面内,且它们与板面法线的夹角分别为 45° 和 30°.

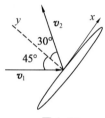

图 1-22

（1）求乒乓球受到的冲量;

（2）若撞击时间为 0.01 s,求板施于球的平均冲力的大小和方向.

13. 一质量为 2 kg 的质点在 xOy 平面内运动,其位置矢量为 $\boldsymbol{r}=5\cos\pi t\boldsymbol{i}+4\sin\pi t\boldsymbol{j}$.求：

（1）质点在点 A(5,0)和点 B(0,4)时的动能;

（2）质点从点 A 运动到点 B,合外力的 x 分量和 y 分量所做的功.

14. 一人从 10 m 深的井中提水.起始时桶中装有 10 kg 的水,桶的质量为 1 kg,由于水桶漏水,每升高 1 m 要漏去 0.2 kg 的水.求将水桶匀速地从井中提到井口人所做的功.

15. 在如图 1-23 所示的系统中(滑轮质量不计,轴光滑),外力 $\boldsymbol{F}$ 通过不可伸长的绳子和一劲度系数 $k=200$ N·m^{-1} 的轻质弹簧缓慢地拉地面上的物体,物体的质量 $M=2$ kg,初始时弹簧为自然长度.求在把绳子拉下 20 cm 的过程中 $\boldsymbol{F}$ 所做的功.(重力加速度 g 取 10 m·s^{-2})

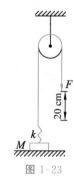

图 1-23

16. 用铁锤将铁钉击入木板,设木板对铁钉的阻力与铁钉进入木板的深度成正比.铁锤击第一次时,能将铁钉击入木板 1 cm,问击第二次时能击多深？（设铁锤两次击钉的速度相同）

质点力学习题答案

刚体的定轴转动

一、基本要求

1. 熟练掌握描述刚体定轴转动的四个物理量——角坐标、角位移、角速度和角加速度，会求解刚体运动学中的两类问题.

2. 理解力矩和转动惯量的概念，掌握转动惯量的计算方法和平行轴定理，熟练掌握刚体定轴转动的转动定律.

3. 理解角动量的概念，熟练掌握刚体定轴转动的角动量定理和角动量守恒定律.

4. 理解力矩的功和转动动能的概念，熟练掌握刚体定轴转动的动能定理和机械能守恒定律.

二、主要内容及例题

（一）刚体运动学

1. 描述刚体定轴转动的四个物理量：角坐标 θ、角位移 $\Delta\theta$、角速度 ω、角加速度 α.

刚体转动的
描述

$$\omega = \frac{\mathrm{d}\theta}{\mathrm{d}t} \tag{2-1}$$

$$\alpha = \frac{\mathrm{d}\omega}{\mathrm{d}t} = \frac{\mathrm{d}^2\theta}{\mathrm{d}t^2} \tag{2-2}$$

注意：（1）上述四个物理量都是矢量，由于此处描述的是刚体的定轴转动，转动方向只有顺时针和逆时针，规定正方向后，可用正、负来表示其方向性.

（2）和质点运动学中一样，刚体运动学中也有两类问题：第一类是已知 $\theta(t)$，求 ω 和 α；第二类是已知 α 及初始条件，求 ω 和 $\Delta\theta$.

刚体转动的
两类问题

（3）刚体绕定轴做匀角加速转动时（α 恒定），由刚体运动学中的第二类问题可得匀角加速转动时的三个公式（和质点运动学中匀加速直线运动的三个公式完全对应）：

$$\omega = \omega_0 + \alpha t \tag{2-3}$$

$$\Delta\theta = \omega_0 t + \frac{1}{2}\alpha t^2 \tag{2-4}$$

$$\omega^2 - \omega_0{}^2 = 2\alpha\Delta\theta \tag{2-5}$$

2．线量与角量的关系．

线速度和角速度的关系：

$$\boldsymbol{v} = \boldsymbol{\omega} \times \boldsymbol{r} \tag{2-6}$$

切向加速度和角加速度的关系：

$$a_t = r\alpha \tag{2-7}$$

法向加速度和角速度的关系：

$$a_n = \omega^2 r \tag{2-8}$$

例 2-1　一飞轮以匀角加速度 2 rad/s² 转动,在某时刻以后的 5 s 内飞轮转过了 100 rad,若此飞轮是由静止开始转动的,问在上述的某时刻以前飞轮转动了多长时间?

分析：这是一个匀角加速转动的题目,直接根据已知条件选择匀角加速转动的公式来解题即可．

解答：设某时刻为 t_1,5 s 后时刻为 t_2,则 $t_2 - t_1 = 5$ s.因飞轮做匀角加速转动,所以 t_1 和 t_2 时刻的角位移分别为

$$\Delta\theta_1 = \frac{1}{2}\alpha t_1{}^2, \quad \Delta\theta_2 = \frac{1}{2}\alpha t_2{}^2$$

两式相减,解得

$$\Delta\theta = \frac{1}{2}\alpha(t_2{}^2 - t_1{}^2) = \frac{1}{2}\alpha(t_2 + t_1)(t_2 - t_1)$$

故

$$t_2 + t_1 = \frac{2\Delta\theta}{\alpha(t_2 - t_1)} = \frac{2 \times 100}{2 \times 5} = 20(\text{s})$$

又 $t_2 - t_1 = 5$ s,所以 $t_1 = 7.5$ s.

例 2-2　高速旋转电动机的圆柱形转子可绕垂直其横截面通过中心的轴转动,开始时它的角速度 $\omega_0 = 0$,经 300 s 后,其转速达到 600π rad/s.设转子的角加速度 α 与时间 t 成正比.求：

(1) 其转速 ω 随时间的变化关系；

(2) 在 300 s 时间内,转子转过多少转.

分析：由题意可知,角加速度 α 和时间成正比,因此是变角加速度问题.设 $\alpha = ct$,则此题为已知 α 和初始的 ω_0,求 $\omega(t)$ 和 $\theta(t)$,是刚体运动学中的第二类问题.又 $t = 300$ s 时的 ω 为已知,则可求得系数 c.

解答：(1) 设角加速度 $\alpha = ct$,因为

$$\alpha = \frac{\mathrm{d}\omega}{\mathrm{d}t} = ct$$

所以

$$\mathrm{d}\omega = ct\,\mathrm{d}t$$

$$\int_0^\omega \mathrm{d}\omega = \int_0^t ct\,\mathrm{d}t$$

得

$$\omega = \frac{1}{2}ct^2$$

又 $t=300$ s 时，$\omega = 600\pi$ rad/s.代入上式，得 $c=\dfrac{\pi}{75}$ rad/s^3，则

$$\omega = \frac{\pi}{150}t^2 \quad (\text{SI 单位})$$

（2）因为

$$\omega = \frac{\mathrm{d}\theta}{\mathrm{d}t}$$

所以

$$\mathrm{d}\theta = \omega\,\mathrm{d}t$$

$$\int_0^\theta \mathrm{d}\theta = \int_0^t \frac{\pi}{150}t^2\,\mathrm{d}t$$

$$\theta = \frac{\pi}{450}t^3$$

在 300 s 内，转子转过的圈数为

$$N = \frac{\theta}{2\pi} = \frac{\pi}{450 \times 2\pi} \times 300^3 = 3 \times 10^4 (\mathrm{r})$$

注意：（1）变角加速度问题一定要从描述刚体定轴转动的四个物理量的定义式出发求解；

（2）刚体运动学中的两类问题可参考质点运动学中的两类问题求解.

（二）刚体动力学

1．力矩的定义：

$$\boldsymbol{M} = \boldsymbol{r} \times \boldsymbol{F} \tag{2-9}$$

注意：（1）外力对刚体转动的影响与力矩有关.

（2）作用在刚体上的任一外力都可分解成平行于转轴的力和垂直于转轴的力，平行于转轴的力对刚体的转动不产生影响，此处的 $\boldsymbol{F}$ 是指垂直于转轴、在转动平面内的力，如图 2-1 所示.

力矩

力矩的计算

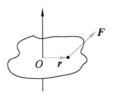

图 2-1

（3）力矩的方向：沿转轴方向.

2. 刚体定轴转动的转动定律：
$$M = J\alpha \tag{2-10}$$
式中，M 是作用于刚体的合力矩，α 为刚体的角加速度.

刚体定轴转动的转动定律和质点动力学中的牛顿第二定律对应.

3. 转动惯量 J.

（1）定义式：
$$J = \sum_i m_i r_i^2 \text{ 或 } J = \int r^2 \mathrm{d}m \tag{2-11}$$

（2）物理意义：描述刚体转动惯性大小的量度.

（3）J 的三个要素：刚体的质量、质量的空间分布、轴的位置.

（4）平行轴定理：
$$J = J_c + md^2 \tag{2-12}$$
式中，J_c 为刚体对通过质心的 z_c 轴的转动惯量，J 为刚体对平行于 z_c 轴的 z 轴的转动惯量，m 为刚体的质量，d 为两平行轴之间的距离（图 2-2）.

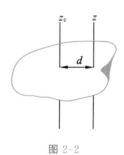

图 2-2

转动定律

转动定律的应用

转动惯量
平行轴定理

转动惯量的讨论

例 2-3　水平桌面上有一质量为 m_0、半径为 R 的均匀圆盘，可绕垂直盘面的中心轴在桌面上转动，桌面的摩擦因数为 μ，求圆盘转动时所受的摩擦阻力矩的大小.

分析：由力矩的定义 $\boldsymbol{M} = \boldsymbol{r} \times \boldsymbol{F}$，此处圆盘在转动过程中所受摩擦力的作用点连续分布在圆盘上各点处，而各点到转轴的距离 r 是不等的，因此应采用微元法.

解答：在半径 r 处取 $\mathrm{d}r$ 宽的圆环，如图 2-3 所示，则圆环的质量为

$$\mathrm{d}m = \frac{m_0}{\pi R^2} \cdot 2\pi r \mathrm{d}r$$

圆环所受摩擦力大小为 $\mu \cdot \mathrm{d}m \cdot g$，圆环所受摩擦力矩大小为

$$r \cdot \mu \cdot \mathrm{d}m \cdot g = \frac{\mu m_0 g}{R^2} \cdot 2r^2 \mathrm{d}r$$

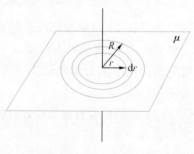

图 2-3

因此圆盘所受的摩擦力矩大小为

$$M_f = \int_0^R \frac{\mu m_0 g}{R^2} \cdot 2r^2 \mathrm{d}r = \frac{2}{3}\mu m_0 gR$$

注意：不能把摩擦力的作用点等效在质心处，若等效在质心处，则圆盘所受摩擦力矩为 0，显然是不对的，于是有些学生就想当然地认为摩擦力的作用点等效在 $\frac{R}{2}$ 处，则 $M_f = \mu m_0 g \cdot \frac{R}{2}$，这种做法也是一种典型的错误的做法.

例 2-4　如图 2-4 所示的阿特伍德机装置中，滑轮和绳子间没有滑动且绳子不可伸长，轴与轮间无阻力矩，求滑轮两边的绳子张力. 已知两物体的质量分别为 m_1、m_2，滑轮可视为均匀圆盘，滑轮的半径为 r，质量为 m_3.（圆盘对过其中心且与盘面垂直的轴的转动惯量为 $\frac{1}{2}m_3 r^2$）

分析：这是一道典型的阿特伍德机类型的题目，此类题目应分别对刚体和质点作受力分析，对质点用牛顿第二定律，对刚体用转动定律，然后利用线量和角量的关系即可.

解答：m_1、m_2 的受力情况及对滑轮的转动产生力矩的力如图 2-4 所示.

以滑轮逆时针转动为正方向，则 m_1 向下运动为正方向，m_2 向上运动为正方向. 根据牛顿第二定律和转动定律，分别对 m_1、m_2 和滑轮列出方程，有

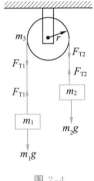

对 m_1：

$$m_1 g - F_{T1} = m_1 a$$

对 m_2：

$$F_{T2} - m_2 g = m_2 a$$

对滑轮：

$$F_{T1} r - F_{T2} r = J\alpha$$

图 2-4

又 $a = r\alpha$，$J = \frac{1}{2}m_3 r^2$，由这几个等式可求得绳中张力 F_{T1} 和 F_{T2}.

注意：（1）这里滑轮两边绳子中的张力 $F_{T1} \neq F_{T2}$. 因为若 $F_{T1} = F_{T2}$，则滑轮所受合外力矩为零，滑轮就不转动，m_1、m_2 两个物体也就无法运动，所以 $F_{T1} \neq F_{T2}$. 中学时滑轮两边绳中张力都默认为相等，那是在"轻质滑轮"的近似情况下，不考虑滑轮的转动.

（2）方程中所有的力矩、转动惯量及角量是对同一转轴的，而且对系统而言，正方向须取得一致.

例 2-5　转动着的飞轮的转动惯量为 J，在 $t=0$ 时角速度为 ω_0，此后飞轮经过制动过程，阻力矩 M 的大小与角速度 ω 的平方成正比，比例系数为 k（k 为大于 0 的常数）．求：

（1）$\omega=\dfrac{\omega_0}{3}$ 时飞轮的角加速度 α；

（2）从开始制动到 $\omega=\dfrac{\omega_0}{3}$ 所经过的时间 t．

分析：此题中力矩 M 是个变量，根据转动定律，角加速度也是个变量，随 ω 而变，直接可得第一问结果．

第二问的本质就是求 ω 随 t 的变化关系，已知力矩 M 随 ω 变化，由转动定律，也就是已知角加速度 α 随角速度 ω 变化，这样就过渡到刚体运动学中的第二类问题，即已知角加速度随时间的变化关系 $\alpha(t)$，或已知角加速度随角速度的变化关系 $\alpha(\omega)$，或已知角加速度随角位置的变化关系 $\alpha(\theta)$．本题目给出的是力矩 M 随角速度 ω 的变化关系，结合转动定律，相当于给出了角加速度 α 随角速度 ω 的变化关系，即可求得 ω 随 t 的变化关系．

解答：（1）由题意知 $M=-k\omega^2$，根据转动定律 $M=J\alpha$，得

$$\alpha=\frac{-k\omega^2}{J}=\frac{-k\left(\dfrac{\omega_0}{3}\right)^2}{J}=-\frac{k\omega_0^2}{9J}$$

（2）因

$$-k\omega^2=J\alpha=J\frac{\mathrm{d}\omega}{\mathrm{d}t}$$

分离变量，得

$$\frac{\mathrm{d}\omega}{\omega^2}=-\frac{k}{J}\mathrm{d}t$$

两边积分，有

$$\int_{\omega_0}^{\frac{\omega_0}{3}}\frac{\mathrm{d}\omega}{\omega^2}=-\frac{k}{J}\int_0^t\mathrm{d}t$$

故

$$t=-\frac{J}{k}\left(\frac{1}{\omega_0}-\frac{3}{\omega_0}\right)=\frac{2J}{k\omega_0}$$

（三）刚体定轴转动的角动量定理　角动量守恒

1. 质点的角动量为

$$\boldsymbol{L}=\boldsymbol{r}\times\boldsymbol{p} \tag{2-13}$$

式中，$\boldsymbol{p}$ 为动量，$\boldsymbol{r}$ 为位置矢量．

2. 刚体定轴转动的角动量为

$$L=J\omega \tag{2-14}$$

质点角动量
和角动量定理

刚体角动量
和角动量定理

角动量守恒的
讨论及应用

3. 刚体定轴转动的角动量定理：

$$\int_{t_1}^{t_2} M \, dt = L_2 - L_1 \tag{2-15}$$

即刚体所受的合冲量矩等于其角动量的增量.

4. 角动量守恒定律：当刚体所受合外力矩 $M=0$ 时，刚体的角动量保持不变.

角动量守恒定律不仅对质点、刚体适用，对"由质点和刚体组成的系统"及"人体"这样的非刚体也适用.

例 2-6　一根静止的细棒，长为 l，质量为 m_0，可绕 O 点在水平面内（纸面）转动，如图 2-5 所示.一个质量为 m、速率为 v 的子弹在水平面内沿与细棒垂直的方向射入棒的另一端，设子弹穿过棒后的速率减为 $\dfrac{v}{2}$.求：

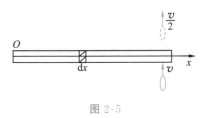

图 2-5

(1) 细棒获得的角速度；

(2) 若水平面的摩擦因数为 μ，则经过多长时间细棒停止转动.

分析：(1) 这是质点和刚体的碰撞问题.以子弹和棒作为讨论对象，系统所受的外力有棒和子弹的重力、水平桌面对棒的支持力、棒与水平桌面之间的摩擦力、轴承对棒的摩擦力和支承力.棒的重力和水平桌面的支持力抵消，子弹的重力对轴心的力矩在转轴方向的分量为零，支承力的力矩为零，摩擦力矩的冲量矩在碰撞瞬间可以忽略，所以系统所受合外力矩 $M=0$，系统角动量守恒.

(2) 子弹和细棒碰撞后，棒获得一个角速度 ω，棒在水平面转动时受到摩擦阻力矩的作用，角速度逐渐变小直至停止转动，因此第(2)问对细棒用角动量定理.

解答：(1) 设垂直纸面向外为角动量的正方向，子弹入射前对 O 点的角动量为

$$L_0 = mvl$$

子弹穿过棒后，系统的角动量为

$$L = ml \frac{v}{2} + J\omega$$

因此，有

$$mvl = ml \frac{v}{2} + J\omega$$

而 $J = \dfrac{1}{3} m_0 l^2$，代入上式，得

$$\omega = \frac{3mv}{2m_0 l}$$

ω 为正值,表示棒在水平面内沿逆时针方向转动.

（2）以 O 为原点,沿棒水平向右为 x 轴,细棒所受摩擦阻力矩为

$$M_f = -\int_0^l \mu g x \cdot \frac{m_0}{l} dx = -\frac{1}{2}\mu m_0 g l$$

由角动量定理可知

$$M_f \cdot \Delta t = 0 - J\omega$$

得

$$\Delta t = \frac{mv}{\mu m_0 g}$$

注意：质点力学中,质点和质点的碰撞系统所受合外力 $F_合 = 0$,满足动量守恒.而质点和刚体碰撞时,在 O 点处,轴承对棒的支承力是很大的,因此系统所受合外力 $F_合 \neq 0$,系统动量不守恒.但轴承处的支承力的力矩为零,因此系统角动量守恒.

例 2-7　在半径为 R 的具有光滑竖直固定中心轴的水平圆盘上,有一人静止站立在距离转轴为 $\frac{R}{2}$ 处,人的质量是圆盘质量的 $\frac{1}{10}$,开始时盘载人相对地以角速度 ω_0 匀速转动,如果此人垂直圆盘半径相对于盘以速度 v 沿与盘转动相反的方向做圆周运动,如图 2-6 所示.已知圆盘对中心轴的转动惯量为 $\frac{mR^2}{2}$,求：

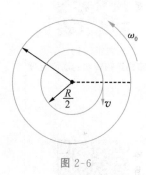

图 2-6

（1）圆盘对地的角速度;

（2）欲使圆盘对地静止,人沿着 $\frac{R}{2}$ 圆周对圆盘的速度 v 的大小及方向.

分析：把人和圆盘看作一个系统,人在盘面上走动,人与盘面间的摩擦力属于内力,因此系统满足角动量守恒.但此题中给出的盘的角速度是相对地面的,而人相对盘的速率是 v.用系统角动量守恒时,必须选择相同的参考系.这里以地面为参考系,系统角动量守恒.

解答：（1）设圆盘对地的角速度为 ω,则人对地转动的角速度为

$$\omega' = \omega - \frac{v}{R/2} = \omega - \frac{2v}{R}$$

设圆盘的质量为 m,则人的质量为 $\frac{m}{10}$.人与盘视为系统,则系统的角动量守恒,即

$$\left[\frac{1}{2}mR^2 + \frac{m}{10}\left(\frac{1}{2}R\right)^2\right]\omega_0 = \frac{1}{2}mR^2\omega + \frac{m}{10}\left(\frac{1}{2}R\right)^2\omega'$$

由以上两式得

$$\omega = \omega_0 + \frac{2v}{21R}$$

（2）欲使盘对地静止，则由上式可知

$$\omega = \omega_0 + \frac{2v}{21R} = 0$$

所以

$$v = -\frac{21R\omega_0}{2}$$

式中，负号表示人的走动方向与上一问中人的走动方向相反，即与盘的初始转动方向一致。

力矩的功
刚体绕定轴转动的动能定理

（四）力矩的功 定轴转动的动能定理

1. 力矩的功为

$$W = \int_{\theta_1}^{\theta_2} M \mathrm{d}\theta \qquad (2\text{-}16)$$

功率为

$$P = \frac{\mathrm{d}W}{\mathrm{d}t} = M\omega \qquad (2\text{-}17)$$

注意：力矩做功本质上就是力做功，由于刚体是定轴转动，故考虑力矩做功比较方便。若有一外力作用于一个系统，可考虑该力做功，也可考虑该力产生的力矩做功，但不可重复考虑。

2. 定轴转动的动能定理。

（1）刚体转动的转动动能为

$$E_k = \frac{1}{2} J\omega^2 \qquad (2\text{-}18)$$

刚体转动
动能定理的讨论

（2）刚体定轴转动的动能定理：

$$\int_{\theta_1}^{\theta_2} M \mathrm{d}\theta = \frac{1}{2} J\omega_2^2 - \frac{1}{2} J\omega_1^2 \qquad (2\text{-}19)$$

注意：刚体的转动动能公式是根据刚体上每一个质元的平动动能相加得到的，只不过是把刚体作为一整体用描述转动的物理量表示出来，这样解决问题更方便，因此动能定理对质点适用，对刚体适用，对由质点和刚体组成的系统同样适用。

例 2-8 水平桌面上有一质量为 m_0、长为 L 的细棒，可绕其一端的轴在桌面上转动，桌面的摩擦因数为 μ，开始时细棒静止。有一质量为 m 的子弹以速度 v_0 垂直细棒射入细棒的另一端并留在其中和细棒一起转动，忽略子弹重力造成的摩擦阻力矩。

（1）求子弹射入细棒后细棒所获得的共同的角速度 ω；

（2）细棒在桌面上能转几圈？

分析：（1）此题和例 2-6 类似，是质点和刚体的碰撞问题，只是此题是碰撞后子弹留在杆内，是完全非弹性碰撞问题.这种刚体和质点的碰撞问题都满足系统角动量守恒.

（2）细棒碰撞后获得角速度，在桌面上旋转受到摩擦阻力矩，摩擦阻力矩做功使得系统的转动动能减小直至细棒停止转动，因此对系统使用动能定理可求得结果.

解答：（1）质点和刚体碰撞过程中系统满足角动量守恒，即

$$mv_0 L = (J + mL^2)\omega$$

而 $J = \dfrac{1}{3} m_0 L^2$，故

$$\omega = \frac{3mv_0}{(m_0 + 3m)L}$$

（2）细棒所受摩擦阻力矩为

$$M_\mathrm{f} = -\int_0^L x\mu g \frac{m_0}{L} \mathrm{d}x = -\frac{1}{2}\mu m_0 gL$$

由定轴转动的动能定理有

$$M_\mathrm{f}\Delta\theta = 0 - \frac{1}{2}\left(\frac{1}{3}m_0 L^2 + mL^2\right)\omega^2$$

得

$$\Delta\theta = \frac{3m^2 v_0^2}{(m_0 + 3m)\mu m_0 gL}$$

圈数为

$$n = \frac{\Delta\theta}{2\pi} = \frac{3m^2 v_0^2}{2\pi\mu m_0 gL(m_0 + 3m)}$$

例 2-9   质量为 m、长为 L 的匀质细棒可绕其一端的水平固定轴 O 在竖直面内转动，如图 2-7 所示.将细棒从水平位置由静止释放，试求：

（1）细棒由水平状态转过任一角度 θ 时的角加速度；

（2）此时的角速度.

分析：这是刚体的定轴转动.第一问求角加速度 α，由转动定律 $M = J\alpha$ 可知，首先要求当处在图示 θ 位置时细棒所受的力矩，此时细棒受的力矩为重力矩.

第二问求角速度，可以从重力矩做功转化成转动动能来求解.由于重力是保守力，重力矩做功可从重力势能角度考虑，细棒转动过程中机械能守恒.

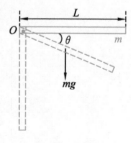

图 2-7

解答：（1）此状态下重力对 O 轴产生的力矩为 $M = mg\dfrac{L}{2}\cos\theta$，根据转动定律有

$$mg\frac{L}{2}\cos\theta = \frac{1}{3}mL^2\alpha$$

故

$$\alpha = \frac{3g}{2L}\cos\theta$$

（2）解法一　由转动动能定理有

$$\frac{1}{2}J\omega^2 = \int_0^\theta M\mathrm{d}\theta = \int_0^\theta mg\ \frac{L}{2}\cos\theta\,\mathrm{d}\theta$$

又

$$J = \frac{1}{3}mL^2$$

得

$$\omega = \sqrt{\frac{3g\sin\theta}{L}}$$

解法二　细棒转动过程中机械能守恒,设细棒在水平位置时重力势能为零,则

$$0 = \frac{1}{2}J\omega^2 - mg\ \frac{L}{2}\sin\theta$$

又

$$J = \frac{1}{3}mL^2$$

得

$$\omega = \sqrt{\frac{3g\sin\theta}{L}}$$

三、难点分析

　　质点力学部分许多内容在中学物理中就涉及过,学生有一定基础,本章则不同,许多物理量和物理概念都是中学阶段没有涉及的,初学者往往感到较难.

　　本章的难点之一是摩擦力矩的计算,处理这个问题用微元法.选取适当的微元(如圆环、微小长度等),写出这个微元所受的摩擦力矩 $\mathrm{d}M$,然后对其积分,求出 M.

　　本章的难点之二是运用转动定律处理包含质点(平动物体)和定轴转动刚体的问题(如阿特伍德机),对于不会分析的初学者,解决这类问题可分以下几步:第一步,对相关联的物体(平动物体和定轴转动刚体)用"隔离体法"作受力分析和对轴的力矩进行分析;第二步,取定正方向后,分别对平动物体运用牛顿第二定律和对定轴转动刚体运用转动定律列式,建立方程;第三步,找出方程中角量、线量的关系;第四步,解方程组求解.要注意方程中所有的力矩、转动惯量及角量对应同一个转轴,而且正方向须取得一致.初学者往往在系统正方向一致性的问题上出错.

　　本章的难点之三是质点和刚体的碰撞问题.质点和刚体的碰撞仍然有三种:完全弹性碰撞、非完全弹性碰撞和完全非弹性碰撞.其中完全弹性碰撞能量守恒,另外两种碰撞能量不守恒.质点和刚体的碰撞问题系统所受合外力不等于 0,系统动量不守恒;但系统所受外力矩等于 0,系统角动量守恒.初学者往往都会误认为动量守恒.

四、习题

（一）选择题

1. 关于刚体对轴的转动惯量,下列说法正确的是　　　　（　　）

A. 只取决于刚体的质量,与质量的空间分布和轴的位置无关

B. 取决于刚体的质量和质量的空间分布,与轴的位置无关

C. 取决于刚体的质量、质量的空间分布和轴的位置

D. 只取决于轴的位置,与刚体的质量和质量的空间分布无关

2. 有两个半径相同、质量相等的细圆环 A 和 B,A 环质量分布均匀,B 环质量分布不均匀,它们对通过环心并与环面垂直的轴的转动惯量分别为 J_A 和 J_B,则　　　　（　　）

A. $J_A > J_B$　　　　　　　B. $J_A < J_B$

C. $J_A = J_B$　　　　　　　D. 不能确定 J_A、J_B 哪个大

3. 两个匀质圆盘 A 和 B 的密度分别为 ρ_A 和 ρ_B,若 $\rho_A > \rho_B$,但两个圆盘的质量与厚度相同,如两个圆盘对通过盘心垂直于盘面的轴的转动惯量分别为 J_A 和 J_B,则　　　　（　　）

A. $J_A > J_B$　　　　　　　B. $J_A < J_B$

C. $J_A = J_B$　　　　　　　D. 不能确定 J_A、J_B 哪个大

4. 半径为 R、质量为 M 的均匀圆盘,靠边挖去直径为 R 的一个圆孔,如图 2-8 所示.对通过盘中心且与盘面垂直的 O 轴的转动惯量为　　　　（　　）

A. $\dfrac{3}{8}MR^2$　　　B. $\dfrac{7}{16}MR^2$　　　C. $\dfrac{13}{32}MR^2$　　　D. $\dfrac{15}{32}MR^2$

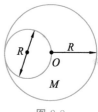

图 2-8

5. 半径不同的两只皮带轮以皮带相连,主动轮带动被动轮转动时,假定皮带轮不打滑,也不拉长,大轮边缘上一点 A 和小轮边缘上一点 B 的线速度和角速度的关系为　　　　（　　）

A. $v_A > v_B$,$\omega_A > \omega_B$　　　　　B. $v_A > v_B$,$\omega_A < \omega_B$

C. $v_A = v_B$,$\omega_A > \omega_B$　　　　　D. $v_A = v_B$,$\omega_A < \omega_B$

6. 刚体在一力矩作用下绕定轴转动,当力矩减小时,刚体的（　　）

A. 角速度和角加速度都增大

B. 角速度增大,角加速度减小

C. 角速度减小,角加速度增大

D. 角速度和角加速度都减小

7. 均匀细棒 OA 可绕通过其一端 O 而与棒垂直的水平固定光滑轴转动.今使棒从水平位置由静止开始自由下落,在棒摆动到竖直位置的过程中,下列说法正确的是　　　　（　　）

A. 角速度从小到大,角加速度从大到小

B. 角速度从小到大，角加速度从小到大

C. 角速度从大到小，角加速度从大到小

D. 角速度从大到小，角加速度从小到大

8. 有两个力作用在一个有固定转轴的刚体上，下列说法正确的是 （　　）

A. 这两个力都平行于轴作用时，它们对轴的合力矩一定是零

B. 这两个力都垂直于轴作用时，它们对轴的合力矩一定是零

C. 当这两个力的合力为零时，它们对轴的合力矩也一定是零

D. 当这两个力对轴的合力矩为零时，它们的合力也一定是零

9. 有人把一圆柱体放在光滑斜面上，放手后圆柱体将沿斜面 （　　）

A. 只滚不滑 　　　　　　　　　B. 只滑不滚

C. 又滚又滑 　　　　　　　　　D. 不能确定

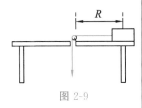

图 2-9

10. 如图 2-9 所示，有一块物体置于一个光滑的水平桌面上，有一绳，其一端连接此物体，另一端穿过桌面中心的小孔.该物体原以角速度 ω 在距孔为 R 的圆周上转动，今将绳从小孔缓慢往下拉，则物体 （　　）

A. 动能不变，动量改变，角动量改变

B. 动量不变，动能改变，角动量改变

C. 角动量不变，动量不变，动能改变

D. 角动量不变，动能、动量都改变

11. 一块方板，可以绕通过其一个水平边的光滑固定轴自由转动，最初板自由下垂.今有一小团黏土，垂直板面撞击方板，并粘在板上，对黏土和方板系统，如果忽略空气阻力，在碰撞中守恒的量是 （　　）

A. 动能 　　　　　　　　　　B. 绕木板转轴的角动量

C. 机械能 　　　　　　　　　D. 动量

12. 花样滑冰运动员绕过自身的竖直轴转动，开始时两臂伸开，转动惯量为 J_0，角速度为 ω_0，然后她将两臂收回，使转动惯量减小为 $\dfrac{J_0}{3}$，这时她转动的角速度变为 （　　）

A. $\dfrac{\omega_0}{3}$ 　　　　B. $\dfrac{1}{\sqrt{3}}\omega_0$ 　　　　C. $3\omega_0$ 　　　　D. $\sqrt{3}\omega_0$

13. 一圆形台面可绕中心轴无摩擦地转动，有一辆玩具小汽车相对台面由静止启动，绕轴做圆周运动，然后小汽车又突然刹车，在这整个过程中 （　　）

A. 机械能和角动量都守恒

B. 机械能不守恒，角动量守恒

C. 机械能守恒,角动量不守恒

D. 机械能和角动量都不守恒

14. 一个匀质砂轮半径为 R,质量为 M,绕通过中心且与盘面垂直的固定轴转动的角速度为 ω.若此时砂轮的动能等于一质量为 M 的自由落体从高度为 h 的位置落至地面时所具有的动能,那么 h 应等于 （　　）

A. $\frac{1}{2}MR^2\omega^2$　　B. $\frac{R^2\omega^2}{4M}$　　C. $\frac{R\omega^2}{Mg}$　　D. $\frac{R^2\omega^2}{4g}$

15. 足球守门员要分别接住来势不同的两个球:一个球在空中无转动地飞来,另一个球从地面滚来.两个球的质量和前进的速度均一样,则守门员接住两个球所做的功 （　　）

A. 相同　　　　　　　　B. 第一个球大

C. 第二个球大　　　　　D. 无法判断

(二) 填空题

1. 半径 $r=1.5$ m 的飞轮,初角速度 $\omega_0=10$ rad·s^{-1},角加速度 $\alpha=-5$ rad·s^{-2},则在 $t=$ _____ 时角位移为零,而此时边缘上点的线速度 $v=$ _____.

2. 可绕水平轴转动的飞轮,直径为 1.0 m.一条绳子绕在飞轮的外周边缘上,如果从静止开始做匀角加速运动且在 4 s 内绳被展开 10 m,则飞轮的角加速度为 _____.

3. 半径为 30 cm 的飞轮,从静止开始以 0.50 rad·s^{-2} 的匀角加速度转动,则飞轮边缘上一点在飞轮转过 240° 时的切向加速度 $a_t=$ _____,法向加速度 $a_n=$ _____.

4. 一个以恒定角加速度转动的圆盘,如果在某一时刻的角速度 $\omega_1=20\pi$ rad·s^{-1},再转 60 r 后角速度 $\omega_2=30\pi$ rad·s^{-1},则角加速度 $\alpha=$ _____,转过上述 60 r 所需的时间 $\Delta t=$ _____.

5. 一定滑轮质量为 M、半径为 R,对水平轴的转动惯量 $J=\frac{1}{2}MR^2$.在滑轮的边缘绕一细绳,绳的下端挂一物体.绳的质量可以忽略且不能伸长,滑轮与轴承间无摩擦.物体下落的加速度为 a,则绳中的张力 $T=$ _____.

6. 一轻绳绕在有水平轴的定滑轮上,滑轮的转动惯量为 J,绳下端挂一物体.物体所受重力为 P,滑轮的角加速度为 α.若将物体去掉而以与 P 相等的力直接向下拉绳子,滑轮的角加速度 α 将 _____.(填"变小"、"变大"或"不变")

7. 一长为 L 的轻质细杆,两端分别固定质量为 m 和 $2m$ 的小球,此系统在竖直平面内可绕过中点 O 且与杆垂直的水平光滑固定轴(O 轴)转动,开始时,杆与水平面成 60° 角,处于静止状态

图 2-10

（图 2-10），无初速地释放以后，杆和球这一刚体系统绕 O 轴转动，系统绕 O 轴的转动惯量 $J=$ _____，释放后，当杆转到水平位置时，刚体受到的合外力矩 $M=$ _____，角加速度 $\alpha=$ _____.

8. 半径为 R，具有光滑轴的定滑轮边缘绕一细绳，绳的下端挂一质量为 m 的物体，绳的质量可以忽略，绳与定滑轮之间无相对滑动，若物体下落的加速度为 a，则定滑轮对轴的转动惯量 $J=$ _____.

9. 一根质量为 M、长为 L 的均匀细杆，可在水平桌面上绕通过其一端的竖直固定轴转动.已知细杆与桌面的动摩擦因数为 μ，则杆转动时所受的摩擦力矩的大小为 _____.

10. 一飞轮以 $600\ \text{r} \cdot \text{min}^{-1}$ 的转速旋转，转动惯量为 $2.5\ \text{kg} \cdot \text{m}^2$，现加一恒定的制动力矩使飞轮在 $1\ \text{s}$ 内停止转动，则该恒定制动力矩的大小 $M=$ _____.

11. 如图 2-11 所示，质点 P 的质量为 $2\ \text{kg}$，位置矢量为 $\boldsymbol{r}$，速度为 $\boldsymbol{v}$，它受到力 $\boldsymbol{F}$ 的作用.这三个矢量均在 xOy 面内，且 $r=3.0\ \text{m}$，$v=4.0\ \text{m} \cdot \text{s}^{-1}$，$F=2\ \text{N}$，则该质点对原点 O 的角动量 $\boldsymbol{L}=$ _____，作用在质点上的力对原点的力矩 $\boldsymbol{M}=$ _____.

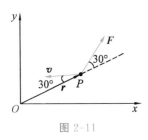

图 2-11

12. 一质点的角动量为 $\boldsymbol{L}=6t^2\boldsymbol{i}-(2t+1)\boldsymbol{j}+(12t^3-8t^2)\boldsymbol{k}$，则质点在 $t=1\ \text{s}$ 时所受合力矩 $\boldsymbol{M}=$ _____.

13. 一均匀细杆可绕离其一端 $\dfrac{L}{4}$（L 为杆长）的水平轴 O 在竖直平面内转动，杆的质量为 m.当杆自由悬挂时，给它一个起始角速度 ω，若杆恰能持续转动而不摆动（摩擦不计），则 ω 最小应为 _____.

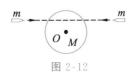

图 2-12

14. 一圆盘正绕垂直于盘面的水平光滑固定轴 O 转动，如图 2-12 所示.现射来两个质量相同、速度大小相同、方向相反并在一条直线上的子弹，子弹射入圆盘并且留在盘内，则子弹射入后的瞬间，圆盘的角速度 ω 将 _____.（填"变小"、"变大"或"不变"）

15. 一飞轮以角速度 ω_0 绕光滑固定轴旋转，飞轮对轴的转动惯量为 J_1；另一静止飞轮突然和上述转动的飞轮啮合，绕同一转轴转动，该飞轮对轴的转动惯量为前者的两倍.啮合后整个系统的角速度 $\omega=$ _____.

16. 一质量为 m 的小虫在可沿竖直固定光滑中心轴转动的水平圆盘边缘上沿逆时针方向爬行，它相对于地面的速度为 v，此时圆盘正沿顺时针方向转动，相对于地面的角速度为 ω.设圆盘对中心轴的转动惯量为 J，圆盘半径为 R.若小虫停止爬行，则圆盘的角速度为 _____.

（三）计算及证明题

1. 某发动机飞轮在时间间隔 t 内的角位移为

$$\theta = at + bt^3 - ct^4 \quad (\theta \text{ 的单位为 rad}, t \text{ 的单位为 s})$$

求 t 时刻的角速度和角加速度.

2. 某种电机启动后转速随时间变化的关系为 $\omega = \omega_0(1 - e^{-\frac{t}{\tau}})$，式中 $\omega_0 = 9.0$ rad·s^{-1}，$\tau = 2.0$ s.求：

（1）$t = 6.0$ s 时电机的转速；

（2）电机的角加速度随时间变化的规律；

（3）启动后电机在 6.0 s 内转过的圈数.

3. 一刚体绕固定轴从静止开始转动,角加速度为一常数.试证：该刚体中任一点的法向加速度和刚体的角位移成正比.

4. 如图 2-13 所示的阿特伍德机装置中,滑轮和绳子间没有滑动且绳子不可伸长,轴与轮间有阻力矩,求滑轮两边绳子的张力.已知 $m_1 = 20$ kg，$m_2 = 10$ kg,滑轮质量 $m_3 = 5$ kg,滑轮半径 $r = 0.2$ m,滑轮可视为均匀圆盘,阻力矩 $M_f = 6.6$ N·m.（圆盘对过其中心且与盘面垂直的轴的转动惯量为 $\frac{1}{2}m_3r^2$）

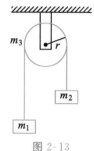

图 2-13

5. 如图 2-14 所示,一轻绳跨过两个质量分别为 m 和 $2m$、半径分别为 R 和 $2R$ 的匀质定滑轮,绳的两端分别挂着质量为 m 和 $2m$ 的重物.当重物由静止开始运动时,求：

（1）重物的加速度；

（2）两滑轮之间绳子的张力.

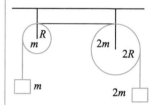

图 2-14

6. 固定在一起的两个同轴均匀圆柱体,可绕其光滑的水平对称轴 OO' 转动,设大小圆柱体的半径分别为 $R = 0.20$ m，$r = 0.10$ m,质量分别为 $M = 10$ kg，$m = 4$ kg,绕在两柱体上的细绳分别与物体 m_1 和物体 m_2 相连,m_1 和 m_2 分别挂在圆柱体的两侧,且 $m_1 = m_2 = 2$ kg,如图 2-15 所示.求：

（1）圆柱体转动时的角加速度；

（2）两侧细绳的张力.

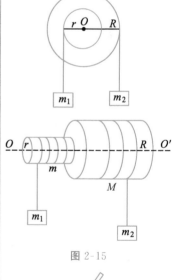

图 2-15

7. 如图 2-16 所示,一长为 l 的均匀直棒可绕过其一端且与棒垂直的水平光滑固定轴转动.抬起另一端使棒向上与水平面成 60°,然后无初速地将棒释放.已知棒对轴的转动惯量为 $\frac{1}{3}ml^2$,其中 m 和 l 分别为棒的质量和长度.求：

（1）放手时棒的角加速度；

（2）棒转到水平位置时的角加速度.

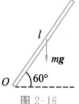

图 2-16

8. 一转动惯量为 J 的圆盘绕一固定轴转动,初始角速度为 ω_0,设它所受阻力矩与转动角速度成正比,即 $M = -k\omega$（k 为正的

常数).求:

(1) 圆盘的角速度从 ω_0 变为 $\dfrac{\omega_0}{2}$ 时所需的时间;

(2) 在上述过程中阻力矩所做的功.

9. 有一质量为 m、半径为 R 的圆盘平放在水平桌面上,圆盘与水平桌面的摩擦因数为 μ.若圆盘绕通过其中心且垂直板面的固定轴以角速度 ω_0 开始旋转.

(1) 求圆盘所受的摩擦阻力矩;

(2) 圆盘将在旋转几圈后停止转动?

10. 电扇在开启电源后,经过 t_1 时间达到了额定转速,此时相应的角速度为 ω_0;当关闭电源后,经过 t_2 时间风扇停转.已知风扇转子的转动惯量为 J,并假定摩擦阻力矩和电机的电磁力矩均为常量,试根据已知量推算电机的电磁力矩.

11. 一根放在水平光滑桌面上的匀质棒,可绕过其一端的竖直固定光滑轴 O 转动.棒的质量 $m=1.5\ \text{kg}$,长度 $l=1.0\ \text{m}$,对轴的转动惯量 $J=\dfrac{1}{3}ml^2$.初始时棒静止.今有一水平运动的子弹垂直地射入棒的另一端,并留在棒中,如图 2-17 所示.子弹的质量 $m'=0.020\ \text{kg}$,速率 $v=400\ \text{m}\cdot\text{s}^{-1}$.试问:

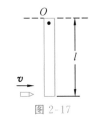
图 2-17

(1) 棒开始和子弹一起转动时角速度 ω 有多大?

(2) 若棒转动时受到大小 $M_r=4.0\ \text{N}\cdot\text{m}$ 的恒定阻力矩作用,棒能转过的角度 θ 为多大?

12. 如图 2-18 所示,长为 L 的匀质细杆,一端悬于 O 点,细杆自由下垂.紧挨 O 点悬一单摆,单摆线的长度也是 L,摆球的质量为 m.若单摆从水平位置由静止开始自由摆下,且摆球与细杆做完全弹性碰撞后摆球正好静止.

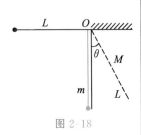
图 2-18

(1) 求细杆的质量 M;

(2) 试证:细杆摆起的最大角度 $\theta=\arccos\dfrac{1}{3}$.(细杆对 O 点的转动惯量为 $\dfrac{1}{3}ML^2$)

13. 一长为 L 的均匀木棒,质量为 m,可绕水平光滑轴 O 在铅垂面内转动,开始时木棒自然地悬垂.现有质量为 m 的子弹以速率 v 从 A 点水平地射入木棒中.假定 A 点与 O 点的距离为 $\dfrac{2}{3}L$,如图 2-19 所示.求:

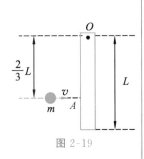
图 2-19

(1) 木棒开始转动时的角速度;

(2) 木棒上升的最大偏转角.

14. 一质量均匀分布的圆盘,质量为 M,半径为 R,放在一粗糙水平面上,圆盘可绕通过其中心 O 的竖直固定光滑轴转动.开始时,圆盘静止,一质量为 m 的子弹以水平速度 v_0 打入圆盘边缘并嵌在盘边上(与圆外切),如图 2-20 所示,设摩擦因数为 μ.

(1) 求子弹击中圆盘后圆盘所获得的角速度;

(2) 经过多长时间,圆盘停止转动?

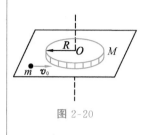

图 2-20

(圆盘绕通过 O 点的竖直轴的转动惯量为 $\frac{1}{2}MR^2$,忽略子弹重力造成的摩擦阻力矩)

15. 在自由转动的水平圆盘上,站一质量为 m 的人,圆盘的半径为 R,转动惯量为 J,角速度为 ω,如果这人由盘边走到盘心,求角速度的变化及此系统动能的变化.

16. 一均质球绕通过其中心的轴以一定的角速度转动着.如果该球在质量保持不变的基础上向中心塌缩,半径减小为原半径的 $\frac{1}{n}$,那么该球的动能增大为原来的多少倍?(已知球的转动惯量 $J = \frac{2}{5}mR^2$)

17. 一个有竖直光滑固定轴的水平转台,人站立在转台上,身体的中心轴线与转台竖直轴线重合,两臂伸开各举着一个哑铃.当转台转动时,此人把两哑铃水平地收缩到胸前,在这一收缩过程中,问:

(1) 转台、人、哑铃与地球组成的系统机械能是否守恒?为什么?

(2) 转台、人与哑铃组成的系统角动量是否守恒?为什么?

(3) 每个哑铃的动量与动能是否守恒?为什么?

刚体定轴转动习题答案

气体动理论

1. 了解气体分子热运动的图像,理解平衡态、理想气体等概念,掌握理想气体的物态方程.

2. 理解理想气体的压强公式和温度公式,了解建立宏观量与微观量的联系并阐明宏观量微观本质的方法.

3. 理解自由度的概念,理解能量均分定理,掌握理想气体内能公式.

4. 理解速率分布函数和速率分布曲线的物理意义,了解麦克斯韦速率分布定律及三种统计速率.

5. 了解气体分子平均碰撞频率和平均自由程的概念及公式.

二、主要内容及例题

（一）平衡态　理想气体的物态方程

1. 平衡态:系统在不受外界影响的条件下,其宏观性质不随时间变化的状态称为平衡态.气体的平衡态在 $p\text{-}V$ 图上可用一个点表示.

2. 理想气体的物态方程:

热学的基本概念

$$pV = \frac{m}{M}RT \tag{3-1}$$

或

平衡态
理想气体的物态方程

$$p = nkT \tag{3-2}$$

式中,m 为气体的质量,M 为该气体的摩尔质量,R 为摩尔气体常数,$k = \dfrac{R}{N_A}$ 为玻耳兹曼常数,N_A 为阿伏加德罗常数,$n = \dfrac{N}{V}$ 为气体的分子数密度,N 为气体的总分子数.p、V、T 为气体的状态参量（压强、体积和温度）.

例 3-1 在标准状态下,任何 1 m^3 的理想气体含有的分子数为多少?

分析:标准状态下,理想气体的 p 和 T 都已知,1 mol 理想气体的体积 V_m 和 1 mol 理想气体所含有的分子数 N_A 都已知,因此利用中学的方法 $\dfrac{N_A}{V_m}$ 可求得结果.另外利用理想气体的物态方程式(3-2)亦可求得.

解答:解法一

$$n = \frac{N_A}{V_m} = \frac{6.02 \times 10^{23}}{22.4 \times 10^{-3}} \text{ m}^{-3} \approx 2.69 \times 10^{25} \text{ m}^{-3}$$

解法二

$$n = \frac{p}{kT} = \frac{1.013 \times 10^5}{1.38 \times 10^{-23} \times 273} \text{ m}^{-3} \approx 2.69 \times 10^{25} \text{ m}^{-3}$$

注意:解法二具有普遍性,可求出非标准状态下的分子数密度.详见例 3-2 的第(1)问.

(二)理想气体的压强和温度的统计意义

1. 理想气体的微观模型.

(1)气体分子可以看作质点.

(2)除碰撞的瞬间外,忽略气体分子间和分子与容器壁间的相互作用.

物质的微观模型

(3)气体分子间及分子与容器壁间发生的碰撞均为完全弹性碰撞.

(4)气体分子的运动遵从经典力学规律.

2. 平衡态的统计假设.

分子按位置的分布是均匀的:

$$n = \frac{dN}{dV} = \frac{N}{V} \tag{3-3}$$

分子各方向运动概率均等,即

$$\overline{v_x} = \overline{v_y} = \overline{v_z} = 0 \tag{3-4}$$

$$\overline{v_x^2} = \overline{v_y^2} = \overline{v_z^2} = \frac{1}{3}\overline{v^2} \tag{3-5}$$

热动平衡的
统计规律

3. 理想气体压强公式:

$$p = \frac{1}{3}nm_0\overline{v^2} = \frac{2}{3}n\overline{\varepsilon_k} \tag{3-6}$$

其中,$\overline{\varepsilon_k} = \dfrac{1}{2}m_0\overline{v^2}$ 为分子平均平动动能,m_0 为单个分子的质量.

气体压强的
微观解释

该式给出了宏观量 p 与微观量的统计平均值 n、$\overline{\varepsilon_k}$ 之间的关系.从宏观上讲,压强是气体对单位面积容器壁的作用力;从微观上看,压强则是大量气体分子持续不断地与器壁碰撞所给予器壁的平均冲力.

理想气体的
温度公式

4. 温度的统计解释.

理想气体分子的平均平动动能与温度的关系为

$$\overline{\varepsilon}_k = \frac{3}{2}kT \tag{3-7}$$

该式表示了宏观量 T 和微观量的平均值 $\overline{\varepsilon}_k$ 之间的关系.从宏观上说,温度是表征气体处于热平衡状态的物理量;从微观上看,温度是气体分子平均平动动能的量度,它表征大量气体分子热运动的剧烈程度,是大量分子热运动的平均统计结果.温度对个别分子而言是没有意义的.

例 3-2　一容器中储有氧气,已知 $V = 1.20 \times 10^{-2}$ m³, $p = 8.31 \times 10^5$ Pa, $T = 300$ K,试求:

(1) 单位体积中的分子数 n;

(2) 分子的平均平动动能 $\overline{\varepsilon}_k$.

分析:(1) 已知 p、T,求 n.在例 3-1 中已求标准状态下的 n,而由理想气体的物态方程 $p = nkT$ 可求非标准状态下的 n.

(2) 分子的平均平动动能可直接利用式(3-7)求得.

解答:(1)　　$n = \dfrac{p}{kT} = \dfrac{8.31 \times 10^5}{1.38 \times 10^{-23} \times 300} \approx 2.01 \times 10^{26} \ (\text{m}^{-3})$

(2)　　$\overline{\varepsilon}_k = \dfrac{3}{2}kT = \dfrac{3}{2} \times 1.38 \times 10^{-23} \times 300 = 6.21 \times 10^{-21} \ (\text{J})$

(三) 能量均分定理　理想气体的内能

1. 自由度.

自由度

确定一个物体空间位置所需的独立坐标数,简称为自由度.自由度用 i 表示,单原子分子 $i = 3$,刚性双原子分子 $i = 5$,刚性多原子分子 $i = 6$.

2. 能量均分定理.

在平衡态时,气体分子的每一自由度都具有大小等于 $\frac{1}{2}kT$ 的平均动能.自由度为 i 的一个分子的平均动能为

$$\overline{\varepsilon} = \frac{i}{2}kT \tag{3-8}$$

能量均分定理
理想气体的内能

注意:能量均分定理是对大量气体分子统计平均所得的结果,对个别分子来说,在某一瞬时,每一个自由度上的能量和总能量完全可能与能量均分定理所确定的平均值有很大的差别.

3. 理想气体的内能为

$$E = \frac{m}{M} \cdot \frac{i}{2}RT = \nu \cdot \frac{i}{2}RT \tag{3-9}$$

式中, ν 为物质的量. 因此, 理想气体的内能仅仅是温度的函数, 此处从微观上解释了其原因.

例 3-3　指出下列各式所表示的物理意义.

(1) $\frac{1}{2}kT$; (2) $\frac{3}{2}kT$; (3) $\frac{i}{2}kT$; (4) $\frac{i}{2}RT$; (5) $\frac{m}{M} \cdot \frac{i}{2}RT$.

解答: (1) $\frac{1}{2}kT$ 表示理想气体分子每一自由度上所具有的平均动能.

(2) $\frac{3}{2}kT$ 表示分子的平均平动动能或单原子分子的平均动能.

(3) $\frac{i}{2}kT$ 表示自由度为 i 的分子的平均动能.

(4) $\frac{i}{2}RT$ 表示分子自由度为 i 的 1 mol 理想气体的内能.

(5) $\frac{m}{M} \cdot \frac{i}{2}RT$ 表示质量为 m 的分子自由度为 i 的理想气体的内能.

例 3-4　在标准状态下, 体积比为 1∶2 的氧气和氦气 (均视为刚性分子理想气体) 相混合, 混合气体中氧气和氦气的内能之比为多少?

分析: 两种气体在标准状态下混合, 混合后温度均不变, 所以混合前后的内能之比不变. 可直接利用理想气体的内能公式 (3-9) 和理想气体的物态方程式 (3-1) 求得.

解答: 由于氧气和氦气是在标准状态下混合的, 温度均不变, 所以混合前后的内能之比不变, 则有

$$E = \frac{m}{M} \cdot \frac{i}{2}RT = \frac{i}{2}pV$$

混合前两种气体的压强相同, 故

$$E_{O_2} : E_{He} = i_{O_2}V_{O_2} : i_{He}V_{He} = 5 : 6$$

例 3-5　可视为理想气体的 A 和 B 两瓶气体, A 为 1 mol 氧气, B 为 1 mol 甲烷 (CH_4), 它们的内能相同 (均视为刚性分子). 那么它们分子的平均转动动能之比 $\bar{\varepsilon}_{krA} : \bar{\varepsilon}_{krB}$ 为多少?

分析: 要求转动动能, 由能量均分定理可得 $\bar{\varepsilon}_{kr} = \frac{i_{转}}{2}kT$. 而双原子分子的转动自由度 $i_{转A} = 2$, 多原子分子的转动自由度 $i_{转B} = 3$. 又 A、B 两气体内能相等, 利用式 (3-9) 即可得两气体的温度关系.

解答:
$$\bar{\varepsilon}_{krA} : \bar{\varepsilon}_{krB} = \frac{i_{转A}}{2}kT_A : \frac{i_{转B}}{2}kT_B = 2T_A : 3T_B$$

又因 $$E_A = E_B, \frac{i_A}{2}RT_A = \frac{i_B}{2}RT_B$$

得 $$T_A : T_B = i_B : i_A = 6 : 5$$

故 $$\overline{\varepsilon}_{krA} : \overline{\varepsilon}_{krB} = 2T_A : 3T_B = 4 : 5$$

（四）气体分子热运动的速率分布

1. 米勒-库什实验：测定气体分子速率分布的实验.

2. 速率分布函数的定义：

$$f(v) = \frac{dN}{N\,dv} \tag{3-10}$$

式中，N 为系统总分子数，dN 为速率在 $v \sim v + dv$ 区间内的分子数，$f(v)$ 表示在速率 v 附近单位速率区间内的分子数占总分子数的比率.速率分布函数满足归一化条件：

$$\int_0^\infty f(v)\,dv = 1 \tag{3-11}$$

3. 某物理量 $G(v)$ 的平均值的公式：

$$\overline{G(v)} = \int_0^\infty G(v) f(v)\,dv \tag{3-12}$$

例如，所有气体分子的平均速率为

$$\overline{v} = \int_0^\infty v f(v)\,dv \tag{3-13}$$

速率在某区间 $v_1 \sim v_2$ 内的分子的某物理量 $G(v)$ 平均值公式为

$$\overline{G(v)} = \frac{\displaystyle\int_{v_1}^{v_2} G(v) f(v)\,dv}{\displaystyle\int_{v_1}^{v_2} f(v)\,dv} \tag{3-14}$$

例如，速率在 $v_1 \sim v_2$ 区间内的分子的平均速率为

$$\frac{\displaystyle\int_{v_1}^{v_2} v f(v)\,dv}{\displaystyle\int_{v_1}^{v_2} f(v)\,dv}$$

注意：求速率在 $v_1 \sim v_2$ 区间内的分子的平均速率，应该是这些分子的速率之和除以这些分子的个数 N' 而不是除以总分子数 N.即

$$\frac{\displaystyle\int_{v_1}^{v_2} v\,dN}{N'} = \frac{\displaystyle\int_{v_1}^{v_2} v N f(v)\,dv}{\displaystyle\int_{v_1}^{v_2} N f(v)\,dv} = \frac{\displaystyle\int_{v_1}^{v_2} v f(v)\,dv}{\displaystyle\int_{v_1}^{v_2} f(v)\,dv}$$

4. 麦克斯韦速率分布函数.

麦克斯韦从理论上导出了理想气体在平衡态下的速率分布函数，其形式为

测定气体分子
速率分布的实验

速率分布函数

三种速率

$$f(v) = 4\pi \left(\frac{m_0}{2\pi kT}\right)^{3/2} v^2 e^{-m_0 v^2/2kT} \quad (3-15)$$

$f(v)$ 与 v 的关系曲线称为速率分布曲线,如图 3-1 所示.图中阴影部分的面积为 $\int_{v_1}^{v_2} f(v)\mathrm{d}v$,表示分子速率在 $v_1 \sim v_2$ 区间内的概率.

5. 三种统计速率.

(1) 最概然速率 v_p.

$f(v)$ 与 v 的关系曲线中,与 $f(v)$ 的极大值对应的速率叫作最概然速率(图 3-1),从麦克斯韦速率分布函数可求得:

$$v_p = \sqrt{\frac{2kT}{m_0}} = \sqrt{\frac{2RT}{M}} \approx 1.41\sqrt{\frac{RT}{M}} \quad (3-16)$$

它表示分子的速率在 v_p 附近的概率最大.

(2) 平均速率 $\overline{v}$ 为

$$\overline{v} = \int_0^\infty v f(v)\mathrm{d}v = \sqrt{\frac{8kT}{\pi m_0}} = \sqrt{\frac{8RT}{\pi M}} \approx 1.60\sqrt{\frac{RT}{M}} \quad (3-17)$$

(3) 方均根速率 $\sqrt{\overline{v^2}}$ 为

$$\overline{v^2} = \int_0^\infty v^2 f(v)\mathrm{d}v = \frac{3kT}{m_0}$$

$$\sqrt{\overline{v^2}} = \sqrt{\frac{3kT}{m_0}} = \sqrt{\frac{3RT}{M}} \approx 1.73\sqrt{\frac{RT}{M}} \quad (3-18)$$

注意:气体的三种特征速率都是根据大量分子热运动的速率分布规律而得到的,因此具有统计意义.

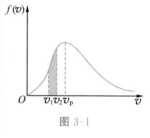

图 3-1

例 3-6 试说明下列各式的物理意义:

(1) $f(v)\mathrm{d}v$;(2) $Nf(v)\mathrm{d}v$;(3) $\int_{v_1}^{v_2} f(v)\mathrm{d}v$;(4) $\int_{v_1}^{v_2} Nf(v)\mathrm{d}v$;(5) $\int_{v_1}^{v_2} vNf(v)\mathrm{d}v$.

分析:根据分布函数 $f(v)$ 的定义,有

$$f(v)\mathrm{d}v = \frac{\mathrm{d}N}{N}$$

式中,N 为系统总分子数,$\mathrm{d}N$ 为速率在 $v \sim v + \mathrm{d}v$ 区间内的分子数,则可得到以上各式的物理意义.

解答:(1) $f(v)\mathrm{d}v = \dfrac{\mathrm{d}N}{N}$ 表示速率在 $v \sim v + \mathrm{d}v$ 区间内的分子数占总分子数的比率,或分子速率处在 $v \sim v + \mathrm{d}v$ 区间内的概率.

(2) $Nf(v)\mathrm{d}v = \mathrm{d}N$ 表示速率在 $v \sim v + \mathrm{d}v$ 区间内的分子数.

（3）$\int_{v_1}^{v_2} f(v)\mathrm{d}v = \int_{v_1}^{v_2} \dfrac{\mathrm{d}N}{N}$ 表示速率在 $v_1 \sim v_2$ 区间内的分子数占总分子数的比率或分子速率处在 $v_1 \sim v_2$ 区间内的概率.

（4）$\int_{v_1}^{v_2} Nf(v)\mathrm{d}v = \int_{v_1}^{v_2} \mathrm{d}N$ 表示速率在 $v_1 \sim v_2$ 区间内的分子数.

（5）$\int_{v_1}^{v_2} vNf(v)\mathrm{d}v = \int_{v_1}^{v_2} v\mathrm{d}N$ 表示速率在 $v_1 \sim v_2$ 区间内的分子速率之和.

例 3-7 已知一个由 N 个粒子组成的系统,平衡态下粒子的速率分布曲线如图 3-2 所示.

试求：（1）图中常量 a；

（2）粒子的平均速率.

分析：这是一道已知速率分布函数曲线求平均速率的问题.首先由速率分布曲线得到 $f(v)$ 的表达式,由于 $f(v)$ 是归一化的,满足归一化条件,即可求得常量 a.得到 $f(v)$ 后就可求得 $\overline{v}$.

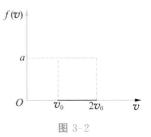

图 3-2

解答：（1）由图 3-2 可知：

$$f(v)=\begin{cases}a, & v_0 \leqslant v \leqslant 2v_0 \\ 0, & v < v_0, v > 2v_0\end{cases}$$

由于 $f(v)$ 满足

$$\int_0^\infty f(v)\mathrm{d}v = 1$$

即

$$\int_{v_0}^{2v_0} a\,\mathrm{d}v = 1$$

得

$$a = \frac{1}{v_0}$$

（2）由（1）可知

$$f(v)=\begin{cases}\dfrac{1}{v_0}, & v_0 \leqslant v \leqslant 2v_0 \\ 0, & v < v_0, v > 2v_0\end{cases}$$

则

$$\overline{v} = \int_0^\infty vf(v)\mathrm{d}v = \int_{v_0}^{2v_0}\frac{1}{v_0}\cdot v\mathrm{d}v = \frac{3}{2}v_0$$

拓展：本题若是求速率在 $v_0 \sim \dfrac{3}{2}v_0$ 区间内分子的平均速率又如何呢？

由式（3-14）可知：速率在 $v_0 \sim \dfrac{3}{2}v_0$ 区间内分子的平均速率应该是这些分子的速率之和除以这些分子的个数,即

$$\overline{v}=\frac{\int_{v_0}^{\frac{3}{2}v_0} vf(v)\mathrm{d}v}{\int_{v_0}^{\frac{3}{2}v_0} f(v)\mathrm{d}v}=\frac{\frac{1}{v_0}\int_{v_0}^{\frac{3}{2}v_0} v\mathrm{d}v}{\frac{1}{v_0}\left(\frac{3}{2}v_0-v_0\right)}=\frac{5}{4}v_0$$

例 3-8　试计算 27 ℃时氧气分子的最概然速率、平均速率和方均根速率.

分析：这是计算气体分子的三种特征速率.由式(3-16)~式(3-18)可直接得到.

解答：由题意知

$$T=300\ \mathrm{K},M=32\times10^{-3}\ \mathrm{kg/mol}.$$

因此

$$v_{\mathrm{p}}=\sqrt{\frac{2RT}{M}}=\sqrt{\frac{2\times8.31\times300}{32\times10^{-3}}}\approx394.7(\mathrm{m/s})$$

$$\overline{v}=\sqrt{\frac{8RT}{\pi M}}=\sqrt{\frac{8\times8.31\times300}{\pi\times32\times10^{-3}}}\approx445.4(\mathrm{m/s})$$

$$\sqrt{\overline{v^2}}=\sqrt{\frac{3RT}{M}}=\sqrt{\frac{3\times8.31\times300}{32\times10^{-3}}}\approx483.4(\mathrm{m/s})$$

可见：通常温度下气体分子的三种特征速度是很大的,一般可达到数百米每秒.

三、难点分析

在本章的学习中,初学者往往抓不住重点,理不清物理量之间的关系.学习这一章,首先,要正确把握每个物理量的物理意义,明确其描述的对象是描述整个气体的宏观量,还是描述单个气体分子的微观量,或者是对大量分子的统计平均值.其次,对公式的导出方法和过程要理解,对物理量的物理意义要明晰,从而把握公式的成立条件及物理量的物理实质.

本章的难点之一是理想气体压强公式的推导,在推导过程中要明确压强的微观本质,同时要应用一些统计的知识.压强公式的推导过程是将宏观量和微观本质建立联系的过程.

难点之二是速率分布函数的意义及由速率分布函数求物理量的平均值,关键在于要理解速率分布函数的定义式 $f(v)\mathrm{d}v=\dfrac{\mathrm{d}N}{N}$ 中每个物理量的含义,$f(v)$ 是速率分布函数,N 是气体分子总数,$\mathrm{d}N$ 是速率在 $v\sim v+\mathrm{d}v$ 区间内的分子数.由此定义式展开,可得到其他式子的物理意义及物理量的平均值,详见例 3-6 和例 3-7.

四、习题

（一）选择题

1. 在一封闭容器内，理想气体分子的平均速率提高为原来的 2 倍，则 （　　）

A. 温度和压强都提高为原来的 2 倍

B. 温度和压强分别为原来的 2 倍和 4 倍

C. 温度和压强分别为原来的 4 倍和 2 倍

D. 温度和压强都为原来的 4 倍

2. 两瓶不同类的理想气体，设分子平均平动动能相等，但其分子数密度不相等，则 （　　）

A. 压强相等，温度相等　　　　B. 温度相等，压强不相等

C. 压强相等，温度不相等　　　　D. 方均根速率相等

3. 若理想气体的体积为 V，压强为 p，温度为 T，一个分子的质量为 m_0，k 为玻耳兹曼常数，R 为摩尔气体常数，则该理想气体的分子数为 （　　）

A. $\dfrac{pV}{m_0}$　　　B. $\dfrac{pV}{kT}$　　　C. $\dfrac{pV}{RT}$　　　D. $\dfrac{pV}{m_0 T}$

4. 三个容器 A、B、C 中装有同种理想气体，其分子数密度 n 相同，而方均根速率之比为 $\sqrt{\overline{v_A^2}}:\sqrt{\overline{v_B^2}}:\sqrt{\overline{v_C^2}}=1:2:4$，则其压强之比 $p_A:p_B:p_C$ 为 （　　）

A. 1:2:4

B. 1:4:8

C. 1:4:16

D. 4:2:1

5. 若室内生起炉子后温度从 15 ℃升高到 27 ℃，而室内气压不变，则此时室内的分子数减少了 （　　）

A. 0.5%　　　B. 4%　　　C. 9%　　　D. 21%

6. 已知氢气与氧气的温度相同，下列说法正确的是 （　　）

A. 氧气分子的质量比氢气分子的质量大，所以氧气的压强一定大于氢气的压强

B. 氧气分子的质量比氢气分子的质量大，所以氧气的密度一定大于氢气的密度

C. 氧气分子的质量比氢气分子的质量大，所以氢气分子的速率一定比氧气分子的速率大

D. 氧气分子的质量比氢气分子的质量大，所以氢气分子的方均根速率一定比氧气分子的方均根速率大

7. 一瓶氦气和一瓶氮气密度相同，分子平均平动动能相同，而且它们都处于平衡状态，则它们 （　　）

A. 温度相同,压强相同

B. 温度、压强都不相同

C. 温度相同,但氦气的压强大于氮气的压强

D. 温度相同,但氦气的压强小于氮气的压强

8. 有容积不同的 A、B 两个容器,A 中装有单原子分子理想气体,B 中装有双原子分子理想气体.若两种气体的压强相同,那么这两种气体单位体积的内能$(E/V)_A$ 和$(E/V)_B$ 的关系为 (　　)

A. $(E/V)_A < (E/V)_B$　　　　B. $(E/V)_A > (E/V)_B$

C. $(E/V)_A = (E/V)_B$　　　　D. 不能确定

9. 两容器内分别盛有氢气和氦气,若它们的温度和质量分别相等,则 (　　)

A. 两种气体分子的平均平动动能相等

B. 两种气体分子的平均动能相等

C. 两种气体分子的平均速率相等

D. 两种气体的内能相等

10. $\int_{v_1}^{v_2} \frac{1}{2}mv^2 Nf(v)\mathrm{d}v$ 的物理意义是 (　　)

A. 速率为v_2 的各个分子的总平动动能与速率为v_1 的各个分子的总平动动能之差

B. 速率为v_2 的各个分子的总平动动能与速率为v_1 的各个分子的总平动动能之和

C. 速率处在$v_1 \sim v_2$ 速率区间内的分子的平均平动动能

D. 速率处在$v_1 \sim v_2$ 速率区间内的分子的平动动能之和

11. 某系统由两种理想气体 A 和 B 组成,其分子数分别为N_A 和N_B.若在某一温度下,A 和 B 气体各自的速率分布函数分别为$f_A(v)$ 和$f_B(v)$,则在同一温度下,由 A、B 气体组成的系统的速率分布函数为 (　　)

A. $N_A f_A(v) + N_B f_B(v)$　　　　B. $\frac{1}{2}[N_A f_A(v) + N_B f_B(v)]$

C. $\dfrac{N_A f_A(v) + N_B f_B(v)}{N_A + N_B}$　　　　D. $\dfrac{N_A f_A(v) + N_B f_B(v)}{2(N_A + N_B)}$

12. 麦克斯韦速率分布曲线如图 3-3 所示,图中 A、B 两部分面积相等,则该图表示 (　　)

A. v_0 为最概然速率

B. v_0 为平均速率

C. v_0 为方均根速率

D. 速率大于v_0 和小于v_0 的分子数各占一半

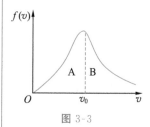

图 3-3

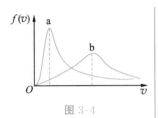

图 3-4

13. 设图 3-4 所示的两条曲线分别表示在相同温度下氧气和氢气分子的速率分布曲线;令 $(v_p)_{O_2}$ 和 $(v_p)_{H_2}$ 分别表示氧气和氢气的最概然速率,则　　　　　　　　　　　(　　)

A. 曲线 a 表示氧气分子的速率分布曲线;$(v_p)_{O_2}/(v_p)_{H_2}=4$

B. 曲线 a 表示氧气分子的速率分布曲线;$(v_p)_{O_2}/(v_p)_{H_2}=1/4$

C. 曲线 b 表示氧气分子的速率分布曲线;$(v_p)_{O_2}/(v_p)_{H_2}=1/4$

D. 曲线 b 表示氧气分子的速率分布曲线;$(v_p)_{O_2}/(v_p)_{H_2}=4$

14. 设 $\overline{v}$ 代表气体分子运动的平均速率,v_p 代表气体分子运动的最概然速率,$\sqrt{\overline{v^2}}$ 代表气体分子运动的方均根速率.处于平衡状态下的理想气体,三种速率的关系为　　　(　　)

A. $\sqrt{\overline{v^2}}=\overline{v}=v_p$ 　　　　B. $\overline{v}=v_p<\sqrt{\overline{v^2}}$

C. $v_p<\overline{v}<\sqrt{\overline{v^2}}$ 　　　　D. $v_p>\overline{v}>\sqrt{\overline{v^2}}$

15. 已知一定量的某种理想气体,在温度为 T_1 与 T_2 时的分子最概然速率分别为 v_{p1} 和 v_{p2},分子速率分布函数的最大值分别为 $f(v_{p1})$ 和 $f(v_{p2})$.若 $T_1>T_2$,则　　(　　)

A. $v_{p1}>v_{p2}$,$f(v_{p1})>f(v_{p2})$

B. $v_{p1}>v_{p2}$,$f(v_{p1})<f(v_{p2})$

C. $v_{p1}<v_{p2}$,$f(v_{p1})>f(v_{p2})$

D. $v_{p1}<v_{p2}$,$f(v_{p1})<f(v_{p2})$

(二) 填空题

1. 从气体动理论观点看,气体对器壁所作用的压强是_____的宏观表现.

2. 理想气体分子的平均平动动能 $\overline{\varepsilon}_k$ 与热力学温度 T 的关系式为_____,此式所揭示的气体温度的统计意义为_____.

3. 某种刚性双原子分子理想气体,处于温度为 T 的平衡态,则其分子的平均平动动能为_____,平均转动动能为_____,平均总能量为_____,1 mol 该气体的内能为_____.

4. 1 mol 氮气(看作理想气体)由状态 $A(p_1,V_1)$ 变到状态 $B(p_2,V_2)$,其内能的增量为_____.

5. 当理想气体处于平衡态时,气体分子速率分布函数为 $f(v)$,则分子速率处于最概然速率 v_p 至无穷大范围内的概率 $\dfrac{\Delta N}{N}=$_____.

6. 随着温度_____,速率分布函数曲线变得越来越平坦.

7. 一个容器内有摩尔质量分别为 M_1 和 M_2 的两种不同的理

想气体 1 和 2,当此混合气体处于平衡态时,1 和 2 两种气体分子的方均根速率之比是_____.

8. 图 3-5 所示曲线为处于同一温度 T 时氦(原子量 4)、氖(原子量 20)和氩(原子量 40)三种气体分子的速率分布曲线.其中曲线 a 是_____气分子的速率分布曲线,曲线 c 是_____气分子的速率分布曲线.

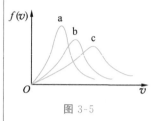

图 3-5

9. 在平衡状态下,已知理想气体分子的麦克斯韦速率分布函数为 $f(v)$,分子质量为 m,最概然速率为 v_{p},试说明下列各式的物理意义:

(1) $\int_{v_{\mathrm{p}}}^{\infty} f(v)\mathrm{d}v$ 表示_____;

(2) $\int_{0}^{\infty} \frac{1}{2}mv^2 f(v)\mathrm{d}v$ 表示_____.

10. 图 3-6 所示的两条曲线分别表示氢、氧两种气体在相同温度 T 时分子按速率的分布,其中

(1) 曲线 Ⅰ 表示_____气分子的速率分布曲线,曲线 Ⅱ 表示_____气分子的速率分布曲线;

(2) 画有阴影的小长条面积表示_____.

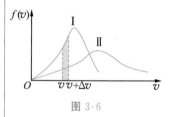

图 3-6

(三) 计算题

1. 一容器内储有氧气,其压强为 1.01×10^5 Pa,温度为 27 ℃,求:

(1) 气体分子的数密度;

(2) 氧气的密度.

2. 已知在标准状态下 1.0 m³ 气体中有 2.69×10^{25} 个分子,试求在此状态下分子的平均平动动能.

3. 将 1 kg 氦气和质量为 m 的氢气混合,平衡后混合气体的内能是 2.45×10^6 J,氦分子的平均动能是 6×10^{-21} J,求氢气的质量 m.

4. 水蒸气分解成同温度的氢气和氧气,即 $H_2O = H_2 + \frac{1}{2}O_2$,也就是 1 mol 的水蒸气可分解成同温度的 1 mol 氢气和 $\frac{1}{2}$ mol 氧气,当不计振动自由度时,求此过程中内能的增量.

5. 一超声波源发射超声波的功率为 10 W.假设它工作 10 s,并且全部波动能量都被 1 mol 氧气吸收而用于增加其内能,则氧气的温度升高了多少?(将氧气分子视为刚性分子,摩尔气体常数 $R = 8.31$ J·mol⁻¹·K⁻¹.)

6. 导体中自由电子的运动可看成类似于气体中分子的运动. 设导体中共有 N 个自由电子, 其中电子的最大速率为 v_m, 电子速率在 $v \sim v + dv$ 之间的概率为

$$\frac{dN}{N} = \begin{cases} Av^2 dv, & 0 \leqslant v \leqslant v_m \\ 0, & v > v_m \end{cases}$$

式中, A 为常量.

(1) 用 v_m 定出常量 A；

(2) 试求导体中 N 个自由电子的平均速率.

气体动理论习题答案

第 4 章

热力学基础

一、基本要求

1. 理解准静态过程、内能、功、热量和摩尔热容等概念,理解热力学第零定律.

2. 掌握热力学第一定律,并能熟练地分析、计算理想气体在等体、等压、等温和绝热过程中的功、热量及内能改变量.

3. 理解循环的意义和循环过程中的能量转化,会计算卡诺循环和其他简单循环热机的效率.了解制冷机的制冷系数的定义.

4. 了解可逆过程和不可逆过程的特点,掌握热力学第二定律的两种表述及本质,了解熵的概念.

二、主要内容及例题

(一) 热力学第一定律及应用

1. 准静态过程.

系统状态变化的过程是无限缓慢的,以致使系统所经历的每一中间态都可近似地看成是平衡态,系统的这个状态变化的过程称为准静态过程.准静态过程是为了研究热力学过程所遵循的宏观规律而引入的理想化模型.准静态过程可用状态图上的过程曲线来描述.

准静态过程

2. 内能.

内能是系统状态的单值函数.对理想气体而言,内能仅是温度的函数.因此,内能的增量只与系统的始、末状态有关,而与系统所经历的过程无关,即

$$\Delta E = \nu \cdot \frac{i}{2} R \Delta T \tag{4-1}$$

内能　功

3. 功.

当热力学系统经一有限的准静态过程,体积由 V_1 变化到 V_2 时,系统对外界做功为

$$W = \int_{V_1}^{V_2} p \, dV \qquad (4-2)$$

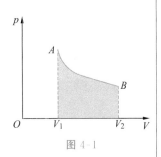

图 4-1

当系统体积增大时，做功为正，表示系统对外界做功；当系统体积减小时，做功为负，表示外界对系统做功.它在数值上等于 p-V 图上过程曲线下面阴影的面积，如图 4-1 所示.

4. 热量.

系统与外界之间由于存在温度差而传递的能量叫作热量，用符号 Q 表示.当系统从外界吸热时，$Q > 0$；当系统向外界放热时，$Q < 0$.

当气体的温度发生变化时，它所吸收的热量为

$$Q = \nu C_m \Delta T \qquad (4-3)$$

式中，C_m 为摩尔热容，是 1 mol 的物质在状态变化过程中温度每升高 1 K 所吸收的热量.

注意：内能是状态量，而热量和功是过程量.因此可以说"系统含有内能"，而"系统含有热量"和"系统含有功"的说法是错误的.只有当系统的状态发生变化时，系统才会对外做功或与外界有热量的交换.

热量
热力学第一定律

5. 摩尔热容.

理想气体的定容摩尔热容 $C_{V,m}$ 是 1 mol 的理想气体在等体过程中温度升高 1 K 所吸收的热量，即

$$C_{V,m} = \frac{dQ_V}{dT} = \frac{i}{2}R \qquad (4-4)$$

理想气体的定压摩尔热容 $C_{p,m}$ 是 1 mol 的理想气体在等压过程中温度升高 1 K 所吸收的热量，即

$$C_{p,m} = \frac{dQ_p}{dT} = \frac{i+2}{2}R \qquad (4-5)$$

$C_{p,m}$ 与 $C_{V,m}$ 之差为

$$C_{p,m} - C_{V,m} = R \qquad (4-6)$$

热力学第一定律的
应用——等体 等压 等温

定压摩尔热容与定容摩尔热容之比通常用 γ 表示：

$$\gamma = \frac{C_{p,m}}{C_{V,m}} = \frac{i+2}{i} \qquad (4-7)$$

6. 热力学第一定律的数学表达式：

$$Q = \Delta E + W \qquad (4-8)$$

热力学第一定律的
应用——例题

式中，Q 为系统从外界吸收的热量，ΔE 为系统内能的增量，W 为系统对外界所做的功.热力学第一定律实质上是能量守恒定律在热力学系统中的体现.

7. 理想气体的三个等值过程和绝热过程.

将热力学第一定律应用到理想气体的几个典型过程，得到各过程的一些主要公式，见表 4-1.

绝热过程

表 4-1　理想气体几个典型过程的有关公式

过程	过程方程	内能增量	系统做功	吸收热量
等体	$\dfrac{p}{T}=$常量	$\nu C_{V,m}(T_2-T_1)$	0	$\nu C_{V,m}(T_2-T_1)$
等压	$\dfrac{V}{T}=$常量	$\nu C_{V,m}(T_2-T_1)$	$p(V_2-V_1)$ 或 $\nu R(T_2-T_1)$	$\nu C_{p,m}(T_2-T_1)$
等温	$pV=$常量	0	$\nu RT\ln\dfrac{V_2}{V_1}$ 或 $\nu RT\ln\dfrac{p_1}{p_2}$	$\nu RT\ln\dfrac{V_2}{V_1}$ 或 $\nu RT\ln\dfrac{p_1}{p_2}$
绝热	$pV^\gamma=$常量 $V^{\gamma-1}T=$常量 $p^{\gamma-1}T^{-\gamma}=$常量	$\nu C_{V,m}(T_2-T_1)$	$-\nu C_{V,m}(T_2-T_1)$ 或 $\dfrac{p_1V_1-p_2V_2}{\gamma-1}$	0

绝热自由膨胀过程

8. 绝热自由膨胀过程.

特征：$Q=0$，$W=0$，$\Delta E=0$.

性质：非准静态过程.

例 4-1　一定量的某单原子分子理想气体装在封闭的汽缸里. 此汽缸有可活动的活塞(活塞与汽缸壁之间无摩擦且不漏气). 已知气体的初压强 $p_1=1.013\times10^5$ Pa，体积 $V_1=1$ L，现将该气体在等压下加热直到体积变为原来的 2 倍，然后在等体下加热直到压强变为原来的 2 倍，最后绝热膨胀，直到温度下降到初温为止.

（1）在 p-V 图上将整个过程表示出来；

（2）试求在整个过程中气体内能的改变量；

（3）试求在整个过程中气体所吸收的热量；

（4）试求在整个过程中气体所做的功.

分析：此题经历 3 个过程，先是等压膨胀，然后等体升温，最后绝热膨胀. 用表 4-1 中所列公式即可求解.

解答：（1）p-V 图如图 4-2 所示.

（2）内能是态函数，由于 $T_4=T_1$，则

$$\Delta E=\nu\cdot\frac{i}{2}R\Delta T=0$$

（3）整个过程中吸收的热量为 $T_1\to T_2$ 等压过程和 $T_2\to T_3$ 等体过程所吸收的热量之和，即

$$Q=\frac{m}{M}C_{p,m}(T_2-T_1)+\frac{m}{M}C_{V,m}(T_3-T_2)$$

$$=\frac{5}{2}p_1(2V_1-V_1)+\frac{3}{2}[2V_1(2p_1-p_1)]$$

$$=\frac{11}{2}p_1V_1\approx5.6\times10^2 \text{ J}$$

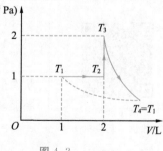

图 4-2

（4）由热力学第一定律知，整个过程中 $Q=\Delta E+W$，而 $\Delta E=0$，则

$$W=Q=5.6\times10^2\ \text{J}$$

注意：$Q_V=\dfrac{m}{M}C_{V,m}(T_3-T_2)$，此时不用去计算 T_3 和 T_2，利用 $pV=\dfrac{m}{M}RT$ 可得

$$Q_V=\frac{i}{2}\frac{m}{M}R(T_3-T_2)=\frac{i}{2}(p_3V_3-p_2V_2)$$

这样就可直接利用 p-V 图上的数据.

例 4-2 一系统由图 4-3 所示的状态 a 沿 acb 到达状态 b，有 334 J 热量传入系统，而系统做功 126 J.

（1）经 adb 过程，系统做功 42 J，问有多少热量传入系统？

（2）当系统由状态 b 沿曲线 ba 返回状态 a 时，外界对系统做功为 84 J，试问系统是吸热还是放热？传递多少热量？

分析：此题由状态 a 到状态 b 有三种不同的过程：acb 过程、ab 过程及 adb 过程.涉及此类题时注意内能是态函数，不论经过什么样的过程，从状态 a 到状态 b 时内能的改变量 ΔE_{ab} 都相同，而做功 W 和热量 Q 是过程量，不同的过程就有不同的 W 和 Q.然后利用热力学第一定律求解.

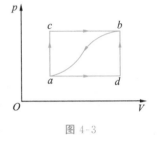

图 4-3

解答：（1）对于 acb 过程：

$$\Delta E_{ab}=Q_{acb}-W_{acb}=334\ \text{J}-126\ \text{J}=208\ \text{J}$$

对于 adb 过程：

$$Q_{adb}=\Delta E_{ab}+W_{adb}=208\ \text{J}+42\ \text{J}=250\ \text{J}$$

（2）对于 ba 过程：

$$Q_{ba}=\Delta E_{ba}+W_{ba}=-\Delta E_{ab}+W_{ba}=-208\ \text{J}-84\ \text{J}=-292\ \text{J}$$

负号表示系统放热.

循环过程
热机　制冷机

循环过程——
例题

（二）循环过程　热机　制冷机

1. 循环过程.

一系统从某一状态出发，经过任意的一系列过程又回到原来状态的过程称为循环过程，它在 p-V 图上是闭合曲线，系统经过一循环过程，$\Delta E=0$，即内能改变为零.

2. 热机.

工作物质做正循环的机器叫作热机，系统从高温热源吸热，对外做功，向低温热源放热，其工作原理图如图 4-4 所示.其效率为

$$\eta=\frac{W}{Q_1}=\frac{Q_1-Q_2}{Q_1}=1-\frac{Q_2}{Q_1}\qquad(4\text{-}9)$$

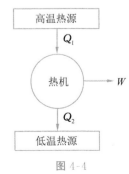

图 4-4

式中, W 是工作物质经一循环后对外做的净功, 在数值上等于 p-V 图上闭合曲线的面积; Q_1 是工作物质从高温热源吸收的总热量; Q_2 是向低温热源放出的总热量(取绝对值).

注意: 式中的 Q_1、Q_2 和 W 是绝对值.

3. 制冷机.

工作物质做逆循环的机器叫作制冷机, 系统从低温热源吸热, 外界对它做功, 向高温热源放热, 其工作原理图如图 4-5 所示. 其制冷系数为

$$e = \frac{Q_2}{W} = \frac{Q_2}{Q_1 - Q_2} \qquad (4\text{-}10)$$

式中, W 为外界对系统做的功, Q_2 为系统从低温热源吸收的热量; Q_1 为系统向高温热源放出的热量. 同样, 式中 Q_1、Q_2 和 W 均为绝对值.

图 4-5

4. 卡诺循环.

由两条等温线和两条绝热线构成的循环称为卡诺循环, 卡诺热机的效率为

$$\eta_{\text{卡}} = 1 - \frac{T_2}{T_1} \qquad (4\text{-}11)$$

式中, T_1 为高温热源的温度, T_2 为低温热源的温度.

卡诺循环

例 4-3　1 mol 双原子分子理想气体按图 4-6 所示循环, 其中 ab 为直线, bc 为绝热线, ca 为等温线. 已知 $T_2 = 2T_1$, $V_3 = 8V_1$. 求:

(1) 各过程的功、内能增量和传递的热量(用 T_1 和已知常量表示);

(2) 此循环的效率.

分析: bc 和 ca 是绝热过程和等温过程, 由表 4-1 可求得这两个过程的 W、ΔE 和 Q. 而 ab 为任意过程. 任意过程做功 $W = \int_{V_1}^{V_2} p \, \mathrm{d}V$ 或曲线下的面积, 此处可直接算 ab 直线下的梯形面积. 而 $\Delta E = \nu C_{V,\text{m}} \Delta T$ 对任意过程都成立. 任意过程的热量 Q 只能由热力学第一定律 $Q = \Delta E + W$ 得到.

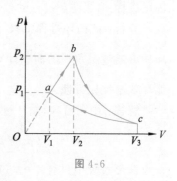
图 4-6

解答: (1) ab 为任意过程, 其中内能增量、做功和吸收的热量分别为

$$\Delta E_1 = C_{V,\text{m}}(T_2 - T_1) = C_{V,\text{m}}(2T_1 - T_1) = \frac{5}{2}RT_1 \quad (\text{SI 单位})$$

$$W_1 = \frac{1}{2}(p_1 + p_2)(V_2 - V_1) = \frac{1}{2}(p_2 V_2 - p_1 V_1) = \frac{1}{2}RT_2 - \frac{1}{2}RT_1 = \frac{1}{2}RT_1$$

$$Q_1 = \Delta E_1 + W_1 = 3RT_1, \text{系统吸热}$$

bc 为绝热膨胀过程，因此吸收热量 $Q_2 = 0$.

内能增量为

$$\Delta E_2 = C_{V,m}(T_3 - T_2) = C_{V,m}(T_1 - T_2) = -\frac{5}{2}RT_1$$

做功

$$W_2 = -\Delta E_2 = \frac{5}{2}RT_1$$

ca 为等温压缩过程，因此内能增量 $\Delta E_3 = 0$，此时，

$$Q_3 = W_3 = -RT_1 \ln\left(\frac{V_3}{V_1}\right) = -RT_1 \ln\left(\frac{8V_1}{V_1}\right) = -2.08RT_1$$

式中，负号表示 ca 过程中外界对系统做功，系统放热.

（2）此循环的效率为

$$\eta = 1 - \frac{Q_放}{Q_吸} = 1 - \frac{|Q_3|}{Q_1} = 1 - \frac{2.08RT_1}{3RT_1} \approx 30.7\%$$

注意：求循环的效率时，可按热力学第一定律求得每一个过程吸收的热量.若某过程的 $Q > 0$，则为吸热；若某过程的 $Q < 0$，则为放热.$\eta = 1 - \dfrac{Q_放}{Q_吸}$，其中 $Q_吸$ 是循环过程中所有吸热过程吸收热量的总和，$Q_放$ 是计算出的所有 $Q < 0$ 过程中热量总和的绝对值.

例 4-4 如图 4-7 所示，一定质量的单原子分子理想气体，从初始状态 a 出发经过图中的循环过程又回到状态 a.其中过程 ab 是直线，$b \rightarrow c$ 为等体过程，$c \rightarrow a$ 为等压过程.求此循环过程的效率.

分析：此循环过程中只有 $a \rightarrow b$ 过程吸热，循环过程净功可通过三角形的面积计算，因此用公式 $\eta = \dfrac{W}{Q_吸}$ 计算循环效率比较方便.

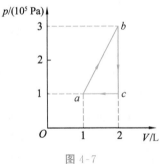

图 4-7

解答：由图可知，循环过程的净功为

$$W = \frac{1}{2}(p_b - p_c)(V_c - V_a) = \frac{1}{2} \times 2 \times 10^5 \times 10^{-3} = 100(\text{J})$$

循环过程中只有 $a \rightarrow b$ 过程吸热，有

$$Q_{ab} = \Delta E + W_{ab} = \frac{m}{M}C_{V,m}(T_b - T_a) + \frac{1}{2}(p_a + p_b)(V_b - V_a)$$

$$= \frac{3}{2}(p_b V_b - p_a V_a) + \frac{1}{2}(p_a + p_b)(V_b - V_a) = 950 \text{ J}$$

所以

$$\eta = \frac{W}{Q_{ab}} = \frac{100}{950} \times 100\% \approx 10.5\%$$

注意：通过上述两个循环效率的例子，可得出如下结论.

① 对包含绝热过程的循环过程，用公式 $\eta = 1 - \dfrac{Q_{放}}{Q_{吸}}$ 求循环效率比较方便.

② 对于 p-V 图上表示为三角形或矩形的循环过程，用公式 $\eta = \dfrac{W}{Q_{吸}}$ 求循环效率比较方便.

（三）热力学第二定律及其统计意义

1. 热力学第二定律的两种表述.

（1）开尔文表述：不可能制造出一种循环工作的热机，它只从单一热源吸收热量，使之完全变为有用功，而不产生其他影响.

（2）克劳修斯表述：热量不能自动地从低温物体传向高温物体，或热量从低温物体传向高温物体而不引起其他变化是不可能的.

热力学第二定律的开尔文表述和克劳修斯表述是等价的，违背了开尔文表述也就违背了克劳修斯表述，反之亦然.热力学第二定律说明，并非满足热力学第一定律即能量守恒的过程均能实现，自然界中自发出现的过程是有方向性的.

2. 热力学第二定律的统计意义：自然界中的自发过程总是沿着使分子更加无序的方向进行.

热力学第二定律

热力学第二定律的
统计解释

例 4-5　一定量的理想气体，从 p-V 图上同一初态开始，分别经历 3 种不同的过程过渡到不同的末态，但末态的温度相同，如图 4-8 所示，其中 $A \to C$ 是绝热过程，试问：

（1）在 $A \to B$ 过程中气体是吸热还是放热？为什么？

（2）在 $A \to D$ 过程中气体是吸热还是放热？为什么？

分析：若题目中存在绝热过程，判定其他过程是吸热还是放热，常可借助已知的一些等值过程，构成循环.根据热力学第二定律，循环过程必须满足开尔文表述.据此方法可分析出过程是吸热还是放热.

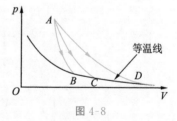

图 4-8

解答：（1）在 $A \to B$ 过程中气体放热.以 $A \to B \to C \to A$ 构成逆循环，由于 $Q_{CA} = 0$（绝热过程），$Q_{BC} > 0$（等温膨胀过程），根据开尔文表述，此循环过程若成立，至少存在一放热过程，故 $Q_{AB} < 0$，即在 $A \to B$ 过程中气体放热.

（2）在 $A \to D$ 过程中气体吸热.同理，以 $A \to D \to C \to A$ 构成正循环，由于 $Q_{CA} = 0$（绝热过程），$Q_{DC} < 0$（等温压缩过程），根据开尔文表述，此循环过程若成立，至少存在一吸热过程，故 $Q_{AD} > 0$，即在 $A \to D$ 过程中气体吸热.

此类问题都可以采用构造循环过程的方法来解.

（四）可逆过程和不可逆过程　卡诺定理

1. 可逆过程.

在系统状态变化过程中,如果逆过程能重复正过程的每一状态,而且不引起其他变化,这样的过程叫作可逆过程.准静态过程(无限缓慢的过程),且摩擦力、黏性力等其他耗散力不做功,无能量耗散的过程为可逆过程.

2. 不可逆过程.

在不引起其他变化的条件下,不能使逆过程重复正过程的每一状态,或者虽能重复但必然会引起其他变化,这样的过程叫作不可逆过程.非准静态过程为不可逆过程.

可逆过程和不可逆过程
卡诺定理

3. 卡诺定理.

（1）在相同高低温热源之间工作的一切可逆机,其效率与工作物质无关,都等于卡诺机的效率;

（2）在相同高低温热源之间工作的一切不可逆机,其效率都不可能高于可逆机的效率.

$$\eta = \frac{Q_1 - Q_2}{Q_1} \leqslant \frac{T_1 - T_2}{T_1} \tag{4-12}$$

式中,"="表示可逆过程,"<"表示不可逆过程.

三、难点分析

热力学是宏观理论,是以观察和实验为基础,研究物质状态变化过程中关于做功、热量的交换和内能变化等有关物理量的关系及过程进行的方向等.因此,初学者往往觉得这一章公式较多,解决这一问题就必须先厘清思路,公式都是围绕热力学第一定律 $Q = \Delta E + W$ 中的三个量 Q、ΔE 和 W 展开的.先要知道这三个量怎么算,然后加上循环的效率公式 $\eta = 1 - \frac{Q_2}{Q_1} = \frac{W}{Q_1}$.

本章的难点之一是热机的效率公式 $\eta = \frac{W}{Q_1}$ 和制冷机的制冷系数 $e = \frac{Q_2}{W}$,运用公式 $\eta = \frac{W}{Q_1}$ 时学生往往认为 W 是系统经过一循环的净功,Q_1 也是经过一循环系统从外界净吸收的热量.这样 Q_1 永远等于 W,效率为 100%,这种观点显然是错误的,是因为没有理解效率的定义.

难点之二是对于一些仅有关于系统变化的描述而没有指明状态参量的具体变化情况,需要判断热力学过程是什么过程时,初学者常常感到难以分析.解决这个问题的关键在于分析过程每一步的特征.根据特征确定具体是什么过程,怎么变化,然后利用热力学第一定律及理想气体几种典型过程的公式来解决问题.

四、习题

（一）选择题

1. 一定量的理想气体按 $pV^2 =$ 常量的规律膨胀，则膨胀后理想气体的温度 （　　）

A. 将升高 　　　　B. 将降低

C. 不变 　　　　D. 不能确定

2. 一物质系统从外界吸收一定的热量，则 （　　）

A. 系统的内能一定增加

B. 系统的内能一定减少

C. 系统的内能一定保持不变

D. 系统的内能可能增加，也可能减少，或保持不变

3. 在 p-V 图中，一定量的理想气体由平衡态 A 变到平衡态 B（$p_A = p_B$，$V_A < V_B$），则无论经过什么过程，系统必然 （　　）

A. 对外做功 　　　　B. 从外界吸热

C. 内能增加 　　　　D. 向外界放热

4. 1 mol 的单原子分子理想气体从状态 A 变为状态 B，如果不知是什么气体，变化过程也不知道，但 A、B 两态的压强、体积和温度都知道，则可求出 （　　）

A. 气体所做的功

B. 气体内能的变化

C. 气体传给外界的热量

D. 气体的质量

5. 1 mol 理想气体从 p-V 图上初态 a 分别经历如图 4-9 所示的(1)过程或(2)过程到达末态 b.已知 $T_a < T_b$，则这两个过程中气体吸收的热量 Q_1 和 Q_2 的关系为 （　　）

A. $Q_1 > Q_2 > 0$ 　　　　B. $Q_2 > Q_1 > 0$

C. $Q_2 < Q_1 < 0$ 　　　　D. $Q_1 < Q_2 < 0$

6. 理想气体经历如图 4-10 所示的 abc 过程，则该系统对外做功 W，从外界吸收的热量 Q 和内能的增量 ΔE 的正负情况为 （　　）

A. $\Delta E > 0$，$Q > 0$，$W < 0$

B. $\Delta E > 0$，$Q > 0$，$W > 0$

C. $\Delta E > 0$，$Q < 0$，$W < 0$

D. $\Delta E < 0$，$Q < 0$，$W < 0$

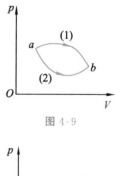

图 4-9

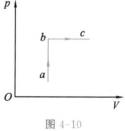

图 4-10

7. 有两个相同的容器,容积固定不变,一个盛有氦气,另一个盛有氢气(看成刚性分子的理想气体),它们的压强和温度都相等,现将 5 J 的热量传给氢气,使氢气温度升高,如果使氦气也升高同样的温度,则应向氦气传递热量 （ ）

A. 6 J   B. 5 J   C. 3 J   D. 2 J

8. 双原子理想气体作等压膨胀,若膨胀过程中从热源吸收热量 700 J,则该气体对外做功为 （ ）

A. 350 J   B. 300 J   C. 250 J   D. 200 J

9. 如图 4-11 所示,一定量的理想气体从体积 V_1 膨胀到体积 V_2 分别经历的过程是:$A \rightarrow B$ 等压过程,$A \rightarrow C$ 等温过程,$A \rightarrow D$ 绝热过程,其中吸热量最多的过程是 （ ）

A. $A \rightarrow B$

B. $A \rightarrow C$

C. $A \rightarrow D$

D. $A \rightarrow B$ 和 $A \rightarrow C$,两过程吸热一样多

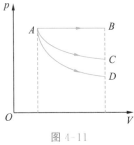

图 4-11

10. 质量一定的理想气体,从相同状态出发,分别经历等温过程、等压过程和绝热过程,使其体积增加一倍,那么气体温度的改变(绝对值)在 （ ）

A. 绝热过程中最大,等压过程中最小

B. 绝热过程中最大,等温过程中最小

C. 等压过程中最大,绝热过程中最小

D. 等压过程中最大,等温过程中最小

11. 汽缸中有一定量的氦气(视为刚性分子的理想气体),经过绝热压缩,使其压强变为原来的 2 倍,则气体分子的平均速率变为原来的 （ ）

A. $2^{2/5}$ B. $2^{2/7}$ C. $2^{1/5}$ D. $2^{1/7}$

12. 理想气体向真空作绝热膨胀,则 （ ）

A. 膨胀后,温度不变,压强减小

B. 膨胀后,温度降低,压强减小

C. 膨胀后,温度升高,压强减小

D. 膨胀后,温度不变,压强不变

13. 如图 4-12 所示,一绝热密闭的容器,用隔板分成相等的两部分,左边有一定量的理想气体,压强为 p_0,右边为真空.今将隔板抽去,气体自由膨胀,当气体达到平衡态时,气体的压强为 （ ）

图 4-12

A. p_0 B. $\frac{1}{2}p_0$ C. $\frac{2^\gamma}{p_0}$ D. $\frac{p_0}{2^\gamma}$

14. 图 4-13(a)、(b)、(c)各表示连接在一起的两个循环过程,其中图(c)是两个半径相等的圆构成的两个循环过程,图(a)和图(b)则为半径不等的两个圆,那么 　　　(　　)

　　A. 图(a)总净功为负,图(b)总净功为正,图(c)总净功为零

　　B. 图(a)总净功为负,图(b)总净功为负,图(c)总净功为正

　　C. 图(a)总净功为负,图(b)总净功为负,图(c)总净功为零

　　D. 图(a)总净功为正,图(b)总净功为正,图(c)总净功为负

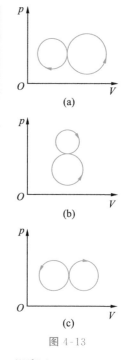

图 4-13

15. 一定量的某种理想气体起始温度为 T,体积为 V,该气体在下面循环过程中经过三个平衡过程:绝热膨胀到体积为 $2V$、等体变化使温度恢复为 T 和等温压缩到原来的体积 V,则整个循环过程中 　　　(　　)

　　A. 气体向外界放热　　　　　B. 气体对外界做正功

　　C. 气体内能增加　　　　　　D. 气体内能减少

16. 设高温热源的热力学温度是低温热源的热力学温度的 n 倍,则理想气体在一次卡诺循环中,传给低温热源的热量是从高温热源吸收的热量的 　　　(　　)

　　A. n 倍　　　B. $n-1$ 倍　　　C. $\dfrac{1}{n}$　　　D. $\dfrac{n+1}{n}$ 倍

17. 如图 4-14 所示,一定量的理想气体经历 acb 过程时吸热 500 J,则经历 $acbda$ 过程时,吸热 　　　(　　)

　　A. $-1\,200$ J　　B. -700 J　　C. -400 J　　D. 700 J

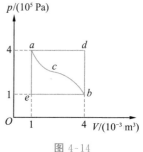

图 4-14

18. 两个卡诺热机的循环曲线如图 4-15 所示,一个工作在温度为 T_1 与 T_3 的两个热源之间,另一个工作在温度为 T_2 与 T_3 的两个热源之间,已知这两个循环曲线所包围的面积相等.由此可知 　　　(　　)

　　A. 两个热机的效率一定相等

　　B. 两个热机从高温热源所吸收的热量一定相等

　　C. 两个热机向低温热源所放出的热量一定相等

　　D. 两个热机吸收的热量与放出的热量(绝对值)的差值一定相等

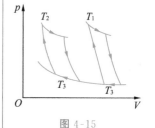

图 4-15

19. 如果卡诺热机的循环曲线所包围的面积从图 4-16 中的 $abcda$ 增大为 $ab'c'da$,那么循环 $abcda$ 与 $ab'c'da$ 所做的净功和热机效率变化情况是 　　　(　　)

　　A. 净功增大,效率提高　　　　B. 净功增大,效率降低

　　C. 净功和效率都不变　　　　　D. 净功增大,效率不变

20. 有人设计一台卡诺热机(可逆的).每循环一次可从 400 K 的高温热源吸热 1 800 J,向 300 K 的低温热源放热 800 J,同时对外做功 1 000 J,这样的设计是 　　　(　　)

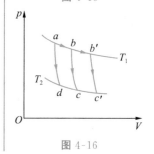

图 4-16

A. 可以的,符合热力学第一定律

B. 可以的,符合热力学第二定律

C. 不行的,卡诺循环所做的功不能大于向低温热源放出的热量

D. 不行的,这个热机的效率超过理论值

21. 一定量的理想气体经历的循环过程用 V-T 曲线表示,如图 4-17 所示.在此循环过程中,气体从外界吸热的过程是 （　　）

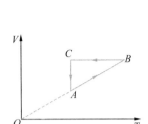

图 4-17

A. $A \rightarrow B$ B. $B \rightarrow C$

C. $C \rightarrow A$ D. $B \rightarrow C$ 和 $C \rightarrow A$

22. 下面所列四幅图分别表示某人设想的理想气体的四个循环过程.物理上可能实现的循环过程为 （　　）

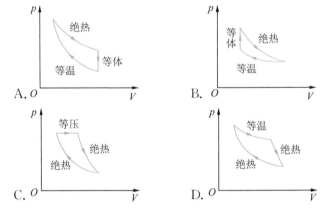

23. "理想气体与单一热源接触作等温膨胀时,吸收的热量全部用来对外做功."对此说法,如下几种评论正确的是 （　　）

A. 不违反热力学第一定律,但违反热力学第二定律

B. 不违反热力学第二定律,但违反热力学第一定律

C. 不违反热力学第一定律,也不违反热力学第二定律

D. 既违反热力学第一定律,又违反热力学第二定律

24. 如图 4-18 所示,设某热力学系统经历一个由 $d \rightarrow e \rightarrow c$ 的过程,其中 ab 是一绝热线,c、d 在该曲线上.由热力学定律可知,该系统在过程中 （　　）

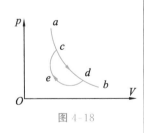

图 4-18

A. 不断向外界放出热量

B. 不断从外界吸收热量

C. 有的阶段吸热,有的阶段放热,整个过程中吸收的热量大于放出的热量

D. 有的阶段吸热,有的阶段放热,整个过程中吸收的热量小于放出的热量

25. 根据热力学第二定律,下列说法正确的是　　　　(　　)

A. 热量能从高温物体传到低温物体,但不能从低温物体传到高温物体

B. 功可以全部变为热,但热不能全部变为功

C. 气体能够自由扩散,但不能自动收缩

D. 不可逆过程就是不能沿相反方向进行的过程

(二) 填空题

1. 要使一热力学系统的内能增加,可以通过_____或_____两种方式,或者两种方式兼用来完成.

2. 热力学系统的状态发生变化时,其内能的改变量只取决于_____,而与_____无关.

3. 某理想气体等温压缩到给定体积时外界对气体做功 $|W_1|$,又经绝热膨胀返回原来体积时气体对外做功 $|W_2|$,则整个过程中,

(1) 气体从外界吸收的热量 $Q=$ _____;

(2) 气体内能增加了 $\Delta E=$ _____.

4. 如图 4-19 所示,一定量的理想气体经历 $a\rightarrow b\rightarrow c$ 过程,在此过程中气体从外界吸收热量 Q,系统内能变化 ΔE,请在以下横线上填">0"、"<0"或"=0":

Q _____, ΔE _____.

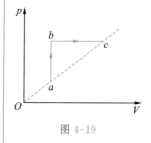

图 4-19

5. 一汽缸内储有 10 mol 的单原子分子理想气体,在压缩过程中外界做功 209 J,气体升温 1 K,此过程中气体内能增量为_____,外界传给气体的热量为_____.(摩尔气体常数 $R=8.31$ J $\cdot$ mol$^{-1}\cdot$ K^{-1})

6. 有 1 mol 刚性双原子分子理想气体,在等压膨胀过程中对外做功 W,则其温度变化 $\Delta T=$ _____,从外界吸收的热量 $Q=$ _____.

7. 如图 4-20 所示,一定量理想气体的内能 E 和体积 V 的变化关系为一直线,直线延长线经过 O 点,则该过程为_____过程.(填"等体"、"等压"或"等温")

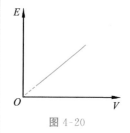

图 4-20

8. 一定量的某种理想气体在等压过程中对外做功为 200 J,若此种气体为单原子分子理想气体,则该过程需吸热_____J;若为刚性双原子分子理想气体,则需吸热_____J.

9. 一定质量的理想气体的体积由 V_1 膨胀到 V_2,分别经过等压过程、等温过程和绝热过程,三个过程中吸热最多的是_____过程,内能变化最少的是_____过程,对外做功最多的是_____过程.

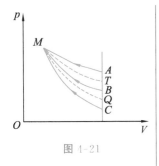

图 4-21

10. 如图 4-21 所示为一理想气体几种状态变化过程的 $p\text{-}V$ 图,其中 MT 为等温线,MQ 为绝热线,在 AM、BM、CM 三种准静态过程中,温度降低的是 _____ 过程,气体吸热的是 _____ 过程.

11. 用绝热材料制成的一个容器,体积为 $2V_0$,被绝热板隔成 A、B 两部分,A 内储有 1 mol 单原子分子理想气体,B 内储有 2 mol 双原子分子理想气体,A、B 两部分压强均为 p_0,两部分体积均为 V_0,则

(1) 两种气体各自的内能分别为 $E_A =$ _____,$E_B =$ _____;

(2) 抽取绝热板,两种气体混合后处于平衡时的温度 $T =$ _____.

12. 一理想卡诺热机在温度 300 K 和 400 K 的两个热源之间工作.若把高温热源温度提高 100 K,则其效率可提高为原来的 _____ 倍.

13. 一卡诺热机(可逆的),低温热源的温度为 27 ℃,热机效率为 40%,其高温热源的温度为 _____ K.今欲将该热机效率提高到 50%,若低温热源保持不变,则高温热源的温度应增加 _____ K.

14. 一热机从温度为 727 ℃ 的高温热源吸热,向温度为 527 ℃ 的低温热源放热.若热机在最大效率下工作,且每一循环吸热 2 000 J,则此热机每一循环做功 _____ J.

15. 所谓第二类永动机是指 _____,它不可能制成是因为违背了 _____.

16. 热力学第二定律的开尔文表述是 _____
_____ ,克劳修斯表述是 _____
_____ .

17. 热力学第二定律的开尔文表述和克劳修斯表述是等价的,这表明在自然界中与热现象有关的实际宏观过程都是不可逆的,开尔文表述指出了 _____ 过程是不可逆的,而克劳修斯表述则指出了 _____ 过程是不可逆的.

(三) 计算题

1. 如果一定量的理想气体,其体积和压强依照 $V = a/\sqrt{p}$ 的规律变化,其中 a 为已知常量.试求:

(1) 气体从体积 V_1 膨胀到 V_2 所做的功;

(2) 气体体积为 V_1 时的温度 T_1 与体积为 V_2 时的温度 T_2 之比.

2. 1 mol 单原子分子理想气体从 300 K 加热到 350 K.

（1）体积保持不变时气体吸收了多少热量？增加了多少内能？对外做了多少功？

（2）压强保持不变时呢？

3. 3 mol 温度为 $T_0 = 273$ K 的理想气体，先经等温过程体积膨胀到原来的 5 倍，然后等体加热，使其末态的压强刚好等于初态的压强，整个过程传给气体的热量为 $Q = 8 \times 10^4$ J. 试画出此过程的 p-V 图，并求这种气体的定压摩尔热容与定容摩尔热容之比 γ 值.（摩尔气体常数 $R = 8.31$ J·mol^{-1}·K^{-1}）

4. 一定量的单原子分子理想气体，如图 4-22 所示，从初态 A 出发，沿图示直线过程变化到另一状态 B，又经过等体、等压两过程回到状态 A.

（1）求 $A \to B$、$B \to C$、$C \to A$ 各过程中系统对外所做的功 W、内能的增量 E 及所吸收的热量 Q；

（2）整个循环过程中系统对外所做的总功及从外界吸收的总热量（每个过程吸热的代数和）.

5. 一定量的刚性双原子分子理想气体，开始时处于压强 $p_0 = 1.0 \times 10^5$ Pa、体积 $V_0 = 4.0 \times 10^{-3}$ m^3、温度 $T_0 = 300$ K 的初态，后经等压膨胀过程，温度上升到 $T_1 = 450$ K，再经绝热过程，温度降回到 $T_2 = 300$ K，求气体在整个过程中对外所做的功.

6. 0.02 kg 的氦气（视为理想气体），温度由 17 ℃升到 27 ℃. 若在升温过程中：（1）体积保持不变；（2）压强保持不变；（3）不与外界交换热量. 试分别求出气体吸收的热量、内能的改变、系统对外界所做的功.

7. 一定量的单原子分子理想气体，从状态 A 出发经过等压过程膨胀到状态 B，又经过绝热过程膨胀到状态 C，如图 4-23 所示. 求整个过程中：

（1）内能的增量；

（2）吸收的热量；

（3）该气体对外所做的功.

8. 1 mol 单原子分子理想气体的循环过程如图 4-24 中的 T-V 图所示，其中 c 点温度 $T_c = 600$ K. 试求：

（1）$a \to b$、$b \to c$、$c \to a$ 各个过程中系统吸收的热量；

（2）经一循环过程系统所做的净功；

（3）此循环的效率.

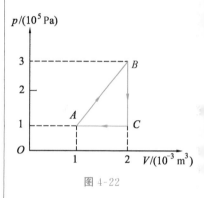

图 4-22

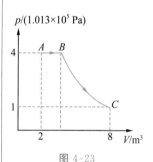

图 4-23

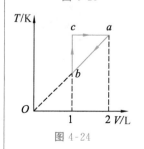

图 4-24

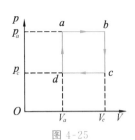

图 4-25

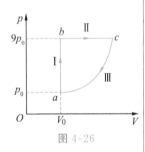

图 4-26

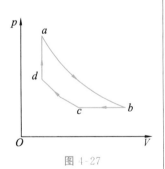

图 4-27

热力学基础习题答案

9. 如图 4-25 所示，$abcda$ 为 1 mol 单原子分子理想气体的循环过程，ab、cd 为等压过程. 已知 $p_a = 2.026 \times 10^5$ Pa，$V_a = 1$ L，$p_c = 1.013 \times 10^5$ Pa，$V_c = 2.0$ L. 气体循环一次时，求：

(1) 气体对外所做的净功；

(2) 气体从外界吸收的热量；

(3) 此循环的效率.

10. 1 mol 理想气体在 $T_1 = 400$ K 的高温热源与 $T_2 = 300$ K 的低温热源间作卡诺循环（可逆的），在 400 K 的等温线上起始体积为 $V_1 = 0.001$ m³，终止体积为 $V_2 = 0.005$ m³，试求此气体在每一循环过程中，

(1) 从高温热源吸收的热量 Q_1；

(2) 气体所做的净功 W；

(3) 气体传给低温热源的热量 Q_2.

（已知摩尔气体常数 $R = 8.31$ J·mol⁻¹·K⁻¹）

11. 1 mol 单原子分子理想气体，经历如图 4-26 所示的可逆循环，连接 a、c 两点的曲线 Ⅲ 的方程为 $p = p_0 \dfrac{V^2}{V_0^2}$，$a$ 点的温度为 T_0.

(1) 试以 T_0、摩尔气体常数 R 表示 Ⅰ、Ⅱ、Ⅲ 过程中气体吸收的热量；

(2) 求此循环的效率.

12. 如图 4-27 所示为理想气体的一个循环过程，其中 ab、cd 为绝热过程，bc、da 分别是等压过程和等体过程. 试用 a、b、c、d 各状态的温度 T_a、T_b、T_c、T_d 及 γ 表示此循环的效率.

第 5 章

静　电　场

一、基本要求

　　1. 掌握库仑定律.

　　2. 掌握电场强度的定义和场强叠加原理,并能熟练应用.

　　3. 理解电场线、电场强度通量的概念,掌握静电场的高斯定理,理解静电场的高斯定理的物理意义,熟练掌握高斯定理的应用.

　　4. 掌握静电场力做功的特点,理解静电场的环路定理的物理意义,掌握电势能的概念.

　　5. 掌握电势的定义,能熟练应用电势叠加原理和电场强度积分方法求简单带电体的电势.了解电场强度是电势的负梯度.

　　6. 掌握导体静电平衡时的条件和性质,掌握导体在静电场中的电荷分布和电场分布.

　　7. 了解介质的极化机理,掌握有介质存在时的高斯定理,理解电位移矢量的概念,会计算有介质存在时对称性电场的电场强度.

　　8. 理解孤立导体的电容性质,掌握电容器的电容的概念,并会计算常见电容器的电容.

　　9. 掌握静电场的能量及能量密度的概念,并能具体应用.

二、主要内容及例题

　　(一)库仑定律

　　其表达式为

$$F = \frac{1}{4\pi\varepsilon_0} \cdot \frac{q_1 q_2}{r^2} e_r \tag{5-1}$$

　　适用条件:真空中的两个静止点电荷.

　　(二)电场强度

　　1. 电场强度的定义式:

$$E = \frac{F}{q_0} \tag{5-2}$$

　　2. 真空中点电荷的场强为

电荷　库仑定律

静电场　电场强度

电场强度叠加原理

电场的叠加原理——例题

$$E = \frac{Q}{4\pi\varepsilon_0 r^2}e_r \tag{5-3}$$

3. 电场强度叠加原理.

（1）离散分布电荷激发的场强为

$$E = \sum_i \frac{F_i}{q} = \sum E_i \tag{5-4}$$

（2）将带电区域分成许多电荷元 $\mathrm{d}q$，则连续分布电荷激发的场强为

$$E = \int \mathrm{d}E = \int \frac{\mathrm{d}q}{4\pi\varepsilon_0 r^2}e_r \tag{5-5}$$

例 5-1　如图 5-1 所示，半径为 R 的带电细圆环，其电荷线密度 $\lambda = \lambda_0 \sin\phi$，式中，$\lambda_0$ 为一常数，ϕ 为半径 R 与 x 轴所成的夹角. 试求环心 O 处的电场强度.

分析：在求环心处的电场强度时，不能将带电圆环视为点电荷，现将其抽象为带电圆弧线. 在弧线上取线元 $\mathrm{d}l = R\mathrm{d}\phi$，其所带电量 $\mathrm{d}q = \lambda \mathrm{d}l = \lambda_0 \sin\phi R \mathrm{d}\phi$，此电荷元 $\mathrm{d}q$ 可视为点电荷，在 O 点的电场强度 $\mathrm{d}E = \dfrac{\mathrm{d}q}{4\pi\varepsilon_0 R^2}$.

因圆环上电荷对 y 轴呈对称性分布，电场分布也是轴对称的，则有 $E_x = 0$.

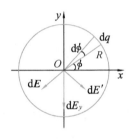

图 5-1

解答：点 O 的合电场强度 $E = E_y j$，即

$$E = E_y = \int \mathrm{d}E_y = \int -\mathrm{d}E\sin\phi = -\int_0^{2\pi} \frac{\lambda_0 \sin^2\phi}{4\pi\varepsilon_0 R}\mathrm{d}\phi = -\frac{\lambda_0}{4\varepsilon_0 R}$$

O 点电场强度的方向沿 y 轴负方向.

电场强度通量

高斯定理

高斯定理的应用

（三）电场强度通量　高斯定理

1. 电场强度通量的定义式：

$$\Phi_e = \int_S \boldsymbol{E} \cdot \mathrm{d}\boldsymbol{S} = \int_S E\cos\theta \mathrm{d}S \tag{5-6}$$

2. 高斯定理的数学表达式：

$$\oint \boldsymbol{E} \cdot \mathrm{d}\boldsymbol{S} = \frac{1}{\varepsilon_0}\sum_i q_i^{(\mathrm{in})} \tag{5-7}$$

式中，$\sum_i q_i^{(\mathrm{in})}$ 为 S 面内包围的电荷的代数和，揭示了静电场是有源场. 其次，高斯定理中的 $\boldsymbol{E}$ 是由空间所有电荷产生的.

例 5-2　图 5-2 中虚线所示为一立方体形的高斯面,已知空间的场强分别为:$E_x = bx$(b 为常量),$E_y = 0$,$E_z = 0$.每个高斯面边长为 a,试求:

(1) 通过立方体形六个面的电场强度通量;

(2) 该闭合面中包含的净电荷.

分析:应用电场强度通量计算公式 $\Phi_e = \int_S \boldsymbol{E} \cdot \mathrm{d}\boldsymbol{S}$,分别求出各面元的电场强度通量,再利用高斯定理求出闭合面内包含的净电荷.

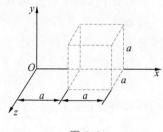

图 5-2

解答:(1) $\Phi_{e左} = \boldsymbol{E} \cdot \boldsymbol{S} = ba \cdot a^2 \cos 180° = -ba^3$

$\Phi_{e右} = \boldsymbol{E} \cdot \boldsymbol{S} = b \cdot 2a \cdot a^2 \cos 0° = 2ba^3$

$\Phi_{e上} = \Phi_{e下} = \Phi_{e前} = \Phi_{e后} = ES\cos 90° = 0$

(2) 由高斯定理

$$\oint_S \boldsymbol{E} \cdot \mathrm{d}\boldsymbol{S} = \frac{\sum q}{\varepsilon_0}$$

得

$$\sum q = \varepsilon_0 \oint_S \boldsymbol{E} \cdot \mathrm{d}\boldsymbol{S} = \varepsilon_0 (2ba^3 - ba^3) = \varepsilon_0 a^3 b$$

例 5-3　如图 5-3 所示,一均匀带电 Q 的球面中心有一点电荷 q,球面半径为 R,试求各区间的电场强度.

分析:由于电荷分布具有球对称性,所以可作以 O 为圆心的球形高斯面,使高斯面上各点场强大小相等,方向沿径向,利用高斯定理求解.

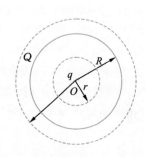

图 5-3

解答:(1) 当 $r < R$ 时,作以 O 为圆心、半径为 r 的高斯球面,由高斯定理

$$\oint_S \boldsymbol{E} \cdot \mathrm{d}\boldsymbol{S} = \frac{\sum q}{\varepsilon_0}$$

得

$$\oint_S \boldsymbol{E} \cdot \mathrm{d}\boldsymbol{S} = \oint_S E\cos 0° \mathrm{d}S = E\oint_S \mathrm{d}S = E \cdot 4\pi r^2 = \frac{q}{\varepsilon_0}$$

得

$$E = \frac{q}{4\pi\varepsilon_0 r^2}, \ r < R$$

(2) 当 $r > R$ 时,同理,在球面外作一半径为 r 的高斯面,由高斯定理

$$\oint_S \boldsymbol{E} \cdot \mathrm{d}\boldsymbol{S} = \frac{\sum q}{\varepsilon_0}$$

得

$$E \cdot 4\pi r^2 = \frac{q + Q}{\varepsilon_0}$$

得

$$E = \frac{Q + q}{4\pi\varepsilon_0 r^2}, \ r > R$$

例 5-4　如图 5-4 所示，一半径为 R 的"无限长"圆柱形均匀带电体，沿轴线方向单位长度上所带电荷为 λ，试求圆柱体内、外的电场强度分布.

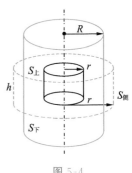

图 5-4

分析：因电荷分布均匀、轴对称、"无限长"，故电场分布具有轴对称性，即任一点场强的方向与轴线垂直，无轴向分量，且与轴垂直距离相同的各点的场强大小应相等.因此，可作一半径为 r、高为 h 的同轴圆柱形高斯面 S，其上下底面与轴垂直，利用高斯定理求解.

解答：(1) 当 $r < R$ 时，在圆柱体内作一半径为 r、高为 h 的同轴圆柱形高斯面 S，由高斯定理得

$$\oiint_S \boldsymbol{E} \cdot \mathrm{d}\boldsymbol{S} = \iint_{S_\text{上}} \boldsymbol{E} \cdot \mathrm{d}\boldsymbol{S} + \iint_{S_\text{下}} \boldsymbol{E} \cdot \mathrm{d}\boldsymbol{S} + \iint_{S_\text{侧}} \boldsymbol{E} \cdot \mathrm{d}\boldsymbol{S} = 0 + 0 + \iint_{S_\text{侧}} E\cos\theta\, \mathrm{d}S$$

$$= E \iint_{S_\text{侧}} \mathrm{d}S = E \cdot 2\pi rh = \frac{1}{\varepsilon_0}\sum_i q^{(\text{in})}$$

$$\sum_i q^{(\text{in})} = \frac{\lambda h}{\pi R^2} \cdot \pi r^2$$

$$E \cdot 2\pi rh = \frac{1}{\varepsilon_0}\frac{\lambda h}{R^2}r^2$$

得

$$E = \frac{\lambda r}{2\pi\varepsilon_0 R^2}, \quad r < R$$

若 $\lambda > 0$，$\boldsymbol{E}$ 的方向垂直轴线沿径向向外；反之，$\boldsymbol{E}$ 的方向垂直轴线沿径向向里.

(2) 当 $r > R$ 时，同理，在圆柱体外作一半径为 r、高为 h 的同轴圆柱形高斯面 S，由高斯定理得

$$\oiint_S \boldsymbol{E} \cdot \mathrm{d}\boldsymbol{S} = E \iint_{S_\text{侧}} \mathrm{d}S = E \cdot 2\pi rh = \frac{1}{\varepsilon_0}\sum_i q^{(\text{in})}$$

$$\sum_i q^{(\text{in})} = \lambda h$$

得

$$E = \frac{\lambda}{2\pi\varepsilon_0 r}, \quad r > R$$

若 $\lambda > 0$，$\boldsymbol{E}$ 的方向垂直轴线沿径向向外；反之，$\boldsymbol{E}$ 的方向垂直轴线沿径向向里.

静电场的环路定理

（四）静电场的环路定理　电势能　电势

1. 静电场的环路定理：

$$\oint_l \boldsymbol{E} \cdot \mathrm{d}\boldsymbol{l} = 0 \tag{5-8}$$

揭示了静电场是保守场.

2. 电势能表达式：

$$E_{pA} = q_0\int_A^B \boldsymbol{E} \cdot \mathrm{d}\boldsymbol{l}, \quad E_{pB} = 0 \tag{5-9}$$

3. 静电场力做功：

$$W_{AB} = q_0 \int_A^B \boldsymbol{E} \cdot \mathrm{d}\boldsymbol{l} = -(E_{pB} - E_{pA}) \tag{5-10}$$

静电场力所做的功等于电荷电势能增量的负值.

4. 电势为

$$V_A = \int_A^{\text{电势零点}} \boldsymbol{E} \cdot \mathrm{d}\boldsymbol{l} \tag{5-11}$$

电势能　电势

当取 $V_\infty = 0$ 时，有

$$V_A = \int_A^\infty \boldsymbol{E} \cdot \mathrm{d}\boldsymbol{l} \tag{5-12}$$

5. 两点的电势差为

$$U_{AB} = V_A - V_B = \int_A^B \boldsymbol{E} \cdot \mathrm{d}\boldsymbol{l} \tag{5-13}$$

6. 点电荷的电势为

$$V = \frac{q}{4\pi\varepsilon_0 r}, \ V_\infty = 0 \tag{5-14}$$

电势叠加原理

7. 电势叠加原理：

$$V_A = \sum V_i \tag{5-15}$$

例 5-5　如图 5-5 所示，两个同心的均匀带电球面，内球面半径为 R_1、带电量为 Q_1，外球面半径为 R_2，带电量为 Q_2. 设无穷远处为电势零点，求电势的分布规律.

分析：由于电荷分布具有球对称性，所以可先应用高斯定理求出场强，再利用电势的定义式 $V = \int \boldsymbol{E} \cdot \mathrm{d}\boldsymbol{l}$ 求解. 另外，也可应用已知的带电球面内外的电势分布结论，再结合电势叠加原理求解.

解答：**解法一**　利用定义式求.

利用高斯定理求出场强：

$$\boldsymbol{E} = \begin{cases} \boldsymbol{E}_1 = 0, & r \leqslant R_1 \\[2mm] \boldsymbol{E}_2 = \dfrac{Q_1}{4\pi\varepsilon_0 r^2}\boldsymbol{e}_r, & R_1 < r < R_2 \\[2mm] \boldsymbol{E}_3 = \dfrac{Q_1 + Q_2}{4\pi\varepsilon_0 r^2}\boldsymbol{e}_r, & r \geqslant R_2 \end{cases}$$

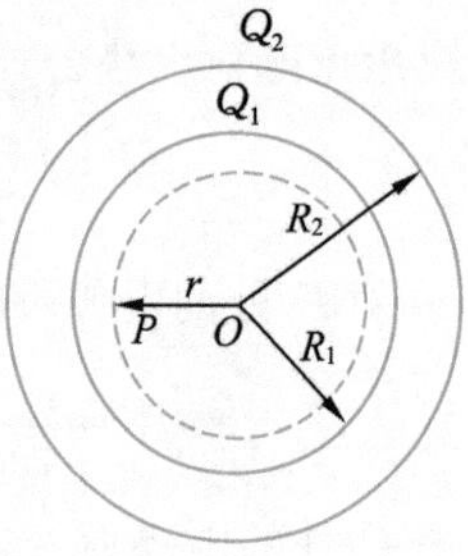

图 5-5

电势分布：

$$V_1 = \int_{R_2}^\infty \boldsymbol{E}_3 \cdot \mathrm{d}\boldsymbol{l} + \int_{R_1}^{R_2} \boldsymbol{E}_2 \cdot \mathrm{d}\boldsymbol{l} + \int_r^{R_1} \boldsymbol{E}_1 \cdot \mathrm{d}\boldsymbol{l} = \frac{1}{4\pi\varepsilon_0}\left(\frac{Q_1}{R_1} + \frac{Q_2}{R_2}\right), \ r \leqslant R_1$$

$$V_2 = \int_{R_2}^\infty \boldsymbol{E}_3 \cdot \mathrm{d}\boldsymbol{l} + \int_r^{R_2} \boldsymbol{E}_2 \cdot \mathrm{d}\boldsymbol{l} = \frac{Q_1}{4\pi\varepsilon_0 r} + \frac{Q_2}{4\pi\varepsilon_0 R_2}, \ R_1 < r < R_2$$

$$V_3 = \int_r^\infty \boldsymbol{E}_3 \cdot \mathrm{d}\boldsymbol{l} = \int_r^\infty \frac{Q_1 + Q_2}{4\pi\varepsilon_0 r^2}\mathrm{d}r = \frac{Q_1 + Q_2}{4\pi\varepsilon_0 r}, \ r \geqslant R_2$$

解法二　应用叠加原理求.

取 $V_\infty = 0$,应用带电球面内外的电势分布结论,可得均匀带电球面的电势.对球面 R_1,有

$$V_1 = \frac{Q_1}{4\pi\varepsilon_0 R_1}, \ r \leqslant R_1; \qquad V_1 = \frac{Q_1}{4\pi\varepsilon_0 r}, \ r > R_1$$

对球面 R_2,有

$$V_2 = \frac{Q_2}{4\pi\varepsilon_0 R_2}, \ r < R_2; \qquad V_2 = \frac{Q_2}{4\pi\varepsilon_0 r}, \ r \geqslant R_2$$

任意 P 点的电势由 Q_1、Q_2 共同贡献,由电势叠加原理有

$$V = V_1 + V_2 = \frac{Q_1}{4\pi\varepsilon_0 R_1} + \frac{Q_2}{4\pi\varepsilon_0 R_2}, \ r \leqslant R_1$$

$$V = \frac{Q_1}{4\pi\varepsilon_0 r} + \frac{Q_2}{4\pi\varepsilon_0 R_2}, \ R_1 < r < R_2$$

$$V = \frac{Q_1}{4\pi\varepsilon_0 r} + \frac{Q_2}{4\pi\varepsilon_0 r}, \ r \geqslant R_2$$

例 5-6　长度为 $2L$ 的细直线段上均匀分布着电荷 q,试求其延长线上距离线段中心为 d 处 $(d > L)$ 的 P 点的电势.(设无限远处为电势零点)

分析:采用"微元法"求解.取一微元 dq,应用点电荷电势公式 $dV = \dfrac{dq}{4\pi\varepsilon_0 r}$,结合电势叠加原理求解.

解答:建立如图 5-6 所示的坐标,在带电直线上取一电荷元,则

$$dq = \lambda dx = \frac{q}{2L} dx$$

应用点电荷电势公式,有

$$dV = \frac{dq}{4\pi\varepsilon_0 r}$$

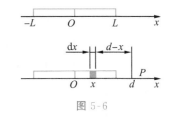

图 5-6

dq 对 P 处的电势贡献为

$$dV = \frac{dq}{4\pi\varepsilon_0 (d-x)} = \frac{q\,dx}{8\pi\varepsilon_0 L(d-x)}$$

得 P 处的电势为

$$V = \int dV = \int_{-L}^{+L} \frac{q\,dx}{8\pi\varepsilon_0 L(d-x)} = \frac{q}{8\pi\varepsilon_0 L} \ln\frac{d+L}{d-L}$$

例 5-7　一扇形均匀带电平面如图 5-7 所示,设电荷面密度为 σ,其两边的弧长分别为 l_1、l_2,试求圆心 O 点的电势.(以无穷远处为电势零点)

分析:扇形平面可看成圆弧的组合,将带电圆弧窄条作为电荷元,写出对应的 dV,积分求解.

解答：设圆弧对应夹角为 θ，在扇形面上作如图 5-7 所示的圆弧形窄条，其面积元为

$$dS = \theta r\, dr$$

圆弧形窄条所带电量为

$$dq = \sigma dS = \sigma \theta r\, dr$$

dq 对 O 点的电势贡献为

$$dV = \frac{dq}{4\pi\varepsilon_0 r} = \frac{\sigma\theta}{4\pi\varepsilon_0}dr$$

则圆心 O 点的电势为

$$V = \int_{\frac{l_1}{\theta}}^{\frac{l_2}{\theta}} \frac{\sigma\theta}{4\pi\varepsilon_0}dr = \frac{\sigma(l_2 - l_1)}{4\pi\varepsilon_0}$$

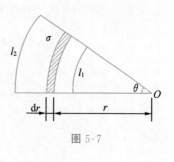

图 5-7

（五）电场强度与电势梯度的关系

1. 电场线与等势面相互正交，电场线指向电势下降的方向.

2. 电场强度与电势梯度的关系：

$$\boldsymbol{E} = -\mathrm{grad}V = -\left(\frac{\partial V}{\partial x}\boldsymbol{i} + \frac{\partial V}{\partial y}\boldsymbol{j} + \frac{\partial V}{\partial z}\boldsymbol{k}\right) \qquad (5\text{-}16)$$

电场强度与电势梯度的关系

例 5-8　一均匀带电圆盘，半径为 R，电荷面密度为 $\sigma(>0)$.今有一质量为 m、电量为 $-q$ 的粒子（$q>0$）沿圆板轴线（x 轴）方向向圆板运动.已知在距圆心 O（也是 x 轴原点）为 b 的 B 点位置上时粒子的速度为 v_0.

（1）求圆盘轴线上任一点的电势；

（2）由场强与电势的关系求轴线上任一点的场强；

（3）求粒子击中圆板时的速度 v.（设圆板带电的均匀性始终不变）

分析：如图 5-8 所示，将均匀带电圆盘分割成许多同心细圆环，由于细圆环上的每一点到盘轴线上任一点 P 的距离均相等，故细圆环作为电荷元在 P 点产生的电势为 $dV = \dfrac{dq}{4\pi\varepsilon_0\sqrt{x^2+r^2}}$，积分求解.

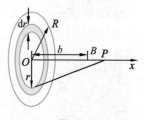

图 5-8

解答：（1）x 轴与盘轴线重合，原点在盘上.以 O 为中心、内半径为 r、外半径为 $r+dr$ 的圆环所带电量为

$$dq = \sigma 2\pi r\, dr$$

设 P 为 x 轴上任意一点，在 P 处产生的电势为

$$dV_P = \frac{1}{4\pi\varepsilon_0}\frac{dq}{\sqrt{x^2+r^2}} = \frac{1}{2\varepsilon_0}\frac{\sigma r\, dr}{\sqrt{x^2+r^2}}$$

整个盘在 P 点产生的电势为

$$V_P = \int \mathrm{d}V_P = \int_0^R \frac{1}{2\varepsilon_0} \frac{\sigma r\,\mathrm{d}r}{\sqrt{x^2+r^2}} = \frac{\sigma}{4\varepsilon_0} \int_0^R \frac{\mathrm{d}r^2}{\sqrt{x^2+r^2}}$$

$$= \frac{\sigma}{2\varepsilon_0} \sqrt{x^2+r^2} \Big|_0^R = \frac{\sigma}{2\varepsilon_0}\left(\sqrt{x^2+R^2}-x\right)$$

（2）由上式可得 $E_y = E_z = 0$.因 $\sigma>0$，故电场沿 x 轴正向（P 在 $x>0$ 处），P 点的场强为

$$E_P = -\frac{\partial V}{\partial x} = \frac{\sigma}{2\varepsilon_0}\left(1-\frac{x}{\sqrt{x^2+R^2}}\right)$$

（3）由 $V_P = \frac{\sigma}{2\varepsilon_0}(\sqrt{x^2+R^2}-x)$，可得圆盘中心与 B 点的电势差为

$$U_{OB} = V_O - V_B = \frac{\sigma}{2\varepsilon_0}\left(R+b-\sqrt{R^2+b^2}\right)$$

由能量守恒定律得

$$\frac{1}{2}mv^2 = \frac{1}{2}mv_0^2 - (-qU_{OB}) = \frac{1}{2}mv_0^2 + \frac{q\sigma}{2\varepsilon_0}\left(R+b-\sqrt{R^2+b^2}\right)$$

故

$$v = \sqrt{v_0^2 + \frac{q\sigma}{m\varepsilon_0}\left(R+b-\sqrt{R^2+b^2}\right)}$$

导体的静电平衡

静电平衡时导体上电荷的分布

静电屏蔽

（六）导体静电平衡的条件和性质

1. 导体内部场强处处为零.

2. 导体是一个等势体.

3. 导体表面的场强与表面垂直.

4. 带电导体的电荷只分布在导体表面.

5. 导体的面电荷与场强的关系如下：

$$E = \frac{\sigma}{\varepsilon_0}e_n \tag{5-17}$$

若 $\sigma>0$，则电场的方向垂直于导体表面指向外；若 $\sigma<0$，则电场的方向垂直于导体表面指向导体.

6. 静电屏蔽.

空腔导体可以屏蔽外场；接地的导体壳可以隔离内、外电场.

注意：静电平衡的导体内部场强一定为零，但电势不一定为零.接地的导体电势为零，但电荷不一定为零.

例 5-9 如图 5-9 所示，球形金属腔所带电量为 $Q>0$，内半径为 a，外半径为 b，腔内距球心 O 为 r 处有一点电荷 q，求球心处的电势.

分析：导体球达到静电平衡时，内表面感应电荷为 $-q$，外表面感应电荷为 q；内表面感应电荷不均匀分布，外表面感应电荷均匀分布.球心 O 点的电势由点电荷 q、导体表面的感应电荷共同决定.

在带电面上任意取一电荷元，电荷元在球心处产生的电势为

$$dV = \frac{dq}{4\pi\varepsilon_0 R}$$

由于 R 为常量，因而无论球面电荷如何分布，半径为 R 的带电球面在球心处产生的电势为

$$V = \int_s \frac{dq}{4\pi\varepsilon_0 R} = \frac{q}{4\pi\varepsilon_0 R}$$

由电势的叠加可以求得球心处的电势.

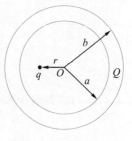

图 5-9

解答：导体球内表面感应电荷为 $-q$，外表面感应电荷为 q；依照分析，球心处的电势为

$$V = \frac{q}{4\pi\varepsilon_0 r} - \frac{q}{4\pi\varepsilon_0 a} + \frac{q+Q}{4\pi\varepsilon_0 b}$$

例 5-10　如图 5-10 所示，半径为 R_1 的导体球和半径为 R_2 的薄导体球壳同心并相互绝缘，现把 $+Q$ 的电量给予内球.

（1）求外球壳所带的电量及电势；

（2）把外球壳接地后再重新绝缘，求外球壳所带的电量及电势；

（3）把内球接地，求内球所带的电量及外球壳的电势.

分析：根据导体静电平衡的条件和性质，确定导体各面的电荷分布是正确求解本题的前提和关键.情况发生变化时（如接地）电荷重新分布，导体达到新的平衡状态，电场同时发生改变.

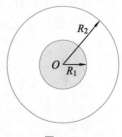

图 5-10

解答：（1）根据静电平衡性质，外球壳内表面带电量为 $-Q$，外表面带电量为 $+Q$，外球壳电势为

$$V_2 = \frac{Q}{4\pi\varepsilon_0 R_2}$$

（2）外球壳接地，其电势为零，根据电势定义式，可知外球壳外空间电场强度为零，可断定外球壳外表面无电荷分布，而内表面仍分布电量 $-Q$，内球的电场线终止于外球壳的内表面.所以，外球壳接地，并不影响两球之间的电场分布.这时外球壳所带电量为 $-Q$，达到静电平衡状态，重新绝缘并不引起平衡变化.外球壳电势为

$$V_2' = 0$$

（3）再把内球接地，内球电势为零，意味着内球所带电量发生变化，设为 Q_1.由静电平衡性质和电荷守恒定律可知，外球壳的电荷也将重新分布，其内表面分布电荷 $-Q_1$，外表面分布电荷 $(-Q+Q_1)$，达到静电平衡，此时内球电势为

$$V_1 = \frac{Q_1}{4\pi\varepsilon_0 R_1} + \frac{-Q_1}{4\pi\varepsilon_0 R_2} + \frac{-Q+Q_1}{4\pi\varepsilon_0 R_2}$$

因内球接地，$V_1 = 0$，即

$$\frac{Q_1}{4\pi\varepsilon_0 R_1} + \frac{-Q_1}{4\pi\varepsilon_0 R_2} + \frac{-Q+Q_1}{4\pi\varepsilon_0 R_2} = 0$$

得

$$Q_1 = \frac{R_1}{R_2}Q$$

即内球表面分布电量为 $\dfrac{R_1}{R_2}Q$，此时外球壳的电势为

$$V_2'' = \frac{-Q+Q_1}{4\pi\varepsilon_0 R_2} = \frac{(R_1-R_2)Q}{4\pi\varepsilon_0 R_2{}^2}$$

例 5-11 一块带电量为 Q_1 的导体平板 A 和另一块带电量为 Q_2 的导体平板 B 平行相对放置，如图 5-11 所示.假设导体平板面积为 S，两块导体平板间距为 d，且 $\sqrt{S} \gg d$.求：

（1）导体平板 A 和 B 两边的电荷面密度；

（2）两块板之间的电场强度.

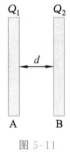

解答：（1）静电平衡时，板 A、B 内任意一点的电场强度为零.

设静电平衡时，板 A 左、右两边的电荷面密度分别为 σ_1 和 σ_2，板 B 左、右两边的电荷面密度分别为 σ_3 和 σ_4，则

$$E_A = \frac{\sigma_1}{2\varepsilon_0} - \frac{\sigma_2}{2\varepsilon_0} - \frac{\sigma_3}{2\varepsilon_0} - \frac{\sigma_4}{2\varepsilon_0} = 0$$

$$E_B = \frac{\sigma_1}{2\varepsilon_0} + \frac{\sigma_2}{2\varepsilon_0} + \frac{\sigma_3}{2\varepsilon_0} - \frac{\sigma_4}{2\varepsilon_0} = 0$$

图 5-11

解得

$$\sigma_1 = \sigma_4, \sigma_2 = -\sigma_3$$

$$\sigma_1 + \sigma_2 = \frac{Q_1}{S}, \sigma_3 + \sigma_4 = \frac{Q_2}{S}$$

联立以上四式，解得

$$\sigma_1 = \frac{Q_1+Q_2}{2S}, \sigma_2 = \frac{Q_1-Q_2}{2S}, \sigma_3 = -\frac{Q_1-Q_2}{2S}, \sigma_4 = \frac{Q_1+Q_2}{2S}$$

（2）两块板之间的电场强度为

$$E = \frac{\sigma_2}{2\varepsilon_0} + \left|\frac{\sigma_3}{2\varepsilon_0}\right| = \frac{Q_1-Q_2}{2\varepsilon_0 S}$$

（七）电介质的极化　介质中的高斯定理

1. 电介质的极化.

外电场中的电介质表面出现极化电荷的现象称为电介质的极化.

2. 介质中的高斯定理：

$$\oint_S \boldsymbol{D} \cdot \mathrm{d}\boldsymbol{S} = \sum_i q_i^{(\mathrm{in})} \tag{5-18}$$

各向同性介质中，

$$\boldsymbol{D} = \varepsilon_0 \varepsilon_r \boldsymbol{E} = \varepsilon \boldsymbol{E} \tag{5-19}$$

电介质的极化

电极化强度

（八）电容器的电容

1. 电容定义式：

$$C = \frac{Q}{V_A - V_B} = \frac{Q}{U_{AB}} \tag{5-20}$$

2. 计算电容器电容的步骤如下：

（1）设电容器两极板带电量分别为 $+Q$ 和 $-Q$；

（2）求出两极板间的场强分布；

（3）利用电势差定义 $U_{AB} = V_A - V_B = \int_A^B \boldsymbol{E} \cdot \mathrm{d}\boldsymbol{l}$，求出两极板间的电势差；

有介质时的高斯定理

（4）利用 $C = \dfrac{Q}{U_{AB}}$ 求出电容.

3. 平行板电容器（真空）的电容为

$$C_0 = \frac{\varepsilon_0 S}{d} \tag{5-21}$$

4. 充满各向同性介质时，电容为

$$C = \varepsilon_r C_0 \tag{5-22}$$

电容　电容器

5. 电容器串联时，其总电容为

$$\frac{1}{C} = \frac{1}{C_1} + \frac{1}{C_2} + \cdots \tag{5-23}$$

6. 电容器并联时，其总电容为

$$C = C_1 + C_2 + \cdots \tag{5-24}$$

电容器的串并联

例 5-12　在如图 5-12 所示的平行板电容器中放入相对电容率为 ε_r、厚度为 b 的电介质，电容器两极板间的距离为 d，面积为 S.试求此电容器的电容.

分析：设想在把电介质放入电容器之前，电容器极板上的自由电荷面密度为 σ.把电介质放入极板间之后，极板上的自由电荷面密度并没有改变，仍为 σ.可由高斯定理 $\oint_S \boldsymbol{D} \cdot \mathrm{d}\boldsymbol{S} = \sum_i q_i^{(\mathrm{in})}$ 得 $\boldsymbol{D}$，再由

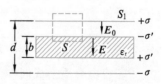

图 5-12

$E = \dfrac{D}{\varepsilon_0 \varepsilon_r}$ 求得 E. 最后按式(5-20)求出 C.

解答：设极板与电介质之间的电场强度为 E_0，电介质中的电场强度为 E. 作底面积为 S 的正圆柱形高斯面，于是由电介质中的高斯定理有

$$\oint_S \boldsymbol{D} \cdot \mathrm{d}\boldsymbol{S} = q = \sigma S = DS$$

$$D = \sigma$$

注意：D 的分布仅与自由电荷的分布有关(在具有对称性分布的各向同性均匀介质中).

由 $D = \varepsilon_0 \varepsilon_r E$ 得

真空中
$$E_0 = \frac{\sigma}{\varepsilon_0}$$

介质中
$$E = \frac{\sigma}{\varepsilon_0 \varepsilon_r}$$

两极板之间的电势差为

$$V_1 - V_2 = \int_0^{d-b} \boldsymbol{E}_0 \cdot \mathrm{d}\boldsymbol{L} + \int_{d-b}^d \boldsymbol{E} \cdot \mathrm{d}\boldsymbol{L} = \frac{\sigma}{\varepsilon_0}(d-b) + \frac{\sigma}{\varepsilon_0 \varepsilon_r} b$$

由电容定义式可得此电容器的电容为

$$C = \frac{Q}{V_1 - V_2} = \frac{\sigma S}{\dfrac{\sigma}{\varepsilon_0}(d-b) + \dfrac{\sigma}{\varepsilon_0 \varepsilon_r} b} = \frac{\varepsilon_r \varepsilon_0 S}{(1-\varepsilon_r)b + \varepsilon_r d}$$

这个电容器也可看成三个电容器的串联，故可利用教材中平行板电容器的计算方法，根据串联电容器求总电容的公式来计算.

三个电容器为：上极板和电介质上表面之间，设电容为 C_1；电介质上下表面之间，设电容为 C_2；电介质下表面和下极板之间，设电容为 C_3. 设上极板和电介质上表面之间的距离为 a，根据平行板电容器的电容公式，有

$$C_1 = \varepsilon_0 \frac{S}{a},\ C_2 = \varepsilon_0 \varepsilon_r \frac{S}{b},\ C_3 = \varepsilon_0 \frac{S}{d-a-b}$$

根据串联电容器的总电容公式，有

$$\frac{1}{C} = \frac{1}{C_1} + \frac{1}{C_2} + \frac{1}{C_3}$$

可得

$$C = \frac{\varepsilon_r \varepsilon_0 S}{(1-\varepsilon_r)b + \varepsilon_r d}$$

若将电介质换成同样大小的导体板，则电容器的电容将为多少？

可作如下计算：此时，极板与导体板之间(空气中)的电场强度为

$$E_0 = \frac{\sigma}{\varepsilon_0} = \frac{Q}{S\varepsilon_0}$$

而导体中电场强度为零. 所以，电容器两极板之间的电势差为

$$V_1 - V_2 = E_0 (d - b) = \frac{Q}{S\varepsilon_0} (d - b)$$

此电容器的电容为

$$C = \frac{Q}{V_1 - V_2} = \frac{\varepsilon_0 S}{d - b}$$

当然,此时也可用电容器的串联公式来计算.

(九) 静电场的能量

1. 电容器的能量为

$$W_e = \frac{Q^2}{2C} = \frac{1}{2} C U^2 = \frac{1}{2} Q U \qquad (5-25)$$

2. 能量密度为

$$w_e = \frac{1}{2} \varepsilon_0 \varepsilon_r E^2 \qquad (5-26)$$

3. 静电场的能量为

$$W_e = \int w_e \, dV = \int \frac{1}{2} \varepsilon_0 \varepsilon_r E^2 \, dV \qquad (5-27)$$

有电场存在的地方就有能量,积分区域遍及电场不为零的空间.

静电场的能量
能量密度

静电场的能量——例题

例 5-13 如图 5-13(a)所示,带电导体球半径为 R_1,所带电量为 Q,球外有一同心的薄导体球壳,半径为 R_2,在导体球和球壳间充满相对电容率为 ε_r 的电介质.试求:

(1) 整个空间的电场分布;

(2) 电势分布情况;

(3) 介质层内、外表面间的电势差;

(4) 介质层中的电场能量.

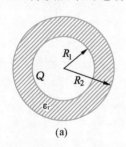
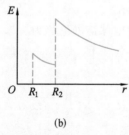
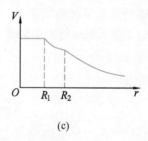

图 5-13

分析:带电导体球上的电荷 Q 应均匀分布在导体球表面,电介质的极化电荷也均匀分布在介质的球形界面上,因而整个空间的电场是球对称分布的.

任取同心球面为高斯面,电位移矢量 $\boldsymbol{D}$ 的通量与自由电荷分布有关,因此在高斯面上 $\boldsymbol{D}$ 呈均匀对称分布,由高斯定理 $\oint_S \boldsymbol{D} \cdot d\boldsymbol{S} = \sum_i q_i^{(in)}$ 可得 $\boldsymbol{D}(r)$,再由 $\boldsymbol{E} = \frac{\boldsymbol{D}}{\varepsilon_0 \varepsilon_r}$ 可得 $\boldsymbol{E}(r)$.

介质中的电势分布,可由电势和电场强度的积分关系 $V=\int_r^\infty \boldsymbol{E}\cdot\mathrm{d}\boldsymbol{r}$ 求得.

电势差由 $U_{AB}=\int_A^B \boldsymbol{E}\cdot\mathrm{d}\boldsymbol{r}$ 求得.

介质层中电场的能量可利用电容器能量公式 $W=\dfrac{1}{2}QU$ 求出或利用能量密度的体

积分 $W_e=\int w_e\mathrm{d}V$ 求得.

解答:(1) 取半径为 r 的同心球面为高斯面,由高斯定理得

当 $0\leqslant r\leqslant R_1$ 时,有

$$D_1\cdot 4\pi r^2=0$$
$$D_1=0,\ E_1=0$$

当 $R_1<r\leqslant R_2$ 时,有

$$D_2\cdot 4\pi r^2=Q$$
$$D_2=\frac{Q}{4\pi r^2},\ E_2=\frac{Q}{4\pi\varepsilon_0\varepsilon_r r^2}$$

当 $R_2<r<\infty$ 时,有

$$D_3\cdot 4\pi r^2=Q$$
$$D_3=\frac{Q}{4\pi r^2},\ E_3=\frac{Q}{4\pi\varepsilon_0 r^2}$$

故整个空间的电场分布为

$$E=\begin{cases}0, & 0\leqslant r\leqslant R_1 \\ \dfrac{Q}{4\pi\varepsilon_0\varepsilon_r r^2}, & R_1<r\leqslant R_2 \\ \dfrac{Q}{4\pi\varepsilon_0 r^2}, & R_2<r<\infty\end{cases}$$

电场分布情况如图 5-13(b)所示.

(2) 以无限远处为电势零点.带电球体的电势为

$$V_1=\int_r^{R_1}\boldsymbol{E}_1\cdot\mathrm{d}\boldsymbol{r}+\int_{R_1}^{R_2}\boldsymbol{E}_2\cdot\mathrm{d}\boldsymbol{r}+\int_{R_2}^\infty\boldsymbol{E}_3\cdot\mathrm{d}\boldsymbol{r}$$
$$=\frac{Q}{4\pi\varepsilon_0\varepsilon_r}\left(\frac{1}{R_1}-\frac{1}{R_2}\right)+\frac{Q}{4\pi\varepsilon_0 R_2},\ 0\leqslant r\leqslant R_1$$

介质层内任意一点的电势为

$$V_2=\int_r^{R_2}\boldsymbol{E}_2\cdot\mathrm{d}\boldsymbol{r}+\int_{R_2}^\infty\boldsymbol{E}_3\cdot\mathrm{d}\boldsymbol{r}$$
$$=\frac{Q}{4\pi\varepsilon_0\varepsilon_r}\left(\frac{1}{r}-\frac{1}{R_2}\right)+\frac{Q}{4\pi\varepsilon_0 R_2},\ R_1<r\leqslant R_2$$

介质层外任意一点的电势为

$$V_3=\int_r^\infty\boldsymbol{E}_3\cdot\mathrm{d}\boldsymbol{r}=\frac{Q}{4\pi\varepsilon_0 r},\ R_2<r<\infty$$

电势分布情况如图 5-13(c)所示.

（3）介质层内、外表面间的电势差为

$$U_{12} = \int_{R_1}^{R_2} \boldsymbol{E}_2 \cdot \mathrm{d}\boldsymbol{r} = \frac{Q}{4\pi\varepsilon_0\varepsilon_r}\left(\frac{1}{R_1} - \frac{1}{R_2}\right)$$

（4）介质层中的电场能量为

$$W_e = \frac{1}{2}QU_{12} = \frac{Q^2}{8\pi\varepsilon_0\varepsilon_r}\left(\frac{1}{R_1} - \frac{1}{R_2}\right)$$

或

$$W_e = \int w_e \mathrm{d}V = \int_{R_1}^{R_2} \frac{1}{2}\varepsilon_0\varepsilon_r E_2{}^2 \cdot 4\pi r^2 \mathrm{d}r = \frac{Q^2}{8\pi\varepsilon_0\varepsilon_r}\left(\frac{1}{R_1} - \frac{1}{R_2}\right)$$

三、难点分析

本章的难点之一是用叠加原理求电场强度和电势.对电荷连续分布的带电体运用叠加原理计算电场强度和电势的主要步骤如下.

（1）选取合适的便于计算的电荷元 $\mathrm{d}q$.

（2）写出 $\mathrm{d}\boldsymbol{E}$ 和 $\mathrm{d}V$ 的表达式.

（3）若求电场强度,需在图上标出电荷元 $\mathrm{d}q$ 在场点 P 的电场强度 $\mathrm{d}\boldsymbol{E}$ 的方向,根据选取的坐标(选取坐标时应尽量利用带电体及 $\boldsymbol{E}$ 的对称性)写出 $\mathrm{d}\boldsymbol{E}$ 在坐标轴方向的分量 $\mathrm{d}E_x$、$\mathrm{d}E_y$ 和 $\mathrm{d}E_z$,从而把矢量积分变成标量积分(若求电势,因电势是标量,故可直接积分).

（4）确定积分上下限并求解.

在求解过程中难点在于如何选取合适的电荷元 $\mathrm{d}q$.选取电荷元何谓"合适"？有两个原则：一是能写出对应的 $\mathrm{d}\boldsymbol{E}$ 和 $\mathrm{d}V$；二是能进行积分运算,对简单的带电系统,如直线、圆环等,可取长度元 $\mathrm{d}l$(或 $\mathrm{d}x$),电荷元 $\mathrm{d}q = \lambda\mathrm{d}l$,直接用点电荷的电场强度和电势公式写出 $\mathrm{d}\boldsymbol{E}$ 和 $\mathrm{d}V$,然后积分即可.对较复杂的带电系统,如无限大带电板、圆盘、扇形平面等,可把它看成某种简单带电体的组合,如以带电细直线、细圆环、圆弧窄条等作为带电单元(电荷元),利用这些简单带电体电场强度和电势的已有结果,写出 $\mathrm{d}\boldsymbol{E}$ 和 $\mathrm{d}V$ 的表达式,然后积分.

"微元法"是物理学中一个常用而有效的方法,在力学、电磁学等许多部分都会用到.微元法的关键是选取"合适的"微元,这需要多看、多练,积累经验,才能灵活把握.

本章的难点之二是确定各种情况下电荷在导体上的分布.解决这个问题就要熟练掌握导体静电平衡条件和导体静电平衡时的

性质,做到概念清晰、结论明确.由此来确定导体各表面的电荷分布.然后结合场强叠加原理、高斯定理、电势定义式及电势叠加原理等,求电场强度和电势.

要注意静电平衡时导体上的电荷一定分布在表面上,导体内部场强一定为零;导体内部场强为零时,电势并不一定为零,如带电量为 Q 的导体球,其内部场强为零,但电势不为零.若取无穷远处为电势零点,导体球的电势为 $\dfrac{Q}{4\pi\varepsilon_0 R}$;接地的导体电势为零,电荷不一定为零,如例 5-10(3)所示.

本章的难点之三是如何求解有介质存在时的电场强度,有些问题中可能既有导体,又有电介质.对导体,只需把表面电荷分布搞清楚;对于电介质,若自由电荷和电介质的极化电荷分布都具有一定的对称性,可用有介质存在时的高斯定理,应用自由电荷的分布,先求出电位移矢量 $\boldsymbol{D}$,再根据在各向同性均匀电介质中有 $\boldsymbol{D}=\varepsilon_0\varepsilon_r\boldsymbol{E}$,求出场强的分布,如例 5-13 所示.

四、习题

(一) 选择题

1. 正电荷 Q 处于直角坐标系原点,要使得坐标为(1,0)的 P 点处的电场强度为零,应将 $-2Q$ 的电荷放在　　　　　(　　)

A. 位于 x 轴上,且 $x>0$　　　B. 位于 x 轴上,且 $x<0$

C. 位于 y 轴上,且 $y>0$　　　D. 位于 y 轴上,且 $y<0$

2. 在没有其他电荷存在的情况下,一个点电荷 q_1 受另一个点电荷 q_2 的作用力为 f_{12},当放入第三个电荷 Q 后,下列说法正确的是　　　　　(　　)

A. f_{12} 的大小不变,但方向改变,q_1 受的总电场力不变

B. f_{12} 的大小改变,但方向不变,q_1 受的总电场力不变

C. f_{12} 的大小和方向都不会改变,但 q_1 受的总电场力发生了变化

D. f_{12} 的大小、方向均发生改变,q_1 受的总电场力也发生了变化

3. 下列说法正确的是　　　　　(　　)

A. 在以点电荷为中心的球面上,由该点电荷所产生的场强处处相等

B. 场强可由 $E=\dfrac{F}{q}$ 定出,其中 q 为试验电荷,q 可正、可负,F 为试验电荷所受的电场力

C. 电场中某点场强的方向,就是将一点电荷放在该点时所受的电场力的方向

D. 以上说法都不正确

4. 下列关于电场线的叙述正确的是 （ ）

A. 电场线上任一点的切线方向就是检验电荷在该点运动的方向

B. 电场线弯曲的地方是非匀强电场,电场线为直线的地方一定是匀强电场

C. 无论电场线是曲线还是直线,都要跟它相交的等势面垂直

D. 只要正电荷的初速度为零,必将在电场中沿电场线方向运动

5. 有两个电量都是 $+q$ 的点电荷,相距 $2a$. 今以左边的点电荷所在处为球心,以 a 为半径作一球形高斯面. 在球面上取两块相等的小面积 S_1 和 S_2,其位置如图 5-14 所示,通过 S_1 和 S_2 的电场强度通量分别为 Φ_1 和 Φ_2,通过整个球面的电场强度通量为 Φ_S,则 （ ）

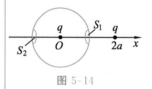

图 5-14

A. $\Phi_1 > \Phi_2, \Phi_S = \dfrac{q}{\varepsilon_0}$ B. $\Phi_1 < \Phi_2, \Phi_S = \dfrac{2q}{\varepsilon_0}$

C. $\Phi_1 = \Phi_2, \Phi_S = \dfrac{q}{\varepsilon_0}$ D. $\Phi_1 < \Phi_2, \Phi_S = \dfrac{q}{\varepsilon_0}$

6. （1）有一电场强度为 E 的均匀电场,E 的方向与 x 轴正方向平行,则穿过图 5-15 中一半径为 R 的半球面的电场强度通量（取弯面向外为正）为 （ ）

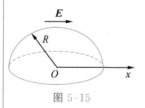

图 5-15

A. $\pi R^2 E$ B. $\dfrac{1}{2}\pi R^2 E$

C. $2\pi R^2 E$ D. 0

（2）如果 E 的方向与 x 轴垂直并向下,则穿过半球面的电场强度通量为 （ ）

A. $\pi R^2 E$ B. $-\pi R^2 E$

C. $-\dfrac{1}{2}\pi R^2 E$ D. 0

7. 有一边长为 a 的正方形平面,在其中垂线上距中心 O 点 $\dfrac{a}{2}$ 处有一电量为 q 的正点电荷,如图 5-16 所示,则通过该平面的电场强度通量为 （ ）

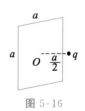

图 5-16

A. $\dfrac{q}{\varepsilon_0}$ B. $\dfrac{q}{4\varepsilon_0}$

C. $\dfrac{q}{2\varepsilon_0}$ D. $\dfrac{q}{6\varepsilon_0}$

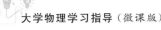

8. 已知一高斯面内所包围的电荷代数和 $\sum\limits_i q_i = 0$,则可肯定 （　）

A. 高斯面上各点场强均为零

B. 穿过高斯面上任一面元的电场强度通量均为零

C. 穿过整个高斯面的电场强度通量为零

D. 以上说法都不对

9. 一点电荷放在球形高斯面的中心处. 下列通过高斯面的电场强度通量发生变化的是 （　）

A. 将另一点电荷放在高斯面外

B. 将另一点电荷放在高斯面内

C. 将球心处的点电荷移开,但仍在高斯面内

D. 将高斯面半径缩小

10. 如图 5-17 所示,两个"无限长"的、半径分别为 R_1 和 R_2 的共轴圆柱面,均匀带电,沿轴线方向单位长度上所带电荷分别为 λ_1 和 λ_2,则在外圆柱面外面、距离轴线为 r 处的 P 点的电场强度大小 E 为 （　）

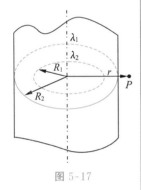

图 5-17

A. $\dfrac{\lambda_1 + \lambda_2}{2\pi\varepsilon_0 r}$

B. $\dfrac{\lambda_1}{2\pi\varepsilon_0 (r-R_1)} + \dfrac{\lambda_2}{2\pi\varepsilon_0 (r-R_2)}$

C. $\dfrac{\lambda_1 + \lambda_2}{2\pi\varepsilon_0 (r-R_2)}$

D. $\dfrac{\lambda_1}{2\pi\varepsilon_0 R_1} + \dfrac{\lambda_2}{2\pi\varepsilon_0 R_2}$

11. 图 5-18 为一具有球对称性分布的静电场的 E-r 关系曲线,试指出该静电场是由 （　）

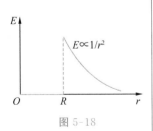

图 5-18

A. 半径为 R 的均匀带电球面产生的

B. 半径为 R 的均匀带电球体产生的

C. 半径为 R、电荷体密度为 $\rho = Ar$(A 为常数)的非均匀带电球体产生的

D. 半径为 R、电荷体密度为 $\rho = A/r$(A 为常数)的非均匀带电球体产生的

12. 在如图 5-19 所示的静电场中,让电子逆着电场线的方向由 A 点移到 B 点,则 （　）

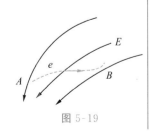

图 5-19

A. 电场力做正功,A 点电势高于 B 点

B. 电场力做正功,A 点电势低于 B 点

C. 电场力做负功,A 点电势高于 B 点

D. 电场力做负功,A 点电势低于 B 点

13. 如图 5-20 所示,在点电荷 q 的电场中,选取 q 为中心、R 为半径的球面上一点 P_1 处作为电势零点,则与点电荷 q 距离为 r 的 P_2 点的电势为　　　　　　　　　（　　）

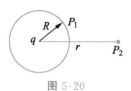

图 5-20

A. $\dfrac{q}{4\pi\varepsilon_0 r}$

B. $\dfrac{q}{4\pi\varepsilon_0}\left(\dfrac{1}{r}-\dfrac{1}{R}\right)$

C. $\dfrac{q}{4\pi\varepsilon_0(r-R)}$

D. $\dfrac{q}{4\pi\varepsilon_0}\left(\dfrac{1}{R}-\dfrac{1}{r}\right)$

14. 如图 5-21 所示,在真空中半径分别为 R 和 $2R$ 的两个同心球面上分别均匀地带有电量 $+q$ 和 $-3q$.今将一电量为 $+Q$ 的带电粒子从内球面处由静止释放,则该粒子到达外球面时的动能为　　　　　　　　　　　（　　）

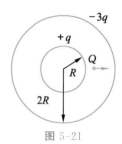

图 5-21

A. $\dfrac{Qq}{4\pi\varepsilon_0 R}$

B. $\dfrac{Qq}{2\pi\varepsilon_0 R}$

C. $\dfrac{Qq}{8\pi\varepsilon_0 R}$

D. $\dfrac{3Qq}{8\pi\varepsilon_0 R}$

15. 下列关于电场强度的各种说法不正确的是　　（　　）

A. 点电荷的电场中,某一点的电场强度的大小只取决于产生电场的电荷 Q,与检验电荷无关

B. 电场强度是描述电场的力的性质的物理量

C. 电场中某一点场强的方向取决于检验电荷在该点所受电场力的方向

D. 任何静电场中场强的方向总是电势降低最快的方向

16. 如图 5-22 所示,将一个电量为 q 的点电荷放在一个半径为 R 的不带电的导体球附近,点电荷距导体球球心的距离为 d.设无穷远处为电势零点,则在导体球球心 O 点,有　　　　（　　）

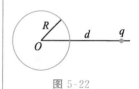

图 5-22

A. $E=0$,$V=\dfrac{q}{4\pi\varepsilon_0 d}$

B. $E=\dfrac{q}{4\pi\varepsilon_0 d^2}$,$V=\dfrac{q}{4\pi\varepsilon_0 d}$

C. $E=0$,$V=0$

D. $E=\dfrac{q}{4\pi\varepsilon_0 d^2}$,$V=\dfrac{q}{4\pi\varepsilon_0 R}$

17. A、B 为两导体大平板,面积均为 S,平行放置,如图 5-23 所示,A 板带电量为 $+Q_1$,B 板不带电,则 A、B 间电场强度的大小 E 为　　　　　　　　　　　　　（　　）

图 5-23

A. $\dfrac{Q_1}{2\varepsilon_0 S}$

B. 0

C. $\dfrac{Q_1}{\varepsilon_0 S}$

D. $\dfrac{Q_1}{4\varepsilon_0 S}$

图 5-24

18. A、B 为两导体大平板，面积均为 S，平行放置，如图 5-24 所示，A 板带电量为 $+Q_1$，B 板带电量为 $+Q_2$，如果使 B 板接地，则 A、B 间电场强度的大小 E 为 （ ）

A. $\dfrac{Q_1}{2\varepsilon_0 S}$ B. $\dfrac{Q_1-Q_2}{2\varepsilon_0 S}$

C. $\dfrac{Q_1}{\varepsilon_0 S}$ D. $\dfrac{Q_1+Q_2}{2\varepsilon_0 S}$

19. 一个不带电的空腔导体球壳，内、外半径分别为 R_1 和 R_2，在腔内离球心的距离为 d 处有一点电荷 $+q$，用导线将球壳接地后，再把接地线撤离，则球心 O 点的电势为（无穷远处电势为零）（ ）

A. $\dfrac{q}{4\pi\varepsilon_0 d}$ B. 0

C. $\dfrac{q}{4\pi\varepsilon_0}\left(\dfrac{1}{d}-\dfrac{1}{R_1}\right)$ D. $\dfrac{q}{4\pi\varepsilon_0}\left(\dfrac{1}{d}-\dfrac{1}{R_1}+\dfrac{1}{R_2}\right)$

20. 在一个不带电的金属球壳的球心放置一个 $+q$ 点电荷，若将此电荷偏离球心，则球壳上的电势将 （ ）

A. 升高   B. 降低   C. 不变   D. 为零

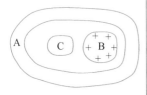

图 5-25

21. 如图 5-25 所示，一封闭的导体壳 A 内有两个导体 B 和 C，A、C 不带电，B 带正电，则 A、B、C 三个导体的电势 V_A、V_B、V_C 的大小关系是 （ ）

A. $V_B=V_A=V_C$ B. $V_B>V_A=V_C$

C. $V_B>V_C>V_A$ D. $V_B>V_A>V_C$

22. 在一点电荷 q 产生的静电场中，一块电介质按图 5-26 所示放置，以点电荷所在处为球心作一球形闭合面 S，则对此球形闭合面， （ ）

A. 高斯定理成立，且可用它求出闭合面上各点的场强

B. 高斯定理成立，但不能用它求出闭合面上各点的场强

C. 由于电介质不对称分布，高斯定理不成立

D. 即使电介质对称分布，高斯定理也不成立

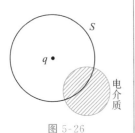

图 5-26

23. 关于高斯定理，下列说法正确的是 （ ）

A. 高斯面内不包括自由电荷，则面上各点电位移矢量 D 为零

B. 高斯面上 D 处处为零，则面内必不存在自由电荷

C. 高斯面的 D 通量仅与面内自由电荷有关

D. 以上说法都不正确

24. 一平行板电容器充电后与电源断开，然后在其一半体积中充满电容率为 ε 的各向同性均匀电介质，如图 5-27 所示，则 （ ）

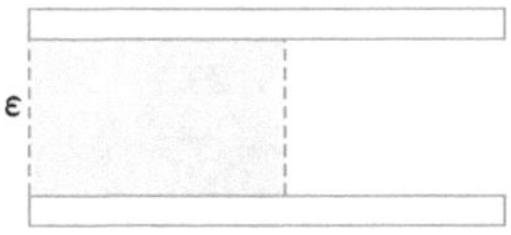

A. 两部分中的电场强度相等

B. 两部分中的电位移矢量相等

ε

图 5-27

C. 两部分极板上的自由电荷面密度相等

D. 以上三个物理量都不相等

25. 一个大平行板电容器水平放置,两极板间的一半空间充有各向同性均匀电介质,另一半为空气,如图 5-28 所示.当两极板带上恒定的等量异号电荷时,有一个质量为 m、带电量为 $+q$ 的质点,在极板间的空气区域中处于平衡状态.此后,若把电介质抽去,则该质点　　　　　　　　　　　　　　　（　　）

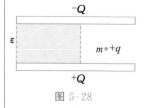

图 5-28

A. 保持不动　　　　　　B. 向上运动

C. 向下运动　　　　　　D. 是否运动不能确定

26. C_1 和 C_2 两空气电容器串联以后接电源充电,在电源保持连接的情况下,在 C_2 中插入一电介质板,如图 5-29 所示,则　　　　　　　　　　　　　　　　　　　　　　（　　）

A. C_1 极板上电量增加,C_2 极板上电量增加

B. C_1 极板上电量减少,C_2 极板上电量增加

C. C_1 极板上电量增加,C_2 极板上电量减少

D. C_1 极板上电量减少,C_2 极板上电量减少

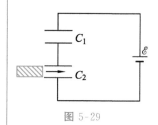

图 5-29

27. C_1 和 C_2 两空气电容器并联以后接电源充电,在电源保持连接的情况下,在 C_1 中插入一电介质板,如图 5-30 所示,则　　　　　　　　　　　　　　　　　　　　　　（　　）

A. C_1 极板上电荷增加,C_2 极板上电荷减少

B. C_1 极板上电荷减少,C_2 极板上电荷增加

C. C_1 极板上电荷增加,C_2 极板上电荷不变

D. C_1 极板上电荷减少,C_2 极板上电荷不变

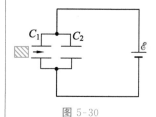

图 5-30

28. 用力 F 把电容器中的电介质板拉出,在图 5-31(a)和(b)两种情况下,电容器中储存的静电能量将　　　（　　）

A. 都增加　　　　　　　B. 都减少

C. (a)增加,(b)减少　　D. (a)减少,(b)增加

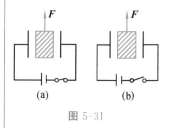

图 5-31

29. 将一空气平行板电容器接到电源上充电到一定电压后,断开电源,再将一块与极板面积相同的金属板平行地插入两极板之间(图 5-32),则由于金属板的插入及其所放位置的不同,对电容器储能的影响为　　　　　　　　　　　　　（　　）

A. 储能减少,但与金属板相对极板的位置无关

B. 储能减少,且与金属板相对极板的位置有关

C. 储能增加,但与金属板相对极板的位置无关

D. 储能增加,且与金属板相对极板的位置有关

图 5-32

30. 真空中有一均匀带电球体和一均匀带电球面,如果它们的半径和所带的电量都相等,则它们的静电能之间的关系是　　　　　　　　　　　　　　　　　　（　　）

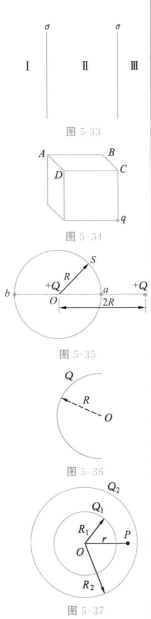

A. 均匀带电球体产生电场的静电能等于均匀带电球面产生电场的静电能

B. 均匀带电球体产生电场的静电能大于均匀带电球面产生电场的静电能

C. 均匀带电球体产生电场的静电能小于均匀带电球面产生电场的静电能

D. 球体内的静电能大于球面内的静电能，球体外的静电能小于球面外的静电能

（二）填空题

1. 一带电细圆环，电荷线密度为 λ，其圆心处的电场强度 $E_0 =$ _____，电势 $V_0 =$ _____．（选无穷远处电势为零）

2. 两块"无限大"的带电平行平板，其电荷面密度均为 $\sigma(\sigma > 0)$，如图 5-33 所示，则

Ⅰ区 E 的大小为 _____，方向为 _____；

Ⅱ区 E 的大小为 _____，方向为 _____；

Ⅲ区 E 的大小为 _____，方向为 _____．

3. 有一边长为 a 的立方体，在其中一顶点上有一电量为 q 的正点电荷，如图 5-34 所示，则通过该立方体平面 $ABCD$ 的电场强度通量为 _____．

4. 如图 5-35 所示，真空中两个正点电荷 Q，相距 $2R$．若以其中一点电荷所在处 O 点为中心，以 R 为半径作高斯球面 S，则通过该球面的电场强度通量为 _____；若以 e_r 表示高斯面外法线方向的单位矢量，则高斯面上 a、b 两点的电场强度分别为 _____．

5. 真空中有一半径为 R 的半圆细环，均匀带电量为 Q，如图 5-36 所示．设无穷远处为电势零点，则圆心 O 点处的电势 $V_O =$ _____．若将一带电量为 q 的点电荷从无穷远处移到圆心 O 点，则电场力做功 $W =$ _____．

6. 如图 5-37 所示，两个同心的均匀带电球面，内球面半径为 R_1、带电量为 Q_1，外球面半径为 R_2、带电量为 Q_2．设无穷远处为电势零点，则在两个球面之间、距离球心为 r 处的 P 点的电场强度 $E =$ _____，电势 $V =$ _____．

7. 如图 5-38 所示，在 xOy 面上倒扣着半径为 R 的半球面，半球面上电荷均匀分布，电荷面密度为 σ，则球心 O 处的电势为 _____；若 A 点的坐标为 $\left(0, \dfrac{R}{2}\right)$，$B$ 点的坐标为 $\left(\dfrac{3R}{2}, 0\right)$，则电势差 $U_{AB} =$ _____．

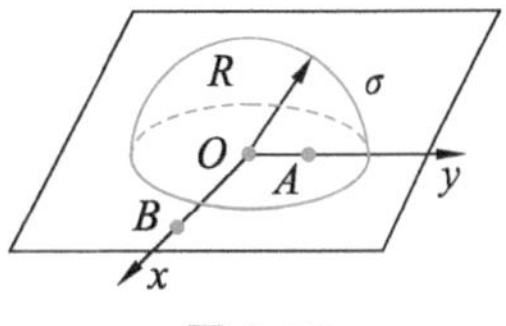

图 5-33

图 5-34

图 5-35

图 5-36

图 5-37

图 5-38

8. 在如图 5-39 所示的静电场的等势图中,已知 $V_1 > V_2 > V_3$.在图上画出 a、b 两点的电场强度方向,并比较它们的大小,E_a _____ E_b.(填"<"、"="或">")

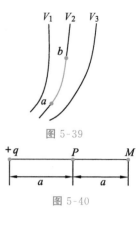

图 5-39

9. 如图 5-40 所示,在点电荷 $+q$ 的电场中,若取图中 P 点处为电势零点,则 M 点的电势为 _____.

10. 一均匀静电场,电场强度 $E = (400i + 600j) \text{V} \cdot \text{m}^{-1}$,则点 $a(3,2)$ 和点 $b(1,0)$ 之间的电势差 $U_{ab} =$ _____.(x,y 以 m 计)

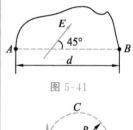

图 5-40

11. 若已知两个同心的均匀带电球面的电荷面密度均相同,其半径分别为 a 和 b,内球面的电势为 V(半径为 a),两球面的电荷面密度为 _____.

12. 如图 5-41 所示,在场强为 E 的均匀电场中,A、B 两点间距离为 d,AB 连线方向与 E 的夹角是 $45°$,从 A 点经任意路径到 B 点的场强线积分 $\int_{AB} E \cdot \mathrm{d}l =$ _____.

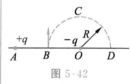

图 5-41

13. 如图 5-42 所示,$\overset{\frown}{BCD}$ 是以 O 点为圆心、R 为半径的半圆弧,在 A 点有一电量为 $+q$ 的点电荷,O 点有一电量为 $-q$ 的点电荷,线段 $\overline{BA} = R$.现将一单位正电荷从 B 点沿半圆弧轨道 $\overset{\frown}{BCD}$ 移到 D 点,则电场力所做的功为 _____.

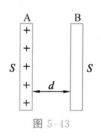

图 5-42

14. 若静电场的某个立体区域电势等于恒量,则该区域的电场强度分布是 _____;若电势随空间坐标作线性变化,则该区域的场强是 _____.

15. 如图 5-43 所示,把一块原来不带电的金属板 B 移近一块已带有正电量为 Q 的金属板 A,两者平行放置.设两板面积都为 S,板间距离为 d,忽略边缘效应,当 B 板不接地时,两板间电势差 $U_{AB} =$ _____;当 B 板接地时,$U_{AB}' =$ _____.

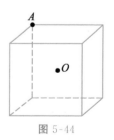

图 5-43

16. 一任意形状的带电导体,其电荷面密度分布为 $\sigma(x,y,z)$,则在导体表面附近任意点处的电场强度的大小 $E(x,y,z) =$ _____,其方向为 _____.

17. 如图 5-44 所示,在静电场中有一立方体均匀导体,棱长为 a,已知立方体中心 O 处的电势为 V_0,则立方体顶点 A 的电势为 _____.

18. 一空气平行板电容器,电容为 C,两极板间距离为 d,充电后,两极板间相互作用力为 F,则两极板间的电势差为 _____,极板上的电量大小为 _____.

19. 一空气平行板电容器,两极板间距离为 d,极板上所带电量分别为 $+q$ 和 $-q$,板间电势差为 U,忽略边缘效应,板间场强大小为 _____;若在两板间平行地插入一厚度为 $t (t < d)$ 的金属

图 5-44

板,则板间电势差变为_____,此时电容值等于_____.

20. 一电容为 C 的电容器,极板上带有电量 Q,若使该电容器与另一个完全相同的不带电的电容器并联,则该电容器组的静电能 W =_____.

21. 一空气电容器充电后切断电源,电容器储能 W_0,若此时灌入相对介电常数为 ε_r 的煤油,电容器储能变为 W_0 的_____倍;若灌煤油时电容器一直与电源相连接,则电容器储能将是 W_0 的_____倍.

22. 一平行板电容器充电后又切断电源,然后将两极板的距离增大,这时与电容器相关联的:（A）电容器极板上的电荷;（B）电容器两极板间的电势差;（C）电容器两极板间的电场;（D）电容器的电容;（E）电容器储存的能量.

(1) 上述五个物理量中增加的有_____;

(2) 上述五个物理量中减少的有_____;

(3) 上述五个物理量中恒定的有_____.

(三) 计算及证明题

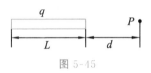

图 5-45

1. 如图 5-45 所示,真空中一长为 L 的均匀带电细直杆,总电量为 q,试求在直杆延长线上距杆的一端距离为 d 的 P 点的电场强度.

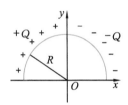

图 5-46

2. 如图 5-46 所示,一个半圆形带电体,沿其左半部分均匀分布电量为 $+Q$,沿其右半部分均匀分布电量为 $-Q$.试求圆心 O 处的电场强度.

3. 如图 5-47 所示,一"无限长"带电圆柱面,其面电荷密度由式 $\sigma = \sigma_0\cos\varphi$ 所决定,求圆柱轴线上的场强.

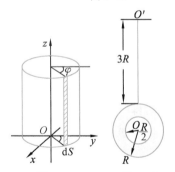

图 5-47   图 5-48

4. 一环形薄片由细绳悬吊着,环的外半径为 R,内半径为 $\dfrac{R}{2}$,并有电量 Q 均匀分布在环面上.细绳长度为 $3R$,也有电量 Q 均匀分布在绳上,如图 5-48 所示.试求圆环中心 O 处的电场强度.

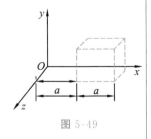

图 5-49

5. 如图 5-49 所示,虚线所示为一立方体形的高斯面,已知空间场强分别为: $E_x = bx$, $E_y = 0$, $E_z = 0$.高斯面边长 $a = 0.1$ m,常数 $b = 1\,000$ N·C^{-1}·m^{-1}.试求该闭合面内包含的净电荷（$\varepsilon_0 = 8.85 \times 10^{-12}$ C^2·N^{-1}·m^{-2}）.

6. 有一带电球壳,内、外半径分别为 R_1 和 R_2（$R_1 = a$）,电荷体密度 $\rho = \dfrac{Q}{2\pi a^2 r}$,式中 r 为球壳内任意点到球心的距离.在球心处放置一点电荷 Q,求证球壳区域内场强 E 与 r 的大小无关.

7. 一半径为 R 的带电球体,其电荷体密度分布为

$$\rho = \begin{cases} \dfrac{qr}{\pi R^4}, & r \leqslant R \\ 0, & r > R \end{cases}$$

式中,q 为一正的常量,试求:

(1) 带电球体的总电量;

(2) 球内、外各点的电场强度.

8. 如图 5-50 所示,一个半径为 R_1 的"无限长"圆柱体,沿轴线方向单位长度上所带的总电荷为 λ,外面套一个半径为 R_2 的"无限长"同轴圆柱面,沿轴线方向单位长度上所带的总电荷为 $-\lambda$,求整个空间的电场强度.

9. 如图 5-51 所示,一半径为 R 的均匀带正电圆环,其电荷线密度为 λ.在其轴线上有 A、B 两点,它们与环心的距离分别为 $\overline{OA} = \sqrt{3}R$,$\overline{OB} = \sqrt{8}R$.一质量为 m、带电量为 q 的粒子从 A 点运动到 B 点.求在此过程中电场力所做的功.

10. 如图 5-52 所示,一同轴"无限长"圆筒,内半径 $R_1 = R_0$,外半径 $R_2 = 2R_0$,内、外圆筒均匀带正负电荷,且知外圆筒与内圆筒的电位差为 $U = U_0$,试求电子在内圆筒 R_1 处(内圆筒外)所受的电场力的大小.

11. 两个同心的均匀带电球面,$R_1 = 5.0$ cm,$R_2 = 20$ cm,分别均匀地带着电荷 $q_1 = 2.0 \times 10^{-9}$ C 和 $q_2 = -4.0 \times 10^{-9}$ C.

(1) 求两球面的电势 V_1 和 V_2;

(2) 在两个球面之间何处为电势零点?

12. 如图 5-53 所示,半径分别为 R_1、R_2 的均匀带电半圆环,若电荷面密度为 σ,求环心 O 处的电势.

13. 如图 5-54 所示,两个半径均为 R 的非导体球壳表面上均匀带电,带电量分别为 $+Q$ 和 $-Q$,两球心相距 $d(d > 2R)$.求两球心间的电势差.

14. 如图 5-55 所示,在 x 轴上放置一端在原点($x=0$)、长为 l 的细棒,细棒上分布着 $\lambda = kx$ 的正电荷,其中 k 为常数.若取无穷远处电势为零.试求:

(1) y 轴上任一点 P 的电势;

(2) 试用场强与电位关系求 E_y.

15. 如图 5-56 所示,在真空中将半径为 R 的金属球接地,在与球心 O 相距为 $r(r > R)$ 处放置一点电荷 q,不计接地导线上电荷的影响,求金属球表面上的感应电荷总量.

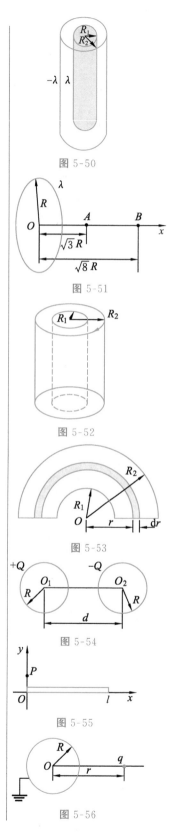

图 5-50

图 5-51

图 5-52

图 5-53

图 5-54

图 5-55

图 5-56

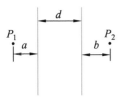

图 5-57

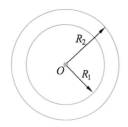

图 5-58

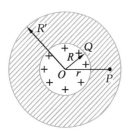

图 5-59

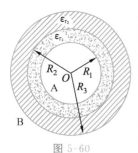

图 5-60

图 5-61

16. 如图 5-57 所示，一厚度为 d 的"无限大"均匀带电导体平板，单位面积上两板面带电量之和为 σ。试求：离左板面距离为 a 的一点 P_1 与离右板面距离为 b 的一点 P_2 之间的电势差。

17. 点电荷 q 处在导体球壳的中心，壳的内、外半径分别为 R_1 和 R_2，如图 5-58 所示，求场强和电势分布，并画出 E-r 和 V-r 曲线。

18. 如图 5-59 所示，在半径为 R 的金属球外，有一与金属球同心的均匀各向同性的电介质球壳，其外半径为 R'，球壳外面为真空。电介质的相对电容率为 ε_r，金属球所带电量为 Q。求：

(1) 电介质内、外的电场强度分布；

(2) 电介质内、外的电势分布。

19. 半径为 R、介电常数为 ε 的均匀介质球中心放一点电荷 Q，球外是空气。求：

(1) 球内、外的电位移 D 和电场强度 E 的分布；

(2) 球内、外的电势分布。

20. 如图 5-60 所示，设有两个薄导体同心球壳 A 与 B，它们的半径分别为 $R_1 = 10\ \text{cm}$ 与 $R_3 = 20\ \text{cm}$，并分别带有电量 $-4.0 \times 10^{-8}\ \text{C}$ 与 $1.0 \times 10^{-7}\ \text{C}$，球壳间有两层介质，内层介质 $\varepsilon_{r_1} = 4.0$，外层介质 $\varepsilon_{r_2} = 2.0$，其分界面的半径 $R_2 = 15\ \text{cm}$，球壳 B 外的介质为空气。试求：

(1) 两球壳间的电势差 U_{AB}；

(2) 离球心 30 cm 处的电场强度；

(3) 球壳 A 的电势。

21. 极板面积为 S、间距为 d 的平行板电容器，中间有两层厚度分别为 d_1 和 $d_2(d_1 + d_2 = d)$、相对电容率分别为 ε_{r_1} 和 ε_{r_2} 的电介质层，如图 5-61 所示。当上、下极板所带电荷的面密度为 $\pm\sigma$ 时，试求：

(1) 两层介质中的 D 和 E；

(2) 极板间电势差；

(3) 电容 C。

22. 两电容器的电容之比 $C_1 : C_2 = 1 : 2$.

(1) 把它们串联后接到电压一定的电源上充电，它们的电能之比是多少？

(2) 如果是并联充电，电能之比是多少？

(3) 在上述两种情况下电容器系统的总电能之比又是多少？

23. 如图 5-62 所示,半径为 R_1、长为 l 的圆柱导体,外面套一个半径为 R_2、长为 l 的同轴圆柱面,圆柱导体的电荷线密度为 $-\lambda$ (沿轴线方向单位长度上所带的总电荷),圆柱面的电荷线密度为 λ,圆柱体与圆柱面之间的空间充满相对电容率为 ε_r 的电介质.求:

（1）圆柱体与圆柱面之间的电势差;

（2）圆柱体与圆柱面之间的电容;

（3）圆柱体与圆柱面之间空间储存的电场能量.

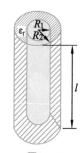

图 5-62

24. 有一导体薄球壳半径为 R_1,带电量为 Q_1,其外面套有一内半径为 R_2、外半径为 R_3 的同心导体球壳,带电量为 Q_2,两同心导体球壳之间充满相对介电常数 ε_r 的各向同性均匀电介质,外球壳以外为真空,如图 5-63 所示.

（1）求整个空间的电场强度 E 的表达式,并定性画出场强大小的径向分布曲线;

（2）求电介质中的电场能量 W_e.

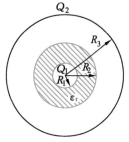

图 5-63

静电场习题答案

恒 定 磁 场

一、基本要求

1. 熟练掌握毕奥-萨伐尔定律及其应用,并能应用长直线电流、圆电流的结论和磁场叠加原理求解组合电流的磁场.

2. 理解磁通量的概念并会计算,掌握高斯定理,熟练掌握安培环路定理及其应用.

3. 理解安培定律,能计算简单形状载流导体在非均匀磁场中受到的力.

4. 理解磁矩的概念,会计算均匀磁场中载流线圈所受磁力矩.

5. 了解磁介质的分类,掌握介质中安培环路定理的应用.

二、主要内容及例题

（一）电流的定义

电流 I 为通过截面 S 的电荷随时间的变化率：

$$I = \frac{\mathrm{d}q}{\mathrm{d}t}$$

电流的方向：正电荷从高电势向低电势移动的方向.

若导体中的电流不随时间而变化,则称之为恒定电流.

（二）毕奥-萨伐尔定律及其应用

1. 毕奥-萨伐尔定律的数学表达式：

$$\mathrm{d}\boldsymbol{B} = \frac{\mu_0}{4\pi} \cdot \frac{I\,\mathrm{d}\boldsymbol{l} \times \boldsymbol{e}_r}{r^2} \tag{6-1}$$

$\mathrm{d}\boldsymbol{B}$ 为电流元 $I\mathrm{d}l$ 在 P 点产生的磁感应强度.

$\mathrm{d}\boldsymbol{B}$ 的大小为

$$\mathrm{d}B = \frac{\mu_0 I \sin\alpha}{4\pi r^2}\mathrm{d}l \tag{6-2}$$

磁感应强度的方向：$I\mathrm{d}l \times \boldsymbol{e}_r$ 方向.$\boldsymbol{e}_r$ 表示由源点指向场点的单位矢量.

载流导线在 P 点产生的磁感应强度为

$$\boldsymbol{B}=\int \mathrm{d}\boldsymbol{B}=\int \frac{u_0 I \mathrm{d}\boldsymbol{l} \times \boldsymbol{e}_r}{4\pi r^2} \text{（场强叠加原理）} \qquad (6\text{-}3)$$

上式为磁感应强度的矢量表达式，求解时可由对称性分析或建立坐标，分别求分量式，使矢量积分化为标量积分（定积分）.

2. 由毕奥-萨伐尔定律得到的重要结论.

（1）直导线电流.

有限长直导线电流在 P 点产生的磁感应强度为

$$B=\frac{\mu_0 I}{4\pi a}(\cos\theta_1-\cos\theta_2) \qquad (6\text{-}4)$$

式中，θ_1、θ_2、a 见图 6-1.

"无限长"直导线电流在 P 点产生的磁感应强度为

$$B=\frac{\mu_0 I}{2\pi a} \qquad (6\text{-}5)$$

"半无限长"直导线电流在 P 点产生的磁感应强度为

$$B=\frac{\mu_0 I}{4\pi a} \qquad (6\text{-}6)$$

导线延长线上 P 点的磁感应强度为

$$B=0 \qquad (6\text{-}7)$$

（2）圆形电流.

轴线上 P 点的磁感应强度为

$$B=\frac{\mu_0 I R^2}{2(R^2+x^2)^{3/2}} \qquad (6\text{-}8)$$

圆心处的磁感应强度为

$$B=\frac{\mu_0 I}{2R} \qquad (6\text{-}9)$$

上式中的各量如图 6-2(a)所示.

（3）一段圆弧电流在圆心处的磁感应强度为

$$B=\frac{\mu_0 I}{2R} \cdot \frac{\theta}{2\pi} \qquad (6\text{-}10)$$

式中，R 为圆的半径，如图 6-2(b)所示.

3. 磁场叠加原理.

对于由直线及圆弧等组成的载流导线的磁场，可求出相应典型电流磁场，再矢量叠加；对于求连续分布电流所产生的磁感应强度，可取电流元 $\mathrm{d}I$，得到相应的 $\mathrm{d}\boldsymbol{B}$ 再积分.

毕奥-萨伐尔定律
的应用举例

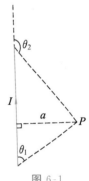

图 6-1

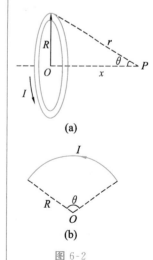

图 6-2

例 6-1　如图 6-3 所示，真空中两根长直导线与粗细均匀、半径为 R 的金属圆环上 A、B 两点连接，当长直导线中通有电流 I 时，求环心 O 处的磁感应强度.

分析：O 处的磁感应强度可看作由 $\overset{\frown}{ACB}$、$\overset{\frown}{ADB}$、$\overline{BF}$ 和 $\overline{EA}$ 四段载流导线产生的磁场的叠加.

解答：用典型载流导线磁场叠加原理求解.

分段考虑各段导线在同一点 O 产生的磁感应强度.

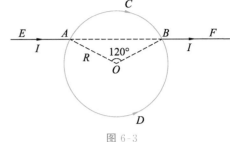

图 6-3

$\overset{\frown}{ACB}$：电流 $I_1 = \dfrac{2}{3}I$，$B_1 = \dfrac{\mu_0 I_1}{2R} \times \dfrac{120°}{360°} = \dfrac{\mu_0 I}{9R}$，方向垂直纸面向里.

$\overset{\frown}{ADB}$：电流 $I_2 = \dfrac{1}{3}I$，$B_2 = \dfrac{\mu_0 I_2}{2R} \times \dfrac{240°}{360°} = \dfrac{\mu_0 I}{9R}$，方向垂直纸面向外.

两圆弧电流在 O 点产生的磁感应强度大小相等、方向相反.

$\overline{BF}$ 段电流在 O 点产生的磁感应强度为

$$B_3 = \frac{\mu_0 I}{4\pi a}(\cos\theta_1 - \cos\theta_2) = \frac{\mu_0 I}{4\pi} \cdot \frac{1}{R\cos 60°}(\cos 150° - \cos 180°) = \frac{\mu_0 I}{2\pi R}\left(1 - \frac{\sqrt{3}}{2}\right)$$

方向垂直纸面向里.

$\overline{EA}$ 段电流在 O 点产生的磁感应强度为

$$B_4 = B_3 = \frac{\mu_0 I}{2\pi R}\left(1 - \frac{\sqrt{3}}{2}\right)$$

方向垂直纸面向里.

所以整个导线在 O 点产生的磁感应强度为

$$B_0 = B_1 - B_2 + B_3 + B_4 = \frac{\mu_0 I}{2\pi R}(2 - \sqrt{3})$$

方向垂直纸面向里.

例 6-2　如图 6-4(a)所示，一个半径为 R 的"无限长"半圆柱面导体，沿长度方向的电流 I 在柱面上均匀分布，求半圆柱面轴线 OO' 上的磁感应强度.

分析："无限长"半圆柱面导体可看成无数根"无限长"载流细直导线的组合，每根载流直导线电流为 dI，利用"无限长"载流直导线产生的磁感应强度结论及磁场叠加原理计算求解.

解答：取宽 dl、载流 dI "无限长"导线，其在 P 处的磁感应强度为

$$dB = \frac{\mu_0 dI}{2\pi R}$$

方向如图 6-4(b)所示.

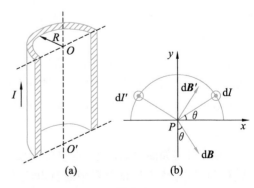

图 6-4

同理,取与 dI 具有对称性的 dI',可推得其在 P 点的磁感应强度 dB'.其中

$$\mathrm{d}I = j\,\mathrm{d}l = \frac{I}{\pi R}\mathrm{d}l = \frac{I}{\pi R}R\,\mathrm{d}\theta = \frac{I}{\pi}\mathrm{d}\theta$$

由对称性知,dI、dI'产生的合磁感应强度 d$\boldsymbol{B}_{合}$ 沿 x 轴正方向,即

$$\mathrm{d}B_x = \mathrm{d}B\sin\theta$$

$$B = B_x = \int \mathrm{d}B_x = \int_0^I \frac{\mu_0\,\mathrm{d}I}{2\pi R}\sin\theta = \int_0^\pi \frac{\mu_0}{2\pi R}\cdot\frac{I}{\pi}\sin\theta\,\mathrm{d}\theta = \frac{\mu_0 I}{\pi^2 R}$$

方向沿 x 轴正方向.

例 6-3　一均匀带电圆盘带电量为 Q,半径为 R,绕中心转轴以角速度 ω 匀速转动(图 6-5),求圆盘中心 O 点处的磁感应强度的大小.

分析:圆盘可以看作沿径向分布的无数个圆环带叠加而成的.每个圆环带的宽度可取为 dr,等效为一个圆环.当该圆环旋转后,其所带电荷定向移动形成环状电流 dI,利用圆电流在圆心处的磁感应强度结论及磁场叠加原理计算求解.

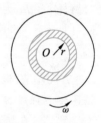

图 6-5

解答:在半径 r 处取 dr 宽的圆环,则

$$\mathrm{d}q = \sigma\cdot 2\pi r\,\mathrm{d}r = \frac{Q}{\pi R^2}\cdot 2\pi r\,\mathrm{d}r$$

以 ω 旋转后等效圆电流为

$$\mathrm{d}I = \frac{\mathrm{d}q}{\dfrac{2\pi}{\omega}} = \frac{Q\omega r}{\pi R^2}\mathrm{d}r$$

dI 在 O 点处产生的磁感应强度为

$$\mathrm{d}B = \frac{\mu_0\,\mathrm{d}I}{2r} = \frac{\mu_0 Q\omega}{2\pi R^2}\mathrm{d}r$$

故 O 点处的磁感应强度为

$$B = \int_0^R \frac{\mu_0 Q\omega}{2\pi R^2}\mathrm{d}r = \frac{\mu_0 Q\omega}{2\pi R}$$

(三) 安培环路定理及其应用

安培环路定理的数学表达式:

$$\oint \boldsymbol{B}\cdot\mathrm{d}\boldsymbol{l} = \mu_0\sum_i I_i \qquad (6\text{-}11)$$

式中,$\sum\limits_i I_i$ 指闭合回路 L 所包围的电流的代数和.

安培环路定理是普遍成立的定理,但用它来求 $\boldsymbol{B}$ 是有条件的.这要求电流产生的磁场具有一定的对称性,回路形状的选取与场对称性有关,且要求回路过所求场点.

磁场中的安培
环路定理

安培环路定理的应用

下列载流体的磁场可用安培环路定理求得：

（1）"无限长"载流直导线，"无限长"载流圆柱体、圆柱面，以及它们的同轴组合；

（2）"无限大"载流平面；

（3）螺绕环和"无限长"螺线管.

例 6-4 有一"无限大"薄导体板，设单位宽度上的恒定电流为 I，如图 6-6 所示，求导体平板周围的磁感应强度.

分析： 依照右手螺旋定则，磁感应强度 $\boldsymbol{B}$ 和电流方向相互垂直，同时由对称性分析知，"无限大"导电平面两侧的磁感应强度大小相同，方向反向平行. 如图 6-6 所示，取矩形闭合路径 $abcda$ 为闭合积分路径，使积分环绕方向与电流方向间满足右手螺旋定则，在 $\overline{ab}$、$\overline{cd}$ 上各点 $\boldsymbol{B}$ 的大小相等，方向分别与 $a{\rightarrow}b$、$c{\rightarrow}d$ 一致，而 $\overline{da}$、$\overline{bc}$ 上各点 $\boldsymbol{B}$ 的方向与 $d{\rightarrow}a$、$b{\rightarrow}c$ 的方向垂直. 根据磁场的面对称分布和安培环路定理可解得磁感应强度 $\boldsymbol{B}$ 的分布.

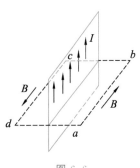

图 6-6

解答： 在如图 6-6 所示的矩形回路 $abcda$ 中，磁感应强度沿回路的环路积分，得

$$\oint_L \boldsymbol{B} \cdot \mathrm{d}\boldsymbol{l} = \int_a^b \boldsymbol{B} \cdot \mathrm{d}\boldsymbol{l} + \int_b^c \boldsymbol{B} \cdot \mathrm{d}\boldsymbol{l} + \int_c^d \boldsymbol{B} \cdot \mathrm{d}\boldsymbol{l} + \int_d^a \boldsymbol{B} \cdot \mathrm{d}\boldsymbol{l}$$

$$= B \cdot |ab| + B \cdot |cd| = 2B \cdot |ab|$$

由安培环路定理得

$$2B \cdot |ab| = \mu_0 I |ab|, B = \frac{\mu_0 I}{2}$$

方向由右手螺旋定则确定.

（四）磁通量　磁场中的高斯定理

1. 磁通量定义：

$$\Phi = \int_S \boldsymbol{B} \cdot \mathrm{d}\boldsymbol{S} = \int_S B\cos\theta \,\mathrm{d}S \tag{6-12}$$

2. 磁场中的高斯定理：

$$\oint_S \boldsymbol{B} \cdot \mathrm{d}\boldsymbol{S} = 0 \tag{6-13}$$

磁场中的高斯定理

揭示了磁场是无源场.

例 6-5 电流 I 均匀地流过半径为 R 的圆形长直导线，试计算单位长度导线内的磁场通过图 6-7 所示剖面的磁通量.

分析：由图 6-7 可得导线内部距轴线为 r 处的磁感应强度为

$$B(r) = \frac{\mu_0 I r}{2\pi R^2}$$

在剖面上磁感应强度分布不均匀，因此需从磁通量的定义 $\Phi = \int B(r) \cdot \mathrm{d}S$ 来求解.沿轴线方向在剖面上取面元 $\mathrm{d}S = l\mathrm{d}r$,考虑到面元上各点 $\boldsymbol{B}$ 相同,故穿过面元的磁通量 $\mathrm{d}\Phi = B\mathrm{d}S$,通过积分,可得单位长度导线内的磁通量：

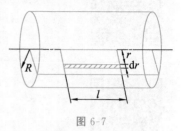

图 6-7

$$\Phi = \int_S B\,\mathrm{d}r$$

解答：由分析可得单位长度导线内的磁通量为

$$\Phi = \int_0^R \frac{\mu_0 I r}{2\pi R^2}\mathrm{d}r = \frac{\mu_0 I}{4\pi}$$

（五）磁场中的带电粒子

1. 洛伦兹力（带电粒子在磁场中受的力）为

$$\boldsymbol{F} = q\boldsymbol{v} \times \boldsymbol{B} \tag{6-14}$$

2. 带电粒子在（电）磁场中运动的应用.

电量为 $+q$、质量为 m 的带电粒子,以初速度 $\boldsymbol{v}_0$ 进入匀强磁场中,$\boldsymbol{v}_0$ 与磁感应强度 $\boldsymbol{B}$ 垂直,则该粒子将做速率为 v_0 的匀速圆周运动.运动半径称为回旋半径 R,运动一周需要的时间称为回旋周期 T,则

$$R = \frac{mv_0}{qB} \tag{6-15}$$

$$T = \frac{2\pi R}{v_0} = \frac{2\pi m}{qB} \tag{6-16}$$

带电粒子在（电）磁场中运动的应用：磁聚焦、质谱仪、回旋加速器、霍尔效应.

（六）安培力、磁矩、磁力矩

1. 磁场对电流元的作用：

$$\mathrm{d}\boldsymbol{F} = I\mathrm{d}\boldsymbol{l} \times \boldsymbol{B}\text{（安培定律）} \tag{6-17}$$

式中,$\mathrm{d}\boldsymbol{F}$ 的大小 $\mathrm{d}F = I\mathrm{d}lB\sin\theta$,方向为 $I\mathrm{d}\boldsymbol{l} \times \boldsymbol{B}$ 的方向,$\boldsymbol{B}$ 为 $I\mathrm{d}\boldsymbol{l}$ 所在处的磁场.

2. 磁场对载流导线的作用力即安培力为

$$\boldsymbol{F} = \int \mathrm{d}\boldsymbol{F} = \int_L I\mathrm{d}\boldsymbol{l} \times \boldsymbol{B} \tag{6-18}$$

磁场中的带电粒子

磁场中带电粒子的应用

磁场中的载流导线

载流线圈在磁场中所受的力

磁矩

载流线圈在磁场中
所受的力矩

上式为矢量积分,具体求解时可取坐标,按坐标分量分别积分,将矢量积分化为标量积分(注意对称分析).

3. 磁场对载流线圈的作用.

(1) 载流线圈在磁场中所受的力:在均匀磁场中为零;在非均匀磁场中为各个边所受力的矢量和,一般不为零.

(2) 载流线圈的磁矩:

$$m = IS = ISe_n \tag{6-19}$$

I 与 e_n 符合右手螺旋关系.

(3) 载流线圈在磁场中的磁力矩:

$$M = m \times B \tag{6-20}$$

M 的大小为 $M = mB\sin\theta$,方向为 $m \times B$ 的方向.

例 6-6 如图 6-8 所示,载有电流 I_1 的"无限长"直导线旁有一与其共面的载流导线 ab,其上电流为 I_2,求 ab 导线受到的磁场力.

分析: "无限长"载流直导线周围空间一点的磁感应强度大小 $B = \dfrac{\mu_0 I_1}{2\pi r}$,方向垂直纸面向里.在 ab 导线上取一电流元 $I_2 \mathrm{d}l$,在外场中受到的磁场力为

$$\mathrm{d}F = I_2 \mathrm{d}l \times B$$

则 $\mathrm{d}F$ 的大小 $\mathrm{d}F = I_2 \mathrm{d}l B$,方向垂直 ab 边向上,故 ab 导线受到的安培力垂直 ab 边向上.

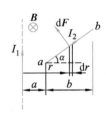

图 6-8

解答: $F = \displaystyle\int \mathrm{d}F = \int I_2 \mathrm{d}l B = \int \frac{\mu_0 I_1 I_2}{2\pi r}\mathrm{d}l = \int_a^{a+b} \frac{\mu_0 I_1 I_2}{2\pi r\cos\alpha}\mathrm{d}r = \frac{\mu_0 I_1 I_2}{2\pi\cos\alpha}\ln\frac{a+b}{a}$

方向垂直 ab 边向上.

例 6-7 在匀强磁场中,有一半径为 R 的半圆形平面载流线圈,通有电流 I,磁感应强度 B 的方向与该线圈平面平行,如图 6-9 所示.试求:

(1) 线圈所受安培力对 y 轴的磁力矩 M;

(2) 线圈平面转过 $\dfrac{\pi}{2}$ 时磁力矩 M 所做的功.

分析: 求线圈所受安培力对 y 轴的磁力矩可有两种方法,其一是直接利用磁力矩公式 $M = m \times B$ 计算;其二是先在线圈上取一电流元 $I\mathrm{d}l$,求得它对 y 轴的磁力矩,再对整个线圈进行积分得到总的磁力矩.很显然前一种方法更为简单.求磁力矩 M 做功,只要利用(1)的思路写出任意转角下的磁力矩 M,代入 $W = \displaystyle\int_0^{\frac{\pi}{2}} M\mathrm{d}\theta$ 计算即可.

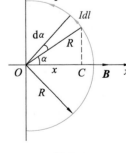

图 6-9

解答：(1) 解法一　由于电流 I 为逆时针方向，故可根据右手螺旋关系判断磁矩 $\boldsymbol{m}$ 垂直纸面向外，与 $\boldsymbol{B}$ 的夹角为 $\dfrac{\pi}{2}$，则

$$\boldsymbol{M}=\boldsymbol{m}\times\boldsymbol{B}=\frac{1}{2}I\pi R^2\boldsymbol{k}\times B\boldsymbol{i}=\frac{1}{2}IB\pi R^2\boldsymbol{j}$$

解法二　在半圆形线圈上取一电流元 $I\mathrm{d}l$，它所受安培力 $\mathrm{d}\boldsymbol{F}$ 的大小为 $BI\mathrm{d}l\sin\left(\dfrac{\pi}{2}+\alpha\right)$，方向垂直纸面向里．它对 y 轴的磁力矩为

$$\mathrm{d}M=x\mathrm{d}F=xBI\mathrm{d}l\sin\left(\frac{\pi}{2}+\alpha\right)$$

式中，$x=R\cos\alpha$，$\mathrm{d}l=R\mathrm{d}\alpha$，代入上式，可得

$$\mathrm{d}M=BIR^2\cos^2\alpha\,\mathrm{d}\alpha$$

因此

$$M=\int_{-\pi/2}^{\pi/2}BIR^2\cos^2\alpha\,\mathrm{d}\alpha=\frac{I\pi R^2}{2}B$$

磁力矩 $\boldsymbol{M}$ 的方向沿 y 轴正方向．半圆形平面载流线圈将绕 y 轴沿逆时针方向转动．读者可试计算安培力对 x 轴的磁力矩．

(2) 设 θ 为线圈平面在磁力矩作用下转过的角度，φ 为磁矩 $\boldsymbol{m}$ 与 $\boldsymbol{B}$ 间的夹角，由 $\theta=\dfrac{\pi}{2}-\varphi$，根据式(6-20)，可得

$$M=IBS\sin\varphi=IBS\cos\theta$$

所以

$$W=\int_0^{\pi/2}IBS\cos\theta\,\mathrm{d}\theta=IBS=\frac{1}{2}I\pi R^2 B=I\Delta\Phi$$

其中，$\Delta\Phi$ 为转动引起的磁通量的改变．

（七）磁介质的分类　介质中的安培环路定理

1. 磁介质的分类．

顺磁质，$\mu_r>1$，磁化产生的附加磁场 $\boldsymbol{B}'$ 与外加磁场 $\boldsymbol{B}_0$ 同向，且较小；抗磁质，$\mu_r<1$，磁化产生的附加磁场 $\boldsymbol{B}'$ 与外加磁场 $\boldsymbol{B}_0$ 反向，且较小；铁磁质，$\mu_r\gg1$，磁化产生的附加磁场 $\boldsymbol{B}'$ 与外加磁场 $\boldsymbol{B}_0$ 同向，且很大．

2. 介质中的安培环路定理：

$$\oint\boldsymbol{H}\cdot\mathrm{d}l=\sum I \tag{6-21}$$

等式右边 I 为包围在环路中的传导电流．$\boldsymbol{H}$ 为磁场强度，在线性磁介质中满足：

$$\boldsymbol{B}=\mu_0\mu_r\boldsymbol{H}=\mu\boldsymbol{H} \tag{6-22}$$

式中，μ_r 为相对磁导率，μ 为介质的磁导率．

磁场中的
磁介质

磁介质中的
安培环路定理

三、难点分析

本章的难点是利用叠加原理求磁感应强度. 利用叠加原理求磁感应强度的一般方法仍是"微元法", 步骤与静电场一章中用叠加原理求电场强度的步骤相同. 处理问题的关键是如何将一些载流体分割成多个典型形状的载流单元(例 6-1)或将电流连续分布的载流体分割成载流细直导线(例 6-2)、载流细圆环(例 6-3)这样的微元, 所求场点的磁感应强度等于这些典型载流单元或微元在该点产生的磁感应强度的矢量和.

四、习题

（一）选择题

1. 如图 6-10 所示, 一载有电流 I 的回路 $abcda$ 在 O 点处所产生的磁感应强度 B_O 为　　　　　　　　　　（　　）

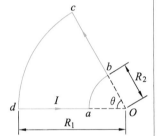

图 6-10

A. $\dfrac{\mu_0 I\theta}{2\pi}\left(\dfrac{1}{R_2}-\dfrac{1}{R_1}\right)$, 方向垂直纸面朝外

B. $\dfrac{\mu_0 I\theta}{4\pi}\left(\dfrac{1}{R_2}-\dfrac{1}{R_1}\right)$, 方向垂直纸面朝里

C. $\dfrac{\mu_0 I\theta}{4}\left(\dfrac{1}{R_2}-\dfrac{1}{R_1}\right)$, 方向垂直纸面朝里

D. $\dfrac{\mu_0 I\theta}{2}\left(\dfrac{1}{R_2}-\dfrac{1}{R_1}\right)$, 方向垂直纸面朝外

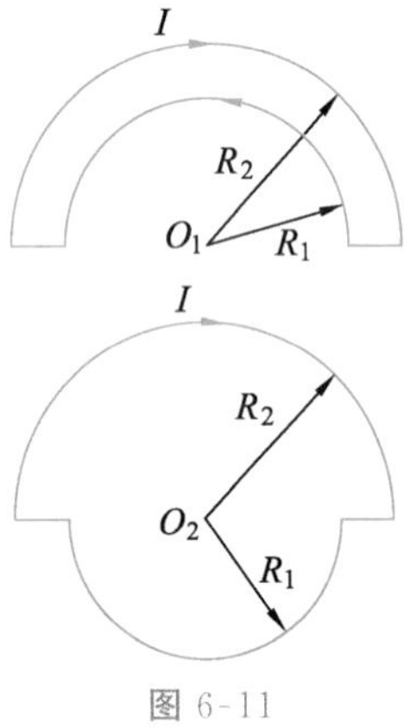

2. 如图 6-11 所示, 两种形状的载流线圈中的电流相同, 则 O_1、O_2 处的磁感应强度大小关系是　　　　（　　）

A. $B_{O_1}<B_{O_2}$

B. $B_{O_1}>B_{O_2}$

C. $B_{O_1}=B_{O_2}$

D. 无法判断

3. 一根沿 y 轴的"无限长"直导线在 xOz 面弯折成如图 6-12 所示的形状, 当通以电流 I 时, 在圆心 P 处的磁感应强度 $\boldsymbol{B}$ 的大小为　　　　　　　　　　　　　　（　　）

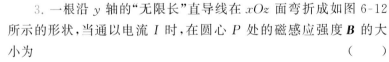

A. $\dfrac{\mu_0 I}{2R}\sqrt{1+\dfrac{1}{\pi^2}}$　　　　　　　　B. $\dfrac{\mu_0 I}{2\pi R}\sqrt{1+\dfrac{1}{\pi^2}}$

C. $\dfrac{\mu_0 I}{2R}\left(1+\dfrac{1}{\pi^2}\right)$　　　　　　　　D. $\dfrac{\mu_0 I}{2R}\left(\dfrac{1}{\pi}-1\right)$

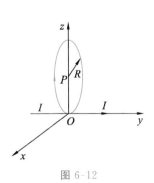

图 6-11

图 6-12

4. 通有电流 I 的"无限长"直导线弯成如图 6-13 所示的三种形状,则 P、Q、O 各点磁感应强度的大小 B_P、B_Q、B_O 间的关系为（　　）

A. $B_P > B_Q > B_O$　　　　B. $B_Q > B_P > B_O$

C. $B_Q > B_O > B_P$　　　　D. $B_O > B_Q > B_P$

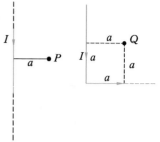

5. 电流 I 由长直导线 1 沿平行于 bc 边方向经 a 点流入一电阻均匀分布的正三角形线框,再由 b 点沿垂直 ac 边方向流出,经长直导线 2 返回电源,如图 6-14 所示.若载流直导线 1、2 及三角形线框在 O 点处产生的磁感应强度的大小分别用 B_1、B_2 和 B_3 表示,则 O 点处磁感应强度的大小（　　）

A. $B = 0$,因为 $B_1 = B_2 = B_3 = 0$

B. $B = 0$,因为虽然 $B_1 \neq 0$,$B_2 \neq 0$,但 $B_1 + B_2 = 0$,$B_3 = 0$

C. $B \neq 0$,因为虽然 $B_2 = 0$,$B_3 = 0$,但 $B_1 \neq 0$

D. $B \neq 0$,因为虽然 $B_1 + B_2 = 0$,但 $B_3 \neq 0$

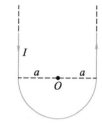

图 6-13

6. 如图 6-15 所示,能确切描述载流圆线圈在其轴线上任意点所产生的 B 随 x 的变化关系的是(x 坐标轴垂直于圆线圈平面,原点在圆线圈中心 O)（　　）

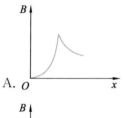

A.

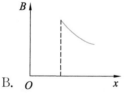

B.

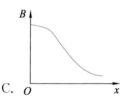

C.

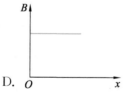

D.

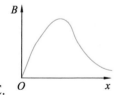

E.

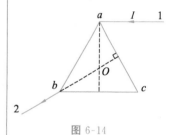

图 6-14

电流

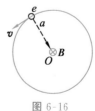

图 6-15

7. 氢原子处在基态时,它的电子可看作在半径 $a = 0.52 \times 10^{-8}$ cm 的轨道上做匀速圆周运动,速率 $v = 2.2 \times 10^8$ cm·s^{-1},如图 6-16 所示.那么电子在轨道中心所产生的磁感应强度为（　　）

A. 13 T　　　　　　　B. 8.5×10^{-4} T

C. 8.5×10^{-6} T　　　　D. 8.5×10^{-5} T

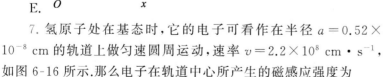

图 6-16

8. 如图 6-17 所示，在图(a)和图(b)中各有一半径相同的圆形回路 L_1、L_2，圆周内有电流 I_1、I_2，其分布相同，且均在真空中，但在图(b)中 L_2 回路外有电流 I_3，P_1、P_2 为两圆形回路上的对应点，则 （　　）

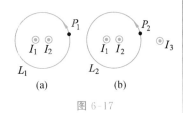

图 6-17

A. $\oint_{L_1} \boldsymbol{B} \cdot \mathrm{d}\boldsymbol{l} = \oint_{L_2} \boldsymbol{B} \cdot \mathrm{d}\boldsymbol{l}$，$\boldsymbol{B}_{P_1} = \boldsymbol{B}_{P_2}$

B. $\oint_{L_1} \boldsymbol{B} \cdot \mathrm{d}\boldsymbol{l} \neq \oint_{L_2} \boldsymbol{B} \cdot \mathrm{d}\boldsymbol{l}$，$\boldsymbol{B}_{P_1} = \boldsymbol{B}_{P_2}$

C. $\oint_{L_1} \boldsymbol{B} \cdot \mathrm{d}\boldsymbol{l} = \oint_{L_2} \boldsymbol{B} \cdot \mathrm{d}\boldsymbol{l}$，$\boldsymbol{B}_{P_1} \neq \boldsymbol{B}_{P_2}$

D. $\oint_{L_1} \boldsymbol{B} \cdot \mathrm{d}\boldsymbol{l} \neq \oint_{L_2} \boldsymbol{B} \cdot \mathrm{d}\boldsymbol{l}$，$\boldsymbol{B}_{P_1} \neq \boldsymbol{B}_{P_2}$

9. 如图 6-18 所示，两根直导线 ab 和 cd 沿半径方向被接到一个截面处处相等的铁环上，稳恒电流 I 从 a 端流入，从 d 端流出，则磁感应强度 $\boldsymbol{B}$ 沿图中闭合路径 L 的积分 $\oint_L \boldsymbol{B} \cdot \mathrm{d}\boldsymbol{l}$ 等于 （　　）

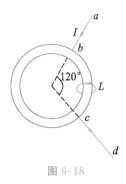

图 6-18

A. $\mu_0 I$ 　　　　　　　　B. $\dfrac{\mu_0 I}{3}$

C. $\dfrac{\mu_0 I}{4}$ 　　　　　　　　D. $\dfrac{2\mu_0 I}{3}$

10. 如图 6-19 所示，在一圆形电流 I 所在的平面内，选取一个同心圆形闭合回路 L，则由安培环路定理可知 （　　）

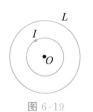

图 6-19

A. $\oint_L \boldsymbol{B} \cdot \mathrm{d}\boldsymbol{l} = 0$，且环路上任意一点 $B = 0$

B. $\oint_L \boldsymbol{B} \cdot \mathrm{d}\boldsymbol{l} = 0$，且环路上任意一点 $B \neq 0$

C. $\oint_L \boldsymbol{B} \cdot \mathrm{d}\boldsymbol{l} \neq 0$，且环路上任意一点 $B \neq 0$

D. $\oint_L \boldsymbol{B} \cdot \mathrm{d}\boldsymbol{l} \neq 0$，且环路上任意一点 $B = $ 常量

11. 一根很长的电缆线由两个同轴的圆柱面导体组成，若这两个圆柱的半径分别为 R_1 和 $R_2(R_1 < R_2)$，通有等值反向电流，其中正确反映了电流产生的磁感应强度随径向距离的变化关系的是 （　　）

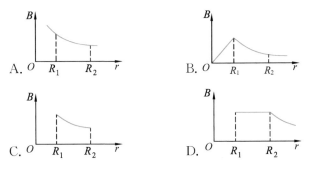

12. 如图 6-20 所示,流出纸面的电流为 $2I$,流进纸面的电流为 I,则下列各式正确的是　　　　　　　　（　　）

A. $\oint_{L_1} \boldsymbol{H} \cdot \mathrm{d}\boldsymbol{l} = 2I$ 　　　B. $\oint_{L_2} \boldsymbol{H} \cdot \mathrm{d}\boldsymbol{l} = I$

C. $\oint_{L_3} \boldsymbol{H} \cdot \mathrm{d}\boldsymbol{l} = -I$ 　　D. $\oint_{L_4} \boldsymbol{H} \cdot \mathrm{d}\boldsymbol{l} = -I$

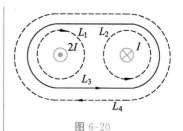

图 6-20

13. 一载有电流 I 的细导线分别均匀密绕在半径为 R 和 r 的长直圆筒上形成两个螺线管($R=2r$),两螺线管单位长度上的匝数相等,两螺线管中的磁感应强度大小 B_R 和 B_r 应满足　　（　　）

A. $B_R = 2B_r$ 　　　　　B. $B_R = B_r$

C. $2B_R = B_r$ 　　　　　D. $B_R = 4B_r$

14. 若 μ_0 为真空磁导率,μ 为某种磁介质的磁导率,则下列说法正确的是　　　　　　　　　　　　　（　　）

A. 顺磁质 $\mu > \mu_0$,抗磁质 $\mu \gg \mu_0$

B. 顺磁质 $\mu > \mu_0$,抗磁质 $\mu < \mu_0$

C. 顺磁质 $\mu > \mu_0$,抗磁质 $\mu > \mu_0$

D. 顺磁质 $\mu < \mu_0$,抗磁质 $\mu \gg \mu_0$

15. 匀强磁场中有一矩形通电线圈(图 6-21),其平面与磁场平行,在磁场作用下,线圈发生转动,其方向是　　（　　）

A. ab 边转入纸内,cd 边转出纸外

B. ab 边转出纸外,cd 边转入纸内

C. ad 边转入纸内,bc 边转出纸外

D. ad 边转出纸外,bc 边转入纸内

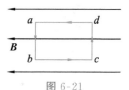

图 6-21

16. 一"无限长"载流直导线通有电流 I_1,长为 b,通有电流 I_2 的导线 AB 与"无限长"载流直导线垂直(图 6-22),其 A 端距"无限长"载流直导线的距离为 a,则导线 AB 受到的安培力大小为
　　　　　　　　　　　　　　　　　　　（　　）

A. $\dfrac{\mu_0 I_1 I_2 b}{2\pi a}$ 　　　　　B. $\dfrac{\mu_0 I_1 I_2 b}{2\pi\left(a+\dfrac{b}{2}\right)}$

C. $\dfrac{\mu_0 I_1 I_2}{2\pi a}\ln\dfrac{a+b}{a}$ 　　D. $\dfrac{\mu_0 I_1 I_2}{2\pi}\ln\dfrac{a+b}{a}$

图 6-22

17. 如图 6-23 所示,在磁感应强度为 $\boldsymbol{B}$ 的均匀磁场中,有一圆形载流导线,a、b、c 是其上三个长度相等的电流元,则它们所受安培力大小的关系为　　　　　　　　　（　　）

A. $F_a > F_b > F_c$ 　　　B. $F_a < F_b < F_c$

C. $F_b > F_c > F_a$ 　　　D. $F_a > F_c > F_b$

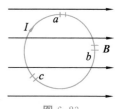

图 6-23

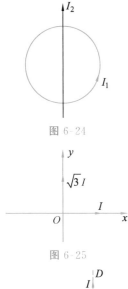

图 6-24

图 6-25

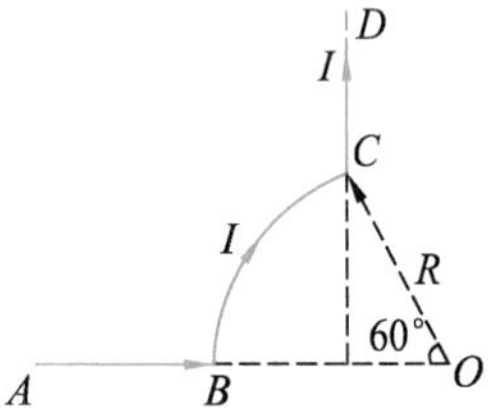

图 6-26

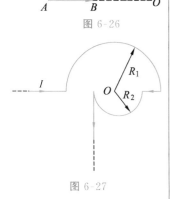

图 6-27

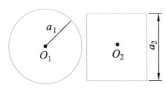

图 6-28

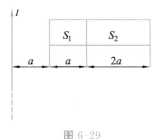

图 6-29

18. 长直电流 I_2 与圆形电流 I_1 共面,并与其一直径相重合,如图 6-24 所示(但两者间绝缘).设长直电流不动,则圆形电流将 （   ）

A. 绕 I_2 旋转　　　　　　B. 向左运动

C. 向右运动　　　　　　D. 向上运动

E. 不动

19. 在匀强磁场中有两个平面线圈,且 $S_1=2S_2$,通有电流 $I_1=2I_2$,则它们所受到的最大力矩之比 $\dfrac{M_1}{M_2}$ 为 （   ）

A. 1　　　　　　　　　　B. 2

C. $\dfrac{1}{4}$　　　　　　　　　　D. 4

20. 有一半径为 R 的单匝圆线圈,通以电流 I,若将该导线弯成匝数 $N=2$ 的平面圆线圈,导线长度不变,并通以同样的电流,则线圈中心的磁感应强度和线圈的磁矩分别是原来的 （   ）

A. 4 倍和 $\dfrac{1}{8}$　　　　　　B. 4 倍和 $\dfrac{1}{2}$

C. 2 倍和 $\dfrac{1}{4}$　　　　　　D. 2 倍和 $\dfrac{1}{2}$

(二) 填空题

1. 如图 6-25 所示,在 xOy 平面内,有两根互相绝缘、分别通有电流 $\sqrt{3}I$ 和 I 的长直导线.设两根导线互相垂直,则在 xOy 平面内,磁感应强度为零的点的轨迹方程为 _____.

2. 如图 6-26 所示,AB、CD 为长直导线,BC 为圆心在 O 点的一段圆弧形导线,其半径为 R,若通以电流 I,则 O 点的磁感应强度 $\boldsymbol{B}$ 的大小为 _____.

3. 在真空中,将一根"无限长"载流直导线在一平面内弯成如图 6-27 所示的形状,并通以电流 I,则圆心 O 点处的磁感应强度 $\boldsymbol{B}$ 的大小为 _____.

4. 半径为 a_1 的圆形载流线圈与边长为 a_2 的方形载流线圈通有相同的电流,如图 6-28 所示.若两线圈中心 O_1 和 O_2 的磁感应强度大小相同,则半径与边长之比 $a_1:a_2$ 为 _____.

5. 在"无限长"载流直导线的右侧面有面积分别为 S_1 和 S_2 的两个矩形回路,如图 6-29 所示.两个回路与载流长直导线在同一平面内,且矩形回路的一边与"无限长"载流直导线平行,则通过面积 S_1 的矩形回路的磁通量与通过面积 S_2 的矩形回路的磁通量之比为 _____.

6. 如图 6-30 所示,平行的"无限长"载流直导线 A 和 B,电流强度均为 I,方向垂直纸面向外,两根载流直导线相距为 a,则

(1) 在两直导线 A 和 B 距离的中点 P 的磁感应强度 **B** = _____;

(2) 磁感应强度 **B** 沿图中环路 L 的积分 $\oint_L \boldsymbol{B} \cdot \mathrm{d}\boldsymbol{l}$ = _____.

7. 两长直导线通有电流 I,图 6-31 中有三种环路,在每种情况下,$\oint_L \boldsymbol{B} \cdot \mathrm{d}\boldsymbol{l}$ 等于:_____(环路 a);_____(环路 b);_____(环路 c).

8. 用细导线均匀密绕成长为 l、半径为 a(l≫a)、总匝数为 N 的螺线管,管内充满相对磁导率为 μ_r 的均匀磁介质.若线圈中载有恒定电流 I,则管中任意一点的磁场强度的大小为_____,磁感应强度的大小为_____.

9. 如图 6-32 所示的一细螺绕环,它由表面绝缘的导线在铁环上密绕而成,每厘米绕 10 匝.当导线中的电流 I 为 2.0 A 时,测得铁环内磁感应强度的大小为 1.0 T,则可求得铁环的相对磁导率 μ_r(真空磁导率 $\mu_0 = 4\pi \times 10^{-7}$ T·m·A^{-1})为_____.

10. 利用霍尔效应可以判定半导体材料的类型,即判断是 p 型还是 n 型半导体.如图 6-33 所示,一块半导体材料样品,均匀磁场垂直于样品表面,样品中通过的电流为 I,现测得霍尔电压为 U_H,并测得 C 侧电势高,则该半导体为_____型半导体.

11. 如图 6-34 所示,三条"无限长"直导线等距离地并排摆放,导线 a、b、c 分别载有 1 A、2 A、3 A 同方向的电流.由于磁相互作用的结果,导线 a、b、c 单位长度上分别受力 F_1、F_2、F_3,则 F_1、F_2 的比值是_____.

12. 如图 6-35 所示,在磁感应强度为 **B** 的均匀磁场中,垂直于磁场方向的平面内有一段载流弯曲导线,电流为 I,则弯曲导线所受的安培力为_____.

13. 如图 6-36 所示,"无限长"载流直导线与一个"无限长"薄电流板构成闭合回路,电流板宽为 a(导线与板在同一平面内),则导线与电流板间单位长度内的作用力大小为_____.

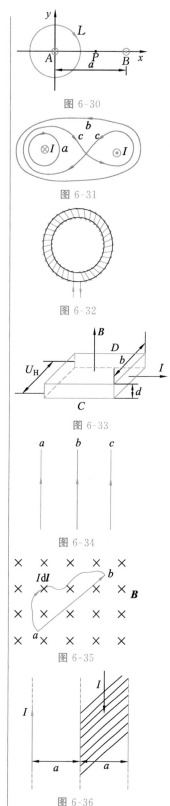

图 6-30

图 6-31

图 6-32

图 6-33

图 6-34

图 6-35

图 6-36

图 6-37

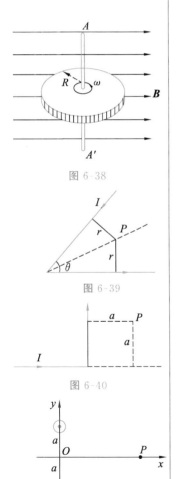

图 6-38

图 6-39

图 6-40

图 6-41

14. 如图 6-37 所示，一根载流导线被弯成半径为 R 的 $\frac{1}{4}$ 圆弧，放在磁感应强度为 B 的均匀磁场中，则载流导线 ab 所受磁场力的大小为_____，方向为_____.

15. 将一个通有电流强度 I 的闭合回路置于均匀磁场中，回路所围面积的法线方向与磁场方向的夹角为 α，若均匀磁场通过此回路的磁通量为 Φ，则回路所受力矩的大小为_____.

16. 已知面积相等的圆线圈与正方形线圈的磁矩之比为 2：1，圆线圈在其中心处产生的磁感应强度为 B_0，那么正方形线圈（边长为 a）在磁感应强度为 B 的均匀外磁场中所受最大磁力矩为_____.

17. 有一圆线圈通有电流 $I = 1.0$ A，放在磁感应强度 $B = 0.015$ T 的均匀磁场中，处于平衡位置，线圈直径 $d = 12$ cm，使线圈以它的直径为轴转过 $\alpha = \frac{\pi}{2}$，外力必须做功 $W =$ _____，如果转过 $\alpha = 2\pi$，外力必须做功 $W =$ _____.

18. 如图 6-38 所示，一个半径为 R、电荷面密度为 σ 的均匀带电圆盘，以角速度 ω 绕过圆心且垂直盘面的轴线 AA' 旋转；今将其放入磁感应强度为 B 的均匀外磁场中，B 的方向垂直于轴线 AA'. 在距盘心为 r 处取一宽为 dr 的圆环，则圆环内相当于有电流_____，该电流所受磁力矩的大小为_____，圆盘所受合力矩的大小为_____.

（三）计算及证明题

1. 如图 6-39 所示，一"无限长"直导线通有电流 $I = 10$ A，在一处折成夹角 $\theta = 60°$ 的折线，求角平分线上与导线的垂直距离均为 $r = 0.1$ cm 的 P 点处的磁感应强度.

2. 一"无限长"载有电流 I 的直导线在一处折成直角，P 点位于导线所在平面内，距一条折线的延长线和另一条导线的距离都为 a，如图 6-40 所示，求 P 点处的磁感应强度.

3. 图 6-41 为两条穿过 y 轴且垂直于 xOy 平面的平行长直导线的俯视图，两条导线皆通有电流 I，但方向相反，它们到 x 轴的距离皆为 a.

（1）试推导出 x 轴上 P 点处的磁感应强度 $B(x)$ 的表达式；

（2）求 P 点在 x 轴上何处时该点的 B 取得最大值.

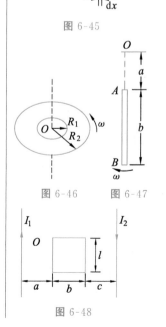

4. 在真空中,电流由长直导线 1 沿底边 ac 方向经 a 点流入一电阻均匀分布的正三角形线框,在由 b 点沿平行于底 ac 方向从三角形线框流出,经长直导线 2 返回,如图 6-42 所示.已知长直导线的电流强度为 I,三角形线框的每一边的边长为 l,求正三角形中心 O 点处的磁感应强度.

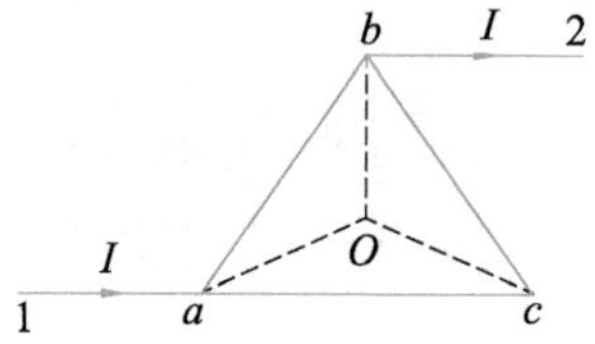

图 6-42

5. 一半径为 R 的"无限长"四分之一圆柱形金属薄片沿轴向通有电流 I,横截面如图 6-43 所示,电流在金属薄片上均匀分布,求圆柱轴线上任意一点 O 处的磁感应强度.

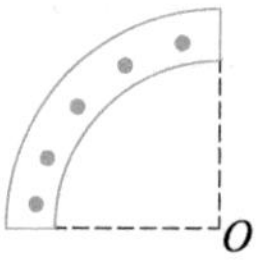

图 6-43

6. 如图 6-44 所示,有一密绕平面螺旋线圈,其上通有电流 I,总匝数为 N,它被限制在半径为 R_1 和 R_2 的两个圆周之间,求此螺旋线中心 O 点处的磁感应强度.

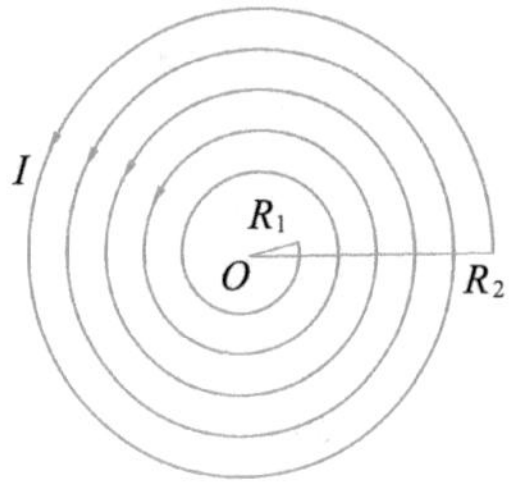

图 6-44

7. 如图 6-45 所示,在纸面内有一宽度为 a 的"无限长"的薄载流平面,电流 I 均匀分布在面上(或线电流密度 $i = \dfrac{I}{a}$),试求与载流平面共面的点 P 处的磁场,P 距板一边的距离为 b.

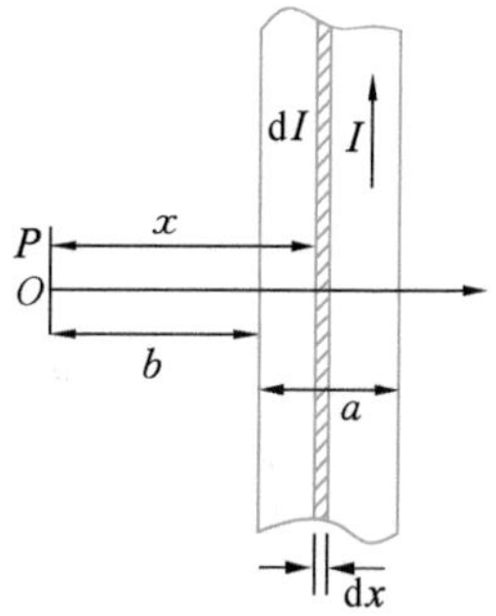

8. 如图 6-46 所示,有一个内、外半径分别为 R_1、R_2 的圆片,它均匀带电,面电荷密度为 σ.若该圆片以匀角速度 ω 绕它的中心轴旋转.试求圆片圆心 O 点处磁感应强度的大小.

图 6-45

9. 有一长为 b、线密度为 $\lambda(\lambda > 0)$ 的带电线段 AB,可绕与其一端距离为 a 的 O 点旋转,如图 6-47 所示.设旋转角速度为 ω,转动过程中线段 A 端距轴 O 的距离 a 保持不变.试求带电线段在 O 点处产生的磁感应强度.

图 6-46　　图 6-47

10. 两条载流长直导线与一正方形线圈共面,如图 6-48 所示.已知 $a = b = c = 10$ cm,$l = 10$ cm,$I_1 = I_2 = 100$ A,求通过线圈的磁通量.

图 6-48

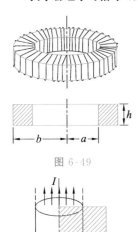

图 6-49

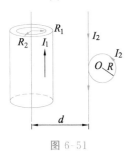

图 6-50

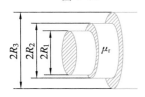

图 6-51

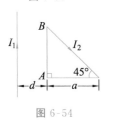

图 6-52

11. 矩形截面的螺绕环绕有 N 匝线圈,通以电流 I,其尺寸如图 6-49 所示.

(1) 求环内磁感应强度的分布;

(2) 证明:通过螺绕环截面的磁通量 $\Phi = \dfrac{\mu_0 N I h}{2\pi}\ln\dfrac{b}{a}$.

12. 一"无限长"圆柱体铜导体(磁导率为 μ_0),半径为 R,通有均匀分布的电流 I.今取一矩形平面 S(长为 1 m,宽为 $2R$),位置如图 6-50 中画斜线部分所示,求通过该矩形平面的磁通量.

13. 有一长直导体圆筒,内、外半径分别为 R_1 和 R_2,如图 6-51 所示.它所载的电流 I_1 均匀分布在其横截面上,导体旁边有一绝缘"无限长"直导线,载有电流 I_2,且在中部绕了一个半径为 R 的圆圈.设导体圆筒的轴线与长直导线平行,它们相距为 d,而且它们与导体圆圈共面,求圆心 O 点处的磁感应强度.

14. 在半径为 R 的长直圆柱形导体内部,与轴线平行地挖去一半径为 r 的长直圆柱形空腔,两轴间距离为 a,且 $a > r$,横截面如图 6-52 所示.现电流 I 沿导体管流动,电流均匀分布在管的横截面上,而电流方向与管的轴线平行.求:

(1) 圆柱轴线上磁感应强度的大小;

(2) 空心部分轴线上磁感应强度的大小.

15. 一根长直同轴电缆,内、外导体之间充满磁介质,其尺寸如图 6-53 所示,磁介质的相对磁导率为 μ_r,导体的磁化可以忽略不计.沿轴向有恒定电流 I 通过电缆,内、外导体上电流的方向相反.求空间各区域内的磁感应强度.

16. 如图 6-54 所示,长直电流 I_1 附近有一等腰直角三角形线框,通以电流 I_2,两者共面,求长直电流 I_1 对 $\triangle ABC$ 各边的磁场力.

17. 安培秤是一种测量磁场的装置,其结构如图 6-55 所示.在天平的右臂挂有一个矩形的线圈,线圈共 N 匝,线圈的下端处于待测磁场中.假设磁场为匀强磁场,磁感应强度与线圈平面垂直.当线圈中通有如图 6-55 所示的电流 I 时,调节两个秤盘上的砝码使天平平衡,然后使电流反向,这时需在天平的左盘上再加一个质量为 m 的砝码才能使天平重新平衡.求此时线圈所在处的磁感应强度.

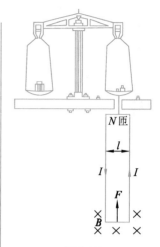

图 6-55

18. 如图 6-56 所示,一半径为 R 的"无限长"半圆柱面导体,其上电流与其轴线上一"无限长"直导线的电流等值反向.已知电流 I 在半圆柱面上均匀分布.

（1）试求：轴线上的导线单位长度所受的力；

（2）若用另一"无限长"直导线(通有大小、方向与半圆柱面相同的电流 I)代替圆柱面,产生同样的作用力,该导线应放在何处？

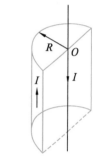

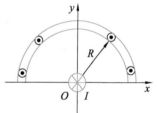

图 6-56

恒定磁场习题答案

电 磁 感 应

1. 理解电动势的概念.

2. 熟练掌握法拉第电磁感应定律及其应用,会计算感应电动势并判断其方向.

3. 理解动生电动势及感生电动势的本质,会用电动势的定义式计算动生电动势和感生电动势,理解涡旋场的概念及计算涡旋电场的分布.

4. 理解自感和互感,会计算简单问题中的自感系数和互感系数.

5. 掌握磁能密度、磁能公式,会计算均匀磁场和对称磁场的能量.

6. 了解位移电流,理解电磁场方程组(积分形式)的物理意义.

■ 二、主要内容及例题 ‖‖

（一）电动势

电动势定义：单位正电荷绕闭合回路一周时非静电力所做的功.

$$\mathscr{E}=\oint_L \boldsymbol{E}_k \cdot \mathrm{d}\boldsymbol{l}\,（\text{非静电力存在于整个环路}）\qquad(7\text{-}1a)$$

或

$$\mathscr{E}=\int_-^+ \boldsymbol{E}_k \cdot \mathrm{d}\boldsymbol{l}\,（\text{非静电力只存在于电源内部}）\qquad(7\text{-}1b)$$

其中, $\boldsymbol{E}_k$ 为非静电场强, $\mathscr{E}$ 的方向为由电源负极指向电源正极.

（二）法拉第电磁感应定律及其应用

法拉第电磁感应定律：

$$\mathscr{E}=-\frac{\mathrm{d}\Psi}{\mathrm{d}t}（\Psi=N\Phi）（\text{负号表示方向}）\qquad(7\text{-}2)$$

也可用 $\mathscr{E}=\left|\dfrac{\mathrm{d}\Psi}{\mathrm{d}t}\right|$ 计算 $\mathscr{E}$ 的大小, $\mathscr{E}$ 的方向由楞次定律来判断.

电磁感应定律
和楞次定律

例 7-1　如图 7-1(a)所示,载流长直导线的电流为 I,试求:

(1) 通过矩形面积的磁通量;

(2) 分析哪些情况可引起磁通量的变化.

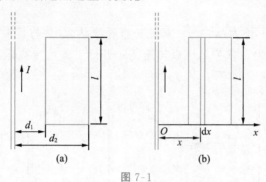

图 7-1

分析:由于矩形平面上各点的磁感应强度不同,故磁通量 $\Phi \neq BS$.为此,可在矩形平面上取一矩形面元 $\mathrm{d}S = l\,\mathrm{d}x$[图 7-1(b)],载流长直导线的磁场穿过该面元的磁通量为

$$\mathrm{d}\Phi = \boldsymbol{B} \cdot \mathrm{d}\boldsymbol{S} = \frac{\mu_0 I}{2\pi x} l\,\mathrm{d}x$$

矩形平面的总磁通量为

$$\Phi = \int \mathrm{d}\Phi$$

解答:(1) 由上述分析可得矩形平面的总磁通量为

$$\Phi = \int_{d_1}^{d_2} \frac{\mu_0 I}{2\pi x} l\,\mathrm{d}x = \frac{\mu_0 I l}{2\pi} \ln \frac{d_2}{d_1}$$

(2) a. 直导线中电流发生变化;

b. 矩形线圈向右(或向左)平移;

c. 矩形线圈转动.(讨论怎样转动磁通量会变化,怎样转动磁通量不会发生变化.)

(三) 动生电动势

1. 动生电动势中非静电力为洛伦兹力,非静电电场强度为

$$\boldsymbol{E}_k = \boldsymbol{v} \times \boldsymbol{B} \tag{7-3}$$

2. 动生电动势:由一段导体运动产生的动生电动势为

$$\mathscr{E}_{ab} = \int_a^b (\boldsymbol{v} \times \boldsymbol{B}) \cdot \mathrm{d}\boldsymbol{l} \tag{7-4}$$

由导体回路运动产生的动生电动势为

$$\mathscr{E} = \oint_L (\boldsymbol{v} \times \boldsymbol{B}) \cdot \mathrm{d}\boldsymbol{l} \tag{7-5}$$

动生电动势

3. 动生电动势的计算方法.

(1) 利用公式 $\mathscr{E}_{ab} = \int_a^b \boldsymbol{E}_k \cdot \mathrm{d}\boldsymbol{l} = \int_a^b (\boldsymbol{v} \times \boldsymbol{B}) \cdot \mathrm{d}\boldsymbol{l}$ 直接计算. $\mathscr{E}_{ab} > 0$,表明 $\mathscr{E}$ 方向由 $a \to b$, $V_a < V_b$; $\mathscr{E}_{ab} < 0$,表明 $\mathscr{E}$ 方向由 $b \to a$, $V_a > V_b$.

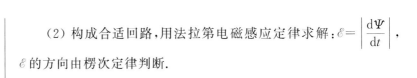

（2）构成合适回路，用法拉第电磁感应定律求解：$\mathscr{E}=\left|\dfrac{\mathrm{d}\Psi}{\mathrm{d}t}\right|$，$\mathscr{E}$ 的方向由楞次定律判断.

例 7-2　导线 AB 长为 l，它与一载流长直导线共面，并与其垂直.如图 7-2 所示，A 端到载流导线的距离为 a.求当 AB 以匀速度 v 平行于载流导线运动时，导线中感应电动势的大小和方向.

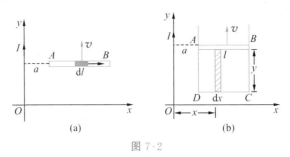

图 7-2

分析：本题可用两种方法求解：（1）用公式 $\mathscr{E}=\displaystyle\int_l(\boldsymbol{v}\times\boldsymbol{B})\cdot\mathrm{d}\boldsymbol{l}$ 求解，建立如图 7-2(a) 所示的坐标系，所取导体元 $\mathrm{d}l=\mathrm{d}x$，该处的磁感应强度 $B=\dfrac{\mu_0 I}{2\pi x}$；（2）用法拉第电磁感应定律求解，需构造一个包含杆 AB 在内的闭合回路.为此可设想杆 AB 在一个静止的 U 形导轨上滑动，如图 7-2(b) 所示.设时刻 t，杆 AB 距导轨下端 CD 的距离为 y，先用公式 $\varPhi=\displaystyle\int_S\boldsymbol{B}\cdot\mathrm{d}\boldsymbol{S}$ 求得穿过该回路的磁通量，再代入公式 $\mathscr{E}=-\dfrac{\mathrm{d}\varPhi}{\mathrm{d}t}$，即可求得回路的电动势，亦即本题干中的电动势.

解答：解法一　根据分析，用公式 $\mathscr{E}_{AB}=\displaystyle\int_A^B(\boldsymbol{v}\times\boldsymbol{B})\cdot\mathrm{d}\boldsymbol{l}$ 求得[图 7-2(a)]：

$$\mathscr{E}_{AB}=\int_A^B(\boldsymbol{v}\times\boldsymbol{B})\cdot\mathrm{d}\boldsymbol{l}=-\int_a^{a+l}vB\,\mathrm{d}x=-v\int_a^{a+l}\frac{\mu_0 I}{2\pi x}\,\mathrm{d}x=-\frac{\mu_0 Iv}{2\pi}\ln\frac{a+l}{a}\text{（方向为 }B\rightarrow A\text{）}$$

解法二　用法拉第电磁感应定律求解.作补充折线 $ADCB$，构成一矩形回路 $ABCDA$，通过此回路的磁通量为[图 7-2(b)]

$$\varPhi_{ABCDA}=\int_S\boldsymbol{B}\cdot\mathrm{d}\boldsymbol{S}=\int_a^{a+l}By\,\mathrm{d}x=\int_a^{a+l}\frac{\mu_0 Iy}{2\pi x}\,\mathrm{d}x=\frac{\mu_0 Iy}{2\pi}\ln\frac{a+l}{a}$$

回路中的感应电动势为

$$\mathscr{E}_{ABCDA}=-\frac{\mathrm{d}\varPhi}{\mathrm{d}t}=-\frac{\mu_0 I}{2\pi}\ln\frac{a+l}{a}\frac{\mathrm{d}y}{\mathrm{d}t}=-\frac{\mu_0 Iv}{2\pi}\ln\frac{a+l}{a}$$

因为补充折线 $ADCB$ 是静止的，其中无电动势，则回路中的电动势等于 AB 段导线中的电动势.故

$$\mathscr{E}_{AB}=\mathscr{E}_{ABCDA}=-\frac{\mu_0 Iv}{2\pi}\ln\frac{a+l}{a}$$

（四）感生电动势

1. 非静电力由感生电场提供,感生电场 E_k 起源于变化的磁场.

$$\oint_L E_k \cdot dl = -\frac{d\Phi}{dt} = -\int_S \frac{\partial B}{\partial t} \cdot dS \neq 0 \text{（回路不动）} \quad (7\text{-}6)$$

式(7-6)说明感生电场为有旋场.

$$\oint_S E_k \cdot dS = 0 \quad\quad\quad (7\text{-}7)$$

式(7-7)说明感生电场为无源场.

感生电动势

变化磁场的周围空间必产生感生电场(涡旋电场).涡旋电场的存在与场中是否有回路无关.回路的存在只是把涡旋电场以电动势的形式显示出来.

2. 感生电动势的计算方法.

(1) 用定义式求:

$$\mathcal{E} = \oint_L E_k \cdot dl \quad \text{（闭合回路）}$$

$$\mathcal{E} = \int_a^b E_k \cdot dl \quad \text{（一段回路）}$$

感生电动势的应用

(2) 用法拉第电磁感应定律求:

$$\mathcal{E} = -\frac{d\Phi}{dt}$$

例 7-3　一均匀密绕的长直螺线管半径为 R_1,长为 $L(L \gg R_1)$,单位长度匝数为 n.导线中通有电流 $I = I_0 \sin\omega t$.试求螺线管内、外涡旋电场的分布.

分析:变化的磁场可以在空间激发感生电场,感生电场的空间分布与场源——变化的磁场(包括磁场的空间分布及磁场的变化率 $\frac{dB}{dt}$ 等)密切相关,即 $\oint_L E_k \cdot dl = -\int_S \frac{\partial B}{\partial t} \cdot dS$.在一般情况下,求解感生电场的分布是困难的.但对于本题这种特殊情况,则可以利用场的对称性进行求解.可以设想,"无限长"直螺线管内磁场具有柱对称性,其横截面的磁场分布如图 7-3 所示.由其激发的感生电场也一定有相应的对称性,考虑到感生电场的电场线为闭合曲线,因而本题中感生电场的电场线一定是一系列以螺线管中心轴上的点为圆心的同心圆.同一圆周上各点的电场强度 E_k 的大小相等,方向沿圆周的切线方向.电场线绕向取决于磁场的变化情况,由楞次定律可知,当 $\frac{dB}{dt} < 0$ 时,电场线绕向与 B 方向满足右手螺旋定则;当 $\frac{dB}{dt} > 0$ 时,电场线绕向与前者相反.

图 7-3

解答:管内磁场

$$B = \mu_0 n I = \mu_0 n I_0 \sin\omega t$$

由磁场分布可知,涡旋电场的电场线是以轴线上的点为圆心的一系列同心圆.在管内作半径为 r 的圆形环路(图 7-3).

当 $r < R_1$ 时,有

$$\oint \boldsymbol{E}_1 \cdot d\boldsymbol{l} = E_1 \cdot 2\pi r = -\frac{dB}{dt} \int_S dS = -\pi r^2 \frac{dB}{dt}$$

$$E_1 = -\frac{r}{2} \frac{dB}{dt} = -\frac{1}{2} \mu_0 n I_0 \omega r \cos\omega t$$

类似地,在管外作圆形环路,当 $r > R_1$ 时,有

$$\oint \boldsymbol{E}_2 \cdot d\boldsymbol{l} = E_2 \cdot 2\pi r = -\frac{dB}{dt} \int_S dS = -\pi R_1^2 \frac{dB}{dt}$$

$$E_2 = -\frac{R_1^2}{2r} \frac{dB}{dt} = -\frac{1}{2r} \mu_0 n I_0 \omega R_1^2 \cos\omega t$$

例 7-4 一半径为 R 没有铁芯的"无限长"密绕螺线管,单位长度上的匝数为 n,通入 $\dfrac{dI}{dt} = $ 常数的增长电流,将一导线垂直于磁场放置在管内外,如图 7-4 所示,$ab = bc = R$,求导线 ab、bc 上感生电动势的大小.

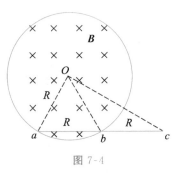

图 7-4

解答:管内外场有感生电场 $\boldsymbol{E}_k$,感生电场电场线闭合,由对称性知,感生电场 $\boldsymbol{E}_k$ 方向为同心圆切线方向,$\boldsymbol{E}_k$ 垂直于半径 R.

此题用公式 $E = \displaystyle\int \boldsymbol{E}_k \cdot d\boldsymbol{l}$ 计算不方便,可用法拉第电磁感应定律求解.连接 Oa、Ob,其上 $\boldsymbol{E}_k \neq 0$,但 $\boldsymbol{E}_k \cdot d\boldsymbol{l} = 0$,即 $\mathscr{E}_{Oa} = \mathscr{E}_{Ob} = 0$,故回路 Oab 上电动势为 ab 棒上电动势,即

$$\mathscr{E}_{ab} = \mathscr{E}_1 = \frac{d\Phi}{dt} = \frac{dB}{dt} S_1 = \frac{\sqrt{3}}{4} R^2 \frac{dB}{dt}$$

方向为 $a \to b$.

同理,连接 Oc,求得 bc 棒上的感生电动势的大小为

$$\mathscr{E}_{bc} = \mathscr{E}_2 = \frac{d\Phi}{dt} = \frac{dB}{dt} S_2 = \frac{\pi R^2}{12} \cdot \frac{dB}{dt}$$

方向为 $b \to c$,且 $\mathscr{E}_{ab} > \mathscr{E}_{bc}$.

例 7-5 如图 7-5 所示,导体 CD 以恒定速率在一个三角形的导体线框 MON 上滑动,v 垂直 CD 向右,磁场方向垂直纸面向里.当磁场分布为非均匀,且随时间变化的规律 $B = kx\cos\omega t$ 时,求任一时刻 CD 运动到 x' 处,框架 COD 内的感应电动势的大小和方向(设 $t = 0$ 时,$x = 0$).

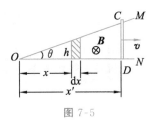

图 7-5

解答： 本题中既有动生电动势，又有感生电动势，用法拉第电磁感应定律求解比较简便.

任一时刻 t，三角形回路内的磁通量为

$$\Phi_m = \int_S \boldsymbol{B} \cdot d\boldsymbol{S} = \int_0^x Bh\,dx = \int_0^x kx^2\cos\omega t \cdot \tan\theta \cdot dx$$

$$= \frac{1}{3}kx^3\cos\omega t \cdot \tan\theta$$

可见，当导体运动时，磁通量 Φ_m 随 x、t 变化，分别求导，得

$$\mathscr{E} = -\frac{d\Phi_m}{dt} = \frac{1}{3}k\omega x^3\sin\omega t \cdot \tan\theta - kx^2\cos\omega t \cdot \tan\theta \cdot v$$

当 $x = x'$ 时，

$$\mathscr{E} = \frac{1}{3}k\omega x'^3\sin\omega t \cdot \tan\theta - kx'^2\cos\omega t \cdot \tan\theta \cdot v$$

式中，前面一项为感生电动势，后面一项为动生电动势.回路内的电动势方向则在不断变化：当 $\mathscr{E}>0$ 时，为顺时针方向；当 $\mathscr{E}<0$ 时，为逆时针方向.

（五）自感与互感

1. 自感系数为

$$L = \frac{\Psi}{I}\left(L = \frac{|\mathscr{E}_L|}{dI/dt}\right) \tag{7-8}$$

自感电动势为

$$\mathscr{E}_L = -L\frac{dI}{dt} \tag{7-9}$$

式中，L 为常量，负号表示自感电动势将反抗线圈中电流的变化.

自感

2. 互感系数为

$$M_{12} = M_{21} = \frac{\Psi_{21}}{I_1} = \frac{\Psi_{12}}{I_2} \tag{7-10}$$

互感电动势为

$$\mathscr{E}_{21} = -M\frac{dI_1}{dt}(M\,不变), \mathscr{E}_{12} = -M\frac{dI_2}{dt}(M\,不变) \tag{7-11}$$

互感

例 7-6　如图 7-6 所示，一面积为 $4.0\ \text{cm}^2$、共 50 匝的小圆形线圈 A 放在半径为 20 cm、共 100 匝的大圆形线圈 B 的正中央，两线圈同心且同平面.设线圈 A 内各点的磁感应强度可看作是相同的.求：

（1）两线圈的互感；

（2）当线圈 B 中电流的变化率为 $-50\ \text{A} \cdot \text{s}^{-1}$ 时，线圈 A 中感应电动势的大小和方向.

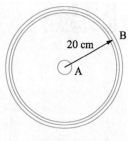
图 7-6

分析：求两线圈回路的互感，与求自感一样，通常有两种方法．

（1）理论方法．设回路Ⅰ中通有电流 I_1，穿过回路Ⅱ的磁通量为 Φ_{21}，则互感 $M = M_{21} = \dfrac{\Phi_{21}}{I_1}$；也可设回路Ⅱ中通有电流 I_2，穿过回路Ⅰ的磁通量为 Φ_{12}，则 $M = M_{12} = \dfrac{\Phi_{12}}{I_2}$．虽然两种途径所得结果相同，但在很多情况下，不同途径所涉及的计算难易程度会有很大的不同．以本题为例，如设线圈 B 中有电流 I 通过，则在线圈 A 中心处的磁感应强度很容易求得，由于线圈 A 很小，其所在处的磁场可视为均匀的，因而穿过线圈 A 的磁通量 $\Phi \approx BS$．反之，如设线圈 A 通有电流 I，其周围的磁场分布不均匀，且难以计算，因而穿过线圈 B 的磁通量也就很难求得．由此可见，计算互感一定要善于选择方便的途径．不过，理论方法也只适用于形状较为规则的简单情况．

（2）实验方法．工程中一般用 $M = \left| \dfrac{\mathscr{E}_M}{\mathrm{d}I/\mathrm{d}t} \right|$ 求解，式中 $\dfrac{\mathrm{d}I}{\mathrm{d}t}$ 为某一回路的电流变化率，$\mathscr{E}_M$ 为另一回路的互感电动势，两者在实验中都很容易测得．

解答：（1）设线圈 B 中通有电流 I，则它在圆心处产生的磁感应强度 $B_0 = N_B \dfrac{\mu_0 I}{2R}$，穿过小线圈 A 的磁链近似为

$$\Psi_A = N_A B_0 S_A = N_A N_B \frac{\mu_0 I}{2R} S_A$$

两线圈的互感为

$$M = \frac{\Psi_A}{I} = N_A N_B \frac{\mu_0 S_A}{2R} = 6.28 \times 10^{-6} \text{ H}$$

（2）线圈 A 中感应电动势的大小为

$$\mathscr{E}_A = -M \frac{\mathrm{d}I}{\mathrm{d}t} = 3.14 \times 10^{-4} \text{ V}$$

方向和线圈 B 中的电流方向相同．

（六）磁能

自感磁能为

$$W_m = \frac{1}{2} L I^2 \tag{7-12}$$

上式适用于自感为 L 的任意形状的载流线圈．

磁能密度为

$$w_m = \frac{B^2}{2\mu} \tag{7-13}$$

磁场能量为

$$W_m = \int_V w_m \mathrm{d}V \tag{7-14}$$

磁场的能量

例 7-7　两根长直导线平行放置,导线本身的半径为 a,两根导线间的距离为 $b(b \gg a)$,如图 7-7(a)所示.两根导线中通有电流强度均为 I 但方向相反的电流.

(1) 求这两根导线单位长度的自感系数(忽略导线内磁通);

(2) 若将导线间的距离由 b 增大到 $2b$,求磁场对单位长度导线所做的功;

(3) 若将导线间的距离由 b 增大到 $2b$,则导线方向上单位长度的磁能改变了多少?是增加还是减少? 试说明能量的转换情况.

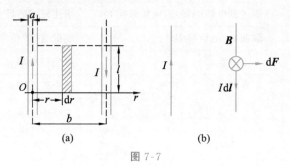

图 7-7

解答:(1) 由于 $b \gg a$,导线内部的磁通量可忽略,由图 7-7 可求出宽为 $(b-2a)$、长为 l 的矩形截面的磁通量.

$$\Phi = \int_S \boldsymbol{B} \cdot \mathrm{d}\boldsymbol{S} = \int_a^{b-a} \left[\frac{\mu_0 I}{2\pi r} + \frac{\mu_0 I}{2\pi(b-r)} \right] l\, \mathrm{d}r = \frac{\mu_0 Il}{\pi} \ln \frac{b-a}{a} \approx \frac{\mu_0 Il}{\pi} \ln \frac{b}{a}$$

$$L = \frac{\Phi}{I} = \frac{\mu_0 l}{\pi} \ln \frac{b}{a}$$

这两根导线单位长度的自感系数为

$$L_单 = \frac{L}{l} = \frac{\mu_0}{\pi} \ln \frac{b}{a}$$

(2) 设左边导线不动,右边导线移动,在右边导线上取电流元 $I\mathrm{d}l$,其在左边导线产生的磁场中受力为 $\mathrm{d}\boldsymbol{F} = I\mathrm{d}\boldsymbol{l} \times \boldsymbol{B}$,方向向右,如图 7-7(b)所示.

单位长度导线受力为

$$F_单 = \frac{\mathrm{d}F}{\mathrm{d}l} = BI$$

则磁场对单位长度导线所做的功为

$$A = \int \mathrm{d}A = \int_b^{2b} F_单 \mathrm{d}r = \int_b^{2b} \frac{\mu_0 I}{2\pi r} I \, \mathrm{d}r = \frac{\mu_0 I^2}{2\pi} \ln 2$$

(3) 由磁能公式 $W = \dfrac{1}{2} L I^2$ 得,当两导线间的距离分别为 b 和 $2b$ 时,单位长度的磁能分别为

$$W_1 = \frac{\mu_0 I^2}{2\pi} \ln \frac{b}{a}, \quad W_2 = \frac{\mu_0 I^2}{2\pi} \ln \frac{2b}{a}$$

故　　　　　　　　　$$\Delta W = W_2 - W_1 = \frac{\mu_0 I^2}{2\pi} \ln 2$$

磁场力做正功,磁能增加,此能量必定来源于电源.因为导线移动时将产生感应电流,其方向与原来导线中电流方向相反,欲使导线中电流保持为 I,必须使外加电源克服感应电动势做功,于是电源所做的功转变为磁能.

(七) 静电场和恒定电流磁场的比较

静电场	恒定电流的磁场
描述静电场的场量:电场强度 E	描述磁场的场量:磁感应强度 B
辅助量:电位移 D	辅助量:磁场强度 H
真空电容率 ε_0	真空磁导率 μ_0
电介质的相对电容率 ε_r	磁介质的相对磁导率 μ_r
真空中点电荷的电场强度公式: $\mathrm{d}E = \dfrac{1}{4\pi\varepsilon_0}\dfrac{\mathrm{d}q}{r^2}e_r$	真空中电流元的磁感应强度公式: $\mathrm{d}B = \dfrac{\mu_0}{4\pi}\dfrac{I\,\mathrm{d}l \times e_r}{r^2}$
静电场中的高斯定理:$\oint_S E \cdot \mathrm{d}S = \dfrac{\sum q}{\varepsilon_0}$ 或 $\oint_S D \cdot \mathrm{d}S = \sum q_i$,它指出静电场是有源场,其电场线始于正电荷,止于负电荷	恒定电流磁场中的高斯定理:$\oint_S B \cdot \mathrm{d}S = 0$,它指出恒定电流磁场的磁力线总是闭合的,故其磁场为有旋场
静电场的环路定理:$\oint_l E \cdot \mathrm{d}l = 0$,它指出静电场是保守场	恒定电流磁场的安培环路定理:$\oint_l B \cdot \mathrm{d}l = \mu_0 \sum I_i$ 或 $\oint_l H \cdot \mathrm{d}l = \sum I_i$,它指出磁场为非保守场
电介质中 D 与 E 的关系:$D = \varepsilon_0\varepsilon_r E$	磁介质中 H 与 B 的关系:$H = \dfrac{B}{\mu_0\mu_r}$
电场的能量密度: $w_e = \dfrac{1}{2}\varepsilon_0\varepsilon_r E^2 = \dfrac{1}{2}DE$	磁场的能量密度: $w_m = \dfrac{1}{2}\dfrac{B^2}{\mu_0\mu_r} = \dfrac{1}{2}HB$

(八) 位移电流　麦克斯韦方程组

位移电流为

$$I_d = \frac{\mathrm{d}\Psi}{\mathrm{d}t} = \int_S \frac{\partial D}{\partial t} \cdot \mathrm{d}S \tag{7-15}$$

位移电流密度为

$$j_d = \frac{\partial D}{\partial t} \tag{7-16}$$

全电流定律:

$$\oint_L H \cdot \mathrm{d}l = I_s = I_c + I_d \tag{7-17}$$

位移电流

麦克斯韦方程组：

$$\begin{cases} \oint_S \boldsymbol{D} \cdot \mathrm{d}\boldsymbol{S} = \sum q_0 \\ \oint_L \boldsymbol{E} \cdot \mathrm{d}\boldsymbol{l} = -\int_S \dfrac{\partial \boldsymbol{B}}{\partial t} \cdot \mathrm{d}\boldsymbol{S} \\ \oint_S \boldsymbol{B} \cdot \mathrm{d}\boldsymbol{S} = 0 \\ \oint_L \boldsymbol{H} \cdot \mathrm{d}\boldsymbol{l} = \int_S \left(\boldsymbol{j} + \dfrac{\partial \boldsymbol{D}}{\partial t} \right) \cdot \mathrm{d}\boldsymbol{S} \end{cases} \qquad (7\text{-}18)$$

麦克斯韦方程组

例 7-8　一平行圆板空气电容器,如图 7-8 所示,圆板的半径 $R = 5.0$ cm.在充电时,两极板间的电场强度随时间的变化率为 1.0×10^5 V·m^{-1}·s^{-1}.求:

(1) 两极板间的位移电流;

(2) 圆板内离中心轴线 3 cm 处的磁感应强度 B.

解答:(1) 由于平行圆板间为空气,故 $\varepsilon = \varepsilon_0 \varepsilon_r \approx \varepsilon_0$.于是 $\boldsymbol{D} = \varepsilon_0 \varepsilon_r \boldsymbol{E} \approx \varepsilon_0 \boldsymbol{E}$.按位移电流定义,有

$$I_d = \int_S \frac{\partial \boldsymbol{D}}{\partial t} \cdot \mathrm{d}\boldsymbol{S} = \varepsilon_0 \frac{\mathrm{d}E}{\mathrm{d}t} S$$

S 为圆板的面积,即 $S = \pi R^2$,所以

$$I_d = \varepsilon_0 \frac{\mathrm{d}E}{\mathrm{d}t} \pi R^2$$

将已知数据代入上式,得

$$I_d = 7.0 \times 10^{-9} \text{ A}$$

(2) 全电流定律为

$$\oint_l \boldsymbol{H} \cdot \mathrm{d}\boldsymbol{l} = I_c + I_d$$

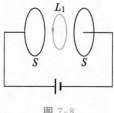

图 7-8

因电容器内两平行圆板间的传导电流 $I_c = 0$,本题欲求圆板内离中心轴线 3 cm 处的磁感应强度,故作半径 $r = 3.0$ cm 的环路 L_1,如图 7-8 所示.于是流过环路 L_1 的位移电流为

$$I_d{}' = I_d \frac{\pi r^2}{\pi R^2}$$

故

$$\oint_{L_1} \boldsymbol{H} \cdot \mathrm{d}\boldsymbol{l} = H \cdot 2\pi r = I_d{}' = I_d \frac{\pi r^2}{\pi R^2}$$

即

$$H = \frac{r}{2\pi R^2} I_d$$

故得

$$B = \mu_0 H = \frac{\mu_0 r}{2\pi R^2} I_d$$

将 $I_d = 7.0 \times 10^{-9}$ A, $r = 3.0$ cm, $R = 5.0$ cm,$\mu_0 = 4\pi \times 10^{-7}$ H/m 代入,得 $B = 1.68 \times 10^{-14}$ T.

三、难点分析

本章的重点是法拉第电磁感应定律及其应用.而法拉第电磁感应定律指出,感应电动势是磁通量随时间的变化率的负值.为此,本章的难点之一是如何求非均匀磁场中的磁通量,方法仍是"微元法".选取一个合适的小面元 dS,要求所取的小面元内的磁场是均匀的,即大小相等、方向相同,然后利用 $d\Phi = B dS \cos\theta$ 求出该小面元内的磁通量,再积分求出结果.积分时需正确定出积分的上下限,如例 7-1、例 7-2 解法二和例 7-5 有关磁通量的计算部分均采用这种方法.

本章的难点之二是关于感生电场和位移电流这两个概念的理解和具体求解.首先要明确感生电场和位移电流是麦克斯韦提出的两个假设,是为了形象地描述变化磁场周围存在电场,变化电场周围存在磁场引入的两个概念.感生电场是由变化磁场激发的一种新型电场,它不同于静电场,电场线是涡旋状的,所以感生电场也称为涡旋场.位移电流和变化电场联系在一起,位移电流和传导电流一样可以激发磁场,所以位移电流的引入实际是指出了变化的电场激发了磁场.数学式 $\oint_L \boldsymbol{E}_k \cdot d\boldsymbol{l} = -\int_S \dfrac{\partial \boldsymbol{B}}{\partial t} \cdot d\boldsymbol{S}$ 也可以理解为感生电场 $\boldsymbol{E}_k$ 是描述变化磁场所激发电场的数学语言.位移电流的数学表达式 $I_d = \int_S \dfrac{\partial \boldsymbol{D}}{\partial t} \cdot d\boldsymbol{S}$ 是描述变化电场所激发磁场的数学语言.

关于感生电场的计算,本教材只讨论了如例 7-3 所示具有对称性分布的磁场变化所激发的感生电场.由对称性分析,通过积分,很容易求得其感生电场.对于其他复杂情况,求解析解还是有困难的,感兴趣的同学可参阅《电动力学》.同样地,对位移电流的计算也只讨论了平行圆板电容器充放电时的情况,如例 7-8 所示,对此我们只需牢记位移电流是传导电流的连续,这样便能大致了解平行板电容器内磁场的大小和方向情况.麦克斯韦提出了感生电场和位移电流这两个假设,同时将与静电场和稳恒磁场相关的四个方程推广到了非稳恒情况,得到了麦克斯韦方程组,其内容是极其丰富的.

四、习题

（一）选择题

1. 一导体线圈在均匀磁场中，下图几种情况能产生感应电流的是　　　　　　　　　　（　　）

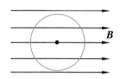

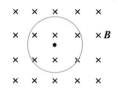

A. 线圈沿磁场方向平移　　　　B. 线圈沿垂直于磁场方向平移

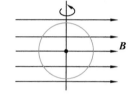

C. 线圈以自身直径为轴转动，
转轴与磁场方向垂直

2. 将形状完全相同的铜环和木环静止放置，并使通过两环面的磁通量随时间的变化率相等，则不计自感时　　（　　）

A. 铜环中有感应电动势，木环中无感应电动势

B. 铜环中感应电动势大，木环中感应电动势小

C. 铜环中感应电动势小，木环中感应电动势大

D. 两环中感应电动势相等

3. 在"无限长"载流直导线附近放置一矩形闭合线圈，开始时线圈与导线在同一平面内，且线圈中两条边与导线平行，当线圈以相同的速率做如图 7-9 所示的三种不同方向的平动时，线圈中的感应电流　　　　　　　　　　　　　　　　（　　）

A. 以情况 I 中为最大

B. 以情况 II 中为最大

C. 以情况 III 中为最大

D. 在情况 I 和 II 中相同

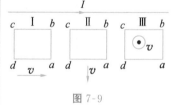

图 7-9

4. 一矩形线框长为 a，宽为 b，置于均匀磁场中，线框绕 OO' 轴以匀角速度 ω 旋转（图 7-10）. 设 $t=0$ 时，线框平面处于纸面内，则任一时刻感应电动势的大小为　　　　　　（　　）

A. $2abB|\cos\omega t|$　　　　　　B. ωabB

C. $\dfrac{1}{2}\omega abB|\cos\omega t|$　　　　D. $\omega abB|\cos\omega t|$

E. $\omega abB|\sin\omega t|$

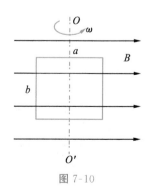

图 7-10

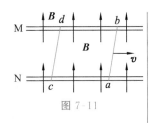

图 7-11

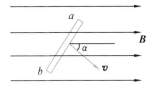

图 7-12

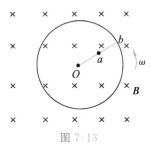

图 7-13

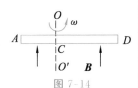

图 7-14

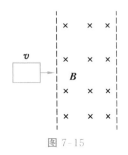

图 7-15

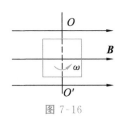

图 7-16

5. 如图 7-11 所示，M、N 为两根水平放置的平行金属导轨，ab 与 cd 为垂直于导轨并可在其上自由滑动的两根直裸导线，外磁场均匀并垂直水平面向上. 当外力使 ab 向右平移时，cd （　　）

A. 不动　　　　　　　　　B. 转动

C. 向左移动　　　　　　　D. 向右移动

6. 如图 7-12 所示，长度为 l 的直导线 ab 在均匀磁场 B 中以速度 v 移动，直导线 ab 中的电动势为 （　　）

A. Blv　　　　　　　　　B. $Blv\sin\alpha$

C. $Blv\cos\alpha$　　　　　　D. 0

7. 一长度为 L 的导体棒 Ob 在垂直于磁场方向的平面内绕其一端 O 点以匀角速度 ω 转动，如图 7-13 所示. 若磁场为均匀磁场，$Oa = ab$，则 Oa 段中的动生电动势 $\mathscr{E}_{Oa}$ 与 ab 段中的动生电动势 $\mathscr{E}_{ab}$ 之间的关系为 （　　）

A. $\mathscr{E}_{ab} = \mathscr{E}_{Oa}$　　　　　　B. $\mathscr{E}_{ab} = 2\mathscr{E}_{Oa}$

C. $\mathscr{E}_{ab} = 3\mathscr{E}_{Oa}$　　　　　　D. $\mathscr{E}_{ab} = 4\mathscr{E}_{Oa}$

8. 如图 7-14 所示，棒 AD 长为 L，在匀强磁场 B 中绕 OO' 轴转动，角速度为 ω，$AC = \dfrac{L}{3}$，则 A、D 两点间的电势差为 （　　）

A. $V_D - V_A = \dfrac{1}{6}B\omega L^2$　　　　B. $V_A - V_D = \dfrac{1}{6}B\omega L^2$

C. $V_D - V_A = \dfrac{2}{9}B\omega L^2$　　　　D. $V_A - V_D = \dfrac{2}{9}B\omega L^2$

9. 如图 7-15 所示，一矩形线圈以匀速度 v 从无场空间进入一个均匀磁场中，之后又从磁场中出来，到无场空间. 若不计线圈的自感，则下面正确地表示了线圈中的感应电流与时间的关系的图为（从线圈刚进入磁场时开始计时，I 以顺时针方向为正） （　　）

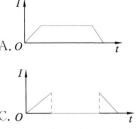

A.

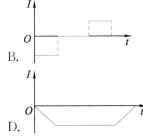

B.

C.　　　　　　　　　　　　D.

10. 一闭合正方形线圈放在均匀磁场中，绕通过其中心且与一边平行的转轴 OO' 转动，转轴与磁场方向垂直，转动角速度为 ω，如图 7-16 所示. 要使线圈中感应电流的幅值增加到原来的两倍（导线的电阻不能忽略），则应 （　　）

A. 把线圈的匝数增加到原来的两倍

B. 把线圈的匝数增加到原来的两倍，而形状不变

C. 把线圈切割磁力线的两条边增长到原来的两倍

D. 把线圈的角速度 ω 增大到原来的两倍

11. 将导线折成半径为 R 的 $\frac{3}{4}$ 圆弧,然后放在垂直纸面向里的均匀磁场里,导线沿 $\angle aOe$ 的角平分线方向以速度 v 向右运动,如图 7-17 所示.

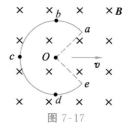

图 7-17

(1) 导线中产生的感应电动势为 （ ）

A. 0   B. $\frac{\sqrt{2}}{2}BRv$ C. BRv D. $\sqrt{2}BRv$

(2) 导线中电势差最大的两点为 （ ）

A. a 与 e B. b 与 d C. a 与 c D. c 与 d

12. 一块铜板放在磁感应强度正在增大的磁场中时,铜板中出现涡流(感应电流),则涡流将 （ ）

  A. 加速铜板中磁场的增加   B. 减缓铜板中磁场的增加

  C. 对磁场不起作用   D. 使铜板中磁场反向

13. 在圆柱形空间内有一磁感应强度为 $\boldsymbol{B}$ 的均匀磁场,如图 7-18 所示,$\boldsymbol{B}$ 的大小以速率 $\frac{\mathrm{d}B}{\mathrm{d}t}$ 变化.在磁场中有 A、B 两点,其间可放置一直导线和一弯曲的导线,则 （ ）

图 7-18

  A. 电动势只在直导线中产生

  B. 电动势只在弯曲导线中产生

  C. 电动势在直导线和弯曲导线中都产生,且两者大小相等

  D. 直导线中的电动势小于弯曲导线中的电动势

14. 在圆柱形空间中有一磁感应强度为 $\boldsymbol{B}$ 的均匀磁场,如图 7-19 所示,$\boldsymbol{B}$ 的大小以速率 $\frac{\mathrm{d}B}{\mathrm{d}t}$ 变化.今有一长度为 l_0 的金属棒先后放在磁场的两个不同位置 1 和 2,则金属棒在这两个位置时棒内的感应电动势的大小关系为 （ ）

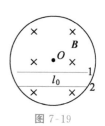

图 7-19

  A. $\mathscr{E}_2 = \mathscr{E}_1 \neq 0$ B. $\mathscr{E}_2 > \mathscr{E}_1$

  C. $\mathscr{E}_2 < \mathscr{E}_1$ D. $\mathscr{E}_2 = \mathscr{E}_1 = 0$

15. 一交变磁场被限制在一半径为 R 的圆柱体中,在柱内、外分别有两个静止点电荷 q_A 和 q_B,则 （ ）

  A. q_A 受力,q_B 不受力   B. q_A、q_B 都受力

  C. q_A、q_B 都不受力   D. q_A 不受力,q_B 受力

16. 用导线围成的回路由两个同心圆及沿径向连接的导线组成,放在轴线通过 O 点的圆柱形均匀磁场中,回路平面垂直于柱轴,如果磁场方向垂直纸面向里,其大小随时间减少,则下列图中正确地表示了感应电流方向的是 （ ）

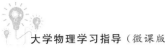

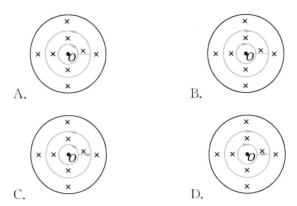

A.   B.

C.   D.

17. 在感应电场中电磁感应定律可写成 $\oint_L \boldsymbol{E}_k \cdot d\boldsymbol{l} = -\dfrac{d\Phi}{dt}$,式中 $\boldsymbol{E}_k$ 为感应电场的电场强度,此式表明 （　）

A. 闭合曲线 L 上 $\boldsymbol{E}_k$ 处处相等

B. 感应电场是保守力场

C. 感应电场的电场线不是闭合曲线

D. 在感应电场中不能像对静电场那样引入电势的概念

18. 对于单匝线圈,自感系数的定义式为 $L=\dfrac{\Phi}{I}$.当线圈的几何形状、大小及周围磁介质分布不变,且无铁磁介质时,若线圈中的电流强度变小,则线圈的自感系数 L （　）

A. 变大,与电流成反比关系

B. 变小

C. 不变

D. 变大,但不与电流成反比关系

19. 面积为 S 和 $2S$ 的两圆线圈 1、2 按图 7-20 所示放置,通有相同的电流 I.线圈 1 的电流所产生的通过线圈 2 的磁通量用 Φ_{21} 表示,线圈 2 的电流所产生的通过线圈 1 的磁通量用 Φ_{12} 表示,则 Φ_{21} 和 Φ_{12} 的大小关系为 （　）

A. $\Phi_{21}=2\Phi_{12}$ B. $\Phi_{21}>\Phi_{12}$

C. $\Phi_{21}=\Phi_{12}$ D. $\Phi_{21}=\dfrac{1}{2}\Phi_{12}$

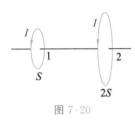

图 7-20

20. 用线圈的自感系数 L 来表示载流线圈磁场能量的公式 $W_m=\dfrac{1}{2}LI^2$,它 （　）

A. 只适用于"无限长"密绕螺线管

B. 只适用于单匝圆线圈

C. 只适用于一个匝数很多且密绕的螺线环

D. 适用于自感系数 L 一定的任意线圈

21. 如图 7-21 所示,两个线圈 P 和 Q 并联地接到一电动势恒定的电源上.线圈 P 的自感和电阻分别是线圈 Q 的两倍,线圈 P 和 Q 之间的互感可忽略不计.当达到稳定状态后,线圈 P 的磁场能量与线圈 Q 的磁场能量的比值是　　　　　( )

A. 4　　　　　　　　B. 2

C. 1　　　　　　　　D. $\dfrac{1}{2}$

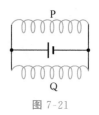

图 7-21

22. 真空中两根很长的相距为 $2a$ 的平行直导线与电源组成闭合回路,如图 7-22 所示.已知导线中的电流强度为 I,则在两导线正中间某点 P 处的磁能密度为　　　( )

A. $\dfrac{1}{\mu_0}\left(\dfrac{\mu_0 I}{2\pi a}\right)^2$　　　　B. $\dfrac{1}{2\mu_0}\left(\dfrac{\mu_0 I}{2\pi a}\right)^2$

C. $\dfrac{1}{2\mu_0}\left(\dfrac{\mu_0 I}{\pi a}\right)^2$　　　　D. 0

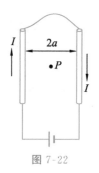

图 7-22

·23. 对位移电流,有下述四种说法,正确的说法是　　( )

A. 位移电流的实质是变化的电场

B. 位移电流和传导电流一样是定向运动的电荷

C. 位移电流的热效应服从焦耳-楞次定律

D. 位移电流的磁效应不服从安培环路定理

·24. 如图 7-23 所示,平行板电容器(忽略边缘效应)充电时,沿环路 L_1、L_2 磁场强度 H 的环流中,必有　　　　( )

A. $\oint_{L_1} H \cdot \mathrm{d}l > \oint_{L_2} H \cdot \mathrm{d}l$　　B. $\oint_{L_1} H \cdot \mathrm{d}l = \oint_{L_2} H \cdot \mathrm{d}l$

C. $\oint_{L_1} H \cdot \mathrm{d}l < \oint_{L_2} H \cdot \mathrm{d}l$　　D. $\oint_{L_1} H \cdot \mathrm{d}l = 0$

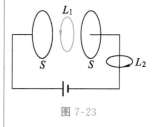

图 7-23

(二) 填空题

1. 一根直导线在磁感应强度为 B 的均匀磁场中以速度 v 运动切割磁力线.导线中对应于非静电力的场强(称为非静电场场强)$E_V = $ _____.

2. 如图 7-24 所示,有一折成"∠"形的金属导线($aO = Oc = L$),位于 xOy 平面中,磁感应强度为 B 的匀强磁场垂直于 xOy 平面.当金属导线以速度 v_1 沿 x 轴正方向运动时,导线上 a、c 两点间的电势差 $U_{ac} = $ _____;当金属导线以速度 v_2 沿 y 轴正方向运动时,a、O 两点中_____点电势高.

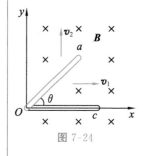

图 7-24

3. 用导线制成一半径 $r = 10$ cm 的圆形闭合线圈,其电阻 $R = 10$ Ω.均匀磁场 B 垂直于线圈平面.欲使电路中有一稳定的感应电流 $I = 0.01$ A,B 的变化率 $\dfrac{\mathrm{d}B}{\mathrm{d}t} = $ _____.

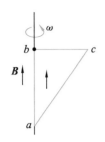

图 7-25

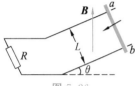

图 7-26

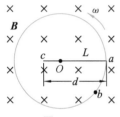

图 7-27

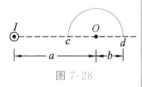

图 7-28

图 7-29

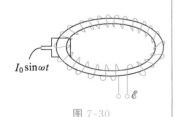

图 7-30

4. 如图 7-25 所示,直角三角形金属框架 abc 放在均匀磁场 $\boldsymbol{B}$ 中,$\boldsymbol{B}$ 平行于 ab 边,当金属框绕 ab 边以角速度 ω 转动时,$abca$ 回路中的感应电动势 $\mathscr{E}=$ _____,如果 bc 边的长度为 l,则 a、c 两点间的电势差 $U_{ac}=$ _____.

5. 如图 7-26 所示,在竖直向上的均匀稳恒磁场中,有两条与水平面成 θ 角的平行导轨,相距为 L,导轨下端与电阻 R 相连.若一段质量为 m 的裸导线 ab 在导轨上保持匀速下滑,在忽略导轨与导线的电阻和其间摩擦的情况下,感应电动势 $\mathscr{E}_i=$ _____;导线 ab 上 _____ 端电势高;感应电流的大小 $i=$ _____,方向为 _____.

6. 半径为 L 的均匀导体圆盘绕通过中心 O 的垂直轴转动,角速度为 ω,盘面与均匀磁场 $\boldsymbol{B}$ 垂直,如图 7-27 所示.

(1) 在图上标出 Oa 线段中动生电动势的方向.

(2) 填写下列电势差的值(设 ca 段长度为 d):

$V_a-V_O=$ _____;

$V_a-V_b=$ _____;

$V_a-V_c=$ _____.

7. 载有恒定电流 I 的长直导线旁有一半圆环导线 cd,半圆环半径为 b,环面与直线导线垂直,且半圆环两端点连线的延长线与直导线相交,如图 7-28 所示.当半圆环以速度 v 沿平行于直导线的方向平移时,半圆环上感应电动势的大小为 _____.

8. 如图 7-29 所示,两根彼此紧靠的绝缘导线绕成一个线圈,其 A 端用焊锡将两根导线焊在一起,另一端 B 处作为连接外电路的两个输入端,则整个线圈的自感系数为 _____.

9. 一"无限长"密绕螺线管的半径为 R,单位长度内的匝数为 n,通以随时间变化的电流,且 $\dfrac{\mathrm{d}i}{\mathrm{d}t}=C$(常量),则管内的感生电场强度 $E_k^{(\mathrm{in})}=$ _____,管外的感生电场强度 $E_k^{(\mathrm{out})}=$ _____.

10. 如图 7-30 所示,截面积为 A、单位长度上匝数为 n 的螺绕环上套一边长为 l 的正方形线圈,今在线圈中通以交流电流 $I=I_0\sin\omega t$,螺绕环两端为开端,则其间电动势的大小 $\mathscr{E}=$ _____.

11. 一个中空的螺绕环上每厘米绕有 20 匝导线,当通以电流 $I=3$ A 时,环中磁场能量密度 $w=$ _____.($\mu_0=4\pi\times10^{-7}$ N/A^2)

12. 有两个长度相同、匝数相同、截面积不同的长直螺线管,通以大小相同的电流.现将小螺线管完全放在大螺线管内(两者轴线重合),且使两者产生的磁场方向一致,则小螺线管内的磁能密度是原来的 _____ 倍;若使两者产生的磁场方向相反,则小螺线管内的磁能密度是 _____.(忽略边缘效应)

13. 如图 7-31 所示,一半径为 r 的很小的金属圆环,在初始时刻与一半径为 $a(a \gg r)$ 的大金属圆环共面且同心,在大圆环中通以恒定的电流 I,方向如图 7-31 所示.如果小圆环以均匀角速度 ω 绕其任一方向的直径转动,并设小圆环的电阻为 R,则任一时刻 t 通过小圆环的磁通量 $\Phi =$ _____,小圆环中的感应电流 $i =$ _____.

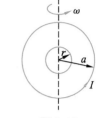

图 7-31

14. 在没有自由电荷和传导电流的变化电磁场中:

$$\oint_L \boldsymbol{H} \cdot \mathrm{d}\boldsymbol{l} = \underline{\qquad}, \quad \oint_L \boldsymbol{E} \cdot \mathrm{d}\boldsymbol{l} = \underline{\qquad}.$$

15. 反映电磁场基本性质和规律的积分形式的麦克斯韦方程组为

$$\oint_S \boldsymbol{D} \cdot \mathrm{d}\boldsymbol{S} = \sum_{i=1}^{n} q_i \qquad (\text{a})$$

$$\oint_L \boldsymbol{E} \cdot \mathrm{d}\boldsymbol{l} = -\frac{\mathrm{d}\Phi_{\mathrm{m}}}{\mathrm{d}t} \qquad (\text{b})$$

$$\oint_S \boldsymbol{B} \cdot \mathrm{d}\boldsymbol{S} = 0 \qquad (\text{c})$$

$$\oint_L \boldsymbol{H} \cdot \mathrm{d}\boldsymbol{l} = \sum_{i=1}^{n} I_i + \frac{\mathrm{d}\Phi_{\mathrm{d}}}{\mathrm{d}t} \qquad (\text{d})$$

试判断下列结论是包含于或等效于哪一个麦克斯韦方程式的.将你确定的方程式用代号填在相应结论后的空白处.

（1）变化的磁场一定伴随有电场:_____.

（2）磁力线是无头无尾的:_____.

（3）电荷总伴随有电场:_____.

(三) 计算题

1. 如图 7-32 所示,一截面积 $S = 6 \text{ cm}^2$ 的密绕线圈,共有 50 匝,置于 $B = 0.25 \text{ T}$ 的均匀磁场中,$\boldsymbol{B}$ 的方向与线圈的轴线平行.如使磁场 $\boldsymbol{B}$ 在 0.25 s 内线性地降为零,求线圈中产生的感应电动势 ε_i.

2. 一铁芯上绕有线圈 100 匝,已知铁芯中磁通量与时间的关系为 $\Phi = 8.0 \times 10^{-5} \sin 100\pi t$（SI 单位）,求在 $t = 1.0 \times 10^{-2}$ s 时线圈中感应电动势的大小.

3. 如图 7-33 所示,在与磁场垂直的平面内有一矩形线圈,已知磁场随时间和空间的变化规律为 $B = t^2 x$,求矩形线圈中感应电动势的变化规律,并判断感应电动势的方向.

4. 两互相平行的直线电流(其电流方向相反)与金属杆 CD 共面,CD 杆的长度为 b,相对位置如图 7-34 所示.CD 杆以速度 v 运动,求 CD 杆中的动生电动势,并判断 C、D 两端哪端电势较高.

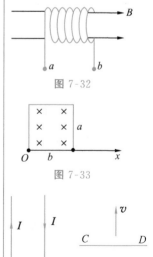

图 7-32

图 7-33

图 7-34

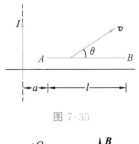

图 7-35

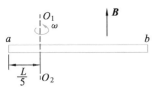

图 7-36

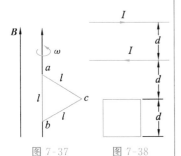

图 7-37   图 7-38

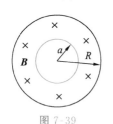

图 7-39

5. 如图 7-35 所示，一长直导线中通有电流 I，有一垂直于导线、长度为 l 的金属棒 AB 在包含导线的平面内，以恒定的速度 v 沿与棒成 θ 角的方向移动。开始时，棒的 A 端到导线的距离为 a，求任意时刻金属棒中的动生电动势，并指出棒哪端的电势高.

6. 如图 7-36 所示，一根长为 L 的金属杆 ab 绕竖直轴 O_1O_2 以角速度 ω 在水平面内旋转，O_1O_2 在离细杆 a 端 $\dfrac{L}{5}$ 处。若已知地磁场在竖直方向的分量为 B，求金属杆两端间的电势差 U_{ab}.

7. 一等边三角形的金属框 abc，边长为 l，放在均匀磁场 B 中且 ab 边平行于 B，如图 7-37 所示。当金属框绕 ab 边以角速度 ω 转动时，分别求出 ab 边、bc 边、ca 边的动生电动势，以及整个三角形回路的总电动势.（设回路中沿 $abca$ 方向的电动势为正）

8. 两根平行"无限长"直导线相距为 d，载有大小相等、方向相反的电流 I，电流变化率 $\dfrac{\mathrm{d}I}{\mathrm{d}t}=a>0$。一个边长为 d 的正方形线圈位于导线平面内与一根导线相距 d，如图 7-38 所示。求线圈中的感生电动势 $\mathscr{E}$，并说明线圈中的感应电流是顺时针方向还是逆时针方向.

9. 如图 7-39 所示，一长圆柱状磁场，磁场方向沿轴线并垂直于纸面向里，磁场大小既随到轴线的距离 r 成正比，又随时间 t 做正弦变化，即 $B=B_0r\sin\omega t$，B_0，ω 均为常数。若在磁场内放一半径为 a 的金属圆环，环心在圆柱状磁场的轴线上，求金属环中的感生电动势，并讨论其方向.

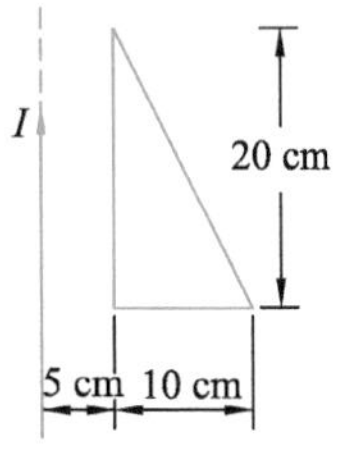

10. 如图 7-40 所示，长直导线中的电流 I 沿导线向上，并以 $\dfrac{\mathrm{d}I}{\mathrm{d}t}=2\ \mathrm{A}\cdot\mathrm{s}^{-1}$ 的速率均匀地增加。在导线附近放一个与之共面的直角三角形线框，其一边与导线平行，求此线框中产生的感生电动势的大小和方向.

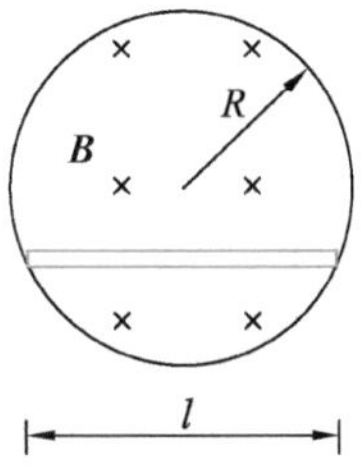

11. 在半径为 R 的圆柱形空间中存在着均匀磁场，B 的方向与柱的轴线平行，如图 7-41 所示。有一长为 l 的金属棒放在磁场中，设 B 随时间的变化 $\dfrac{\mathrm{d}B}{\mathrm{d}t}=C$，$C$ 为常量，求棒上感生电动势的大小.

图 7-40

图 7-41

12. 一"无限长"直导线通有电流 $I = I_0 e^{-3t}$. 一矩形线圈与长直导线共面放置,其长边与导线平行,位置如图 7-42 所示.试求:

(1) 矩形线圈中感生电动势的大小及感生电流的方向;

(2) 导线与线圈的互感系数.

13. 如图 7-43 所示,一对同轴"无限长"直空心薄壁圆筒,电流 I 沿内筒流上去,沿外筒流下来.已知同轴空心圆筒单位长度的自感系数为 $L = \dfrac{\mu_0}{2\pi}$.

(1) 求同轴空心圆筒内、外半径之比;

(2) 若电流 $I = I_0 \cos\omega t$,求圆筒单位长度产生的感生电动势.

14. 设同轴电缆由半径分别为 r_1、r_2 的两个同轴薄壁长直圆筒组成,两长直圆筒通有等值反向电流 I.设两筒间介质的相对磁导率 $\mu_r = 1$.求:

(1) 单位长度的自感系数;

(2) 单位长度内所储存的磁能.

15. 截面积为矩形的螺绕环共 N 匝,尺寸如图 7-44 所示,图中下半部两矩形表示螺绕环的截面.在螺绕环的轴线上另有一"无限长"直导线.

(1) 求螺绕环的自感系数;

(2) 求长直导线与螺绕环间的互感系数;

(3) 若在螺绕环中通以电流 I,求螺绕环内储存的磁能.

16. 真空中两相距为 $2a$ 的平行长直导线,通以方向相同、大小相等的电流 I,O、P 两点与两导线在同一平面上,与导线的距离如图 7-45 所示,求 O、P 两点的磁场能量密度.

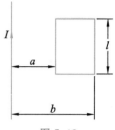

图 7-42

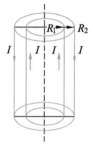

图 7-43

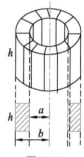

图 7-44

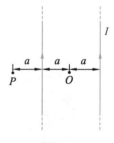

图 7-45

电磁感应习题答案

振　动

一、基本要求

1.掌握简谐运动的基本特征和规律.

2.掌握简谐运动的振幅、周期、频率、圆频率、相位等物理量的物理意义及相互关系,掌握简谐运动的曲线.

3.掌握简谐运动的旋转矢量表示法,能用该方法判断初相位并求解相位差.

4.理解简谐运动的能量转换过程,会计算简谐运动的能量.

5.掌握同方向、同频率简谐运动的合成规律.

6.了解同方向、不同频率简谐运动的合成,拍的现象及相互垂直简谐运动的合成,了解振动的分解.

7.了解阻尼振动、受迫振动及共振现象.

二、主要内容及例题

（一）简谐运动的描述

1.动力学方程：

$$F=-kx \tag{8-1a}$$

微分方程：

$$\frac{\mathrm{d}^2x}{\mathrm{d}t^2}=-\omega^2 x \tag{8-1b}$$

2.简谐运动方程.

位移为

$$x=A\cos(\omega t+\varphi) \tag{8-2}$$

速度为

$$v=\frac{\mathrm{d}x}{\mathrm{d}t}=-\omega A\sin(\omega t+\varphi) \tag{8-3}$$

加速度为

$$a=\frac{\mathrm{d}v}{\mathrm{d}t}=-\omega^2 A\cos(\omega t+\varphi) \tag{8-4}$$

简谐运动的
定义及描述

3. 几个特征量.

振幅 A:偏离平衡位置的最大距离.

频率 ν:单位时间内振动的次数.

周期 T:振动一次的时间,即

$$T=\frac{1}{\nu}=\frac{2\pi}{\omega} \tag{8-5}$$

简谐运动的
三个特征量

圆频率 ω:振动系统固有的特征量,由系统本身的性质决定,代表 2π 时间单位内物体完全振动的次数.

$$\begin{cases} 弹簧振子:\omega=\sqrt{\dfrac{k}{m}} \\[2mm] 单摆:\omega=\sqrt{\dfrac{g}{l}} \end{cases} \tag{8-6}$$

旋转矢量法

相位:$\phi=\omega t+\varphi$,φ 是 $t=0$ 时的相位,称为初相.

4. 旋转矢量法.

旋转矢量法是用一个长度为 A,初始时刻与 x 轴的夹角为 φ,并以角速度 ω 逆时针旋转的矢量来表示简谐运动的.

掌握用旋转矢量法确定初相位,求解从一处运动到另一处所需的最短时间等.

旋转矢量法——
例题

例 8-1　一质点沿 x 轴做简谐运动,振幅 $A=0.1$ m,周期 $T=2$ s.当 $t=0$ 时位移 $x=0.05$ m,且向 x 轴正方向运动.求:

(1) 质点的运动方程;

(2) $t=0.5$ s 时质点的位置、速度和加速度的大小;

(3) 若质点在 $x=-0.05$ m 处且向 x 轴负方向运动,质点从这一位置第一次回到平衡位置所需的时间.

分析:A 和 T 已知,确定初相 φ 是求解简谐运动方程的关键,初相 φ 的确定通常有两种方法:由振动方程出发,根据初始条件,即 $t=0$ 时,$x=x_0$ 和 $v=v_0$ 来确定 φ;用旋转矢量法,画出旋转矢量得到初相 φ.

解答:(1) 解法一　设质点的运动方程为

$$x=A\cos(\omega t+\varphi)$$

由题意知,$A=0.1$ m,$T=2$ s,所以 $\omega=\dfrac{2\pi}{T}=\pi$,运动方程为

$$x=0.1\cos(\pi t+\varphi)$$

根据初始条件,$t=0$,$x=0.05$ m,得

$$0.05=0.1\cos\varphi,\ \cos\varphi=\frac{1}{2},\ \varphi=\pm\frac{\pi}{3}$$

因为 $t=0$ 时,质点沿 x 轴正方向运动,即 $v>0$,而质点速度的表达式为

$$v = -0.1\pi\sin(\pi t + \varphi)$$

当 $t=0$ 时，$v_0 = -0.1\pi\sin\varphi$.

要使 $v_0 > 0$，φ 必须小于零，所以 $\varphi = -\dfrac{\pi}{3}$，于是质点的运动方程为

$$x = 0.1\cos\left(\pi t - \dfrac{\pi}{3}\right)\,\text{m}$$

解法二 初相 φ 也可由旋转矢量法求得（图 8-1）.

根据初始条件，$t=0$，$x=0.05$ m，得

$$0.05 = 0.1\cos\varphi,\ \cos\varphi = \dfrac{1}{2},\ \varphi = \pm\dfrac{\pi}{3},$$

因为 $v_0 > 0$，由旋转矢量法可知，$\varphi = -\dfrac{\pi}{3}$.

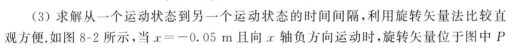

图 8-1

（2）$t=0.5$ s 时：

$$x = 0.1\cos\left(\dfrac{\pi}{2} - \dfrac{\pi}{3}\right) = 0.1\cos\dfrac{\pi}{6} \approx 0.087\,(\text{m})$$

$$v = -0.1\pi\sin\left(\dfrac{\pi}{2} - \dfrac{\pi}{3}\right) = -0.1\pi\sin\dfrac{\pi}{6} \approx -0.157\,(\text{m}\cdot\text{s}^{-1})$$

$$a = -0.1\pi^2\cos\left(\dfrac{\pi}{2} - \dfrac{\pi}{3}\right) = -0.1\pi^2\cos\dfrac{\pi}{6} \approx -0.855\,(\text{m}\cdot\text{s}^{-2})$$

（3）求解从一个运动状态到另一个运动状态的时间间隔，利用旋转矢量法比较直观方便.如图 8-2 所示，当 $x=-0.05$ m 且向 x 轴负方向运动时，旋转矢量位于图中 P 处，相位角为 $\dfrac{2\pi}{3}$，当第一次回到平衡位置时，旋转矢量位于图中 Q 处，相位角为 $\dfrac{3\pi}{2}$.两状态之间的相位角之差为

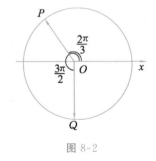

$$\Delta\varphi = \dfrac{3\pi}{2} - \dfrac{2\pi}{3} = \dfrac{5\pi}{6}$$

时间间隔为

$$\Delta t = \dfrac{\Delta\varphi}{\omega} = \dfrac{\dfrac{5\pi}{6}}{\omega} = \dfrac{5}{6}\,(\text{s})$$

图 8-2

例 8-2 某振动质点的 x-t 曲线如图 8-3（a）所示，试求：

（1）运动方程；

（2）点 P 对应的相位；

（3）到达点 P 相应位置所需的时间.

分析：由已知运动方程画振动曲线和由振动曲线求运动方程是振动中常见的两类问题.本题就是要通过 x-t 曲线确定振动的三个特征量 A、ω 和 φ_0，从而写出运动方程. 曲线最大幅值即振幅 A；而 ω、φ_0 通常可通过旋转矢量法或解析法解出，一般采用旋转矢量法比较方便.

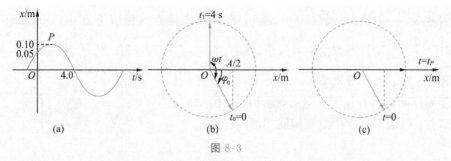

图 8-3

解答：（1）质点的振幅 $A = 0.10$ m，而由振动曲线可画出 $t_0 = 0$ 和 $t_1 = 4$ s 时的旋转矢量，如图 8-3(b)所示.由图可见初相位 $\varphi_0 = -\dfrac{\pi}{3}$，而由 $\omega(t_1 - t_0) = \dfrac{\pi}{2} + \dfrac{\pi}{3}$，得 $\omega = \dfrac{5\pi}{24}$ rad/s，则运动方程为

$$x = 0.10\cos\left(\frac{5\pi}{24}t - \frac{\pi}{3}\right) \quad \text{（SI 单位）}$$

（2）图 8-3(a)中点 P 的位置是质点从 $x = 0.05$ m（即 $x = \dfrac{A}{2}$）处运动到正向的端点处，对应的旋转矢量图如图 8-3(c)所示.点 P 的相位为 $\varphi_P = 0$.

（3）由旋转矢量图可得 $\omega(t_P - 0) = \dfrac{\pi}{3}$，则 $t_P = 1.6$ s.

（二）简谐运动的能量

动能为

$$E_k = \frac{1}{2}mv^2 \quad (8\text{-}7)$$

势能为

$$E_p = \frac{1}{2}kx^2 \quad (8\text{-}8)$$

机械能为

$$E = E_k + E_p = \frac{1}{2}mv^2 + \frac{1}{2}kx^2 = \frac{1}{2}kA^2 = \frac{1}{2}m(\omega A)^2 \quad (8\text{-}9)$$

机械能守恒.

（三）受迫振动　共振

简谐运动不受阻力，系统机械能守恒，振幅保持不变.

如果振动过程中受到阻力，系统能量就会损耗，振幅不断变小，这种振动称为阻尼振动.

为了使阻尼振动持续，在外加周期性外力作用下所进行的振动，称为受迫振动.

当周期性外力的周期与振动系统的固有周期一致时，发现受迫振动的振幅达到最大，这个现象称为共振.

简谐运动的能量
受迫振动　共振

例 8-3 一单摆的悬线长 $l=1.5$ m，在顶端固定点的铅直下方 0.45 m 处有一小钉，如图 8-4 所示. 设两方摆动均较小，问单摆的左右两方振幅之比 $\dfrac{A_1}{A_2}$ 为多少？

分析：左右摆长分别为 $l_1=1.5-0.45=1.05$（m），$l_2=1.5$ m，将单摆的摆动近似看作简谐运动，摆动过程中总机械能守恒.

解答：因摆动过程中总机械能守恒，有

$$\frac{1}{2}m(\omega_1 A_1)^2=\frac{1}{2}m(\omega_2 A_2)^2$$

得 $\dfrac{A_1}{A_2}=\dfrac{\omega_2}{\omega_1}$，因单摆的 $\omega=\sqrt{\dfrac{g}{l}}$，故

$$\frac{A_1}{A_2}=\sqrt{\frac{l_1}{l_2}}=\sqrt{\frac{1.05}{1.5}}=0.84$$

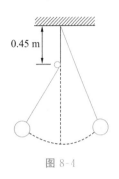

图 8-4

同方向、同频率
简谐运动的合成

（四）简谐运动的合成和分解

1. 同方向、同频率简谐运动的合成.

（1）解析法：

$$x_1=A_1\cos(\omega t+\varphi_1)，\quad x_2=A_2\cos(\omega t+\varphi_2)$$

其合振动的运动方程为

$$x=x_1+x_2=A\cos(\omega t+\varphi)$$

其中合振幅和初相分别满足：

$$A=\sqrt{A_1{}^2+A_2{}^2+2A_1 A_2\cos(\varphi_2-\varphi_1)} \tag{8-10a}$$

$$\tan\varphi=\frac{A_1\sin\varphi_1+A_2\sin\varphi_2}{A_1\cos\varphi_1+A_2\cos\varphi_2} \tag{8-10b}$$

当 $\varphi_2-\varphi_1=2k\pi(k=0,\pm1,\pm2,\cdots)$ 时，$A=A_1+A_2$，合振幅最大；当 $\varphi_2-\varphi_1=(2k+1)\pi(k=0,\pm1,\pm2,\cdots)$ 时，$A=|A_1-A_2|$，合振幅最小.

（2）旋转矢量法.

首先作出两简谐运动的旋转矢量 $\boldsymbol{A}_1$、$\boldsymbol{A}_2$，然后根据平行四边形法则求出合矢量 $\boldsymbol{A}=\boldsymbol{A}_1+\boldsymbol{A}_2$，此合矢量就是合振动对应的旋转矢量.

2. 拍 李萨如图形.

频率较大而频率之差很小的两个同方向简谐运动的合成，其合振动的振幅时而加强、时而减弱的现象叫拍.

当两相互垂直简谐运动的频率成简单整数比时，可得到稳定的合成运动轨道——李萨如图形.

复杂振动可以分解为一系列不同频率的简谐运动.

拍 李萨如图形
振动的分解

例 8-4　两个同方向的简谐运动方程分别为 $x_1 = 0.02\cos\left(10t - \dfrac{\pi}{6}\right)$（SI 单位），

$x_2 = 0.02\cos\left(10t + \dfrac{\pi}{2}\right)$（SI 单位），求合振动的运动方程.

　　分析：同方向、同频率简谐运动的合成可直接用式(8-10a)和式(8-10b)来求，也可用旋转矢量法来求.

　　解答：解法一　用解析法求解.

$$x = x_1 + x_2 = A\cos(10t + \varphi)$$

$$A = \sqrt{A_1{}^2 + A_2{}^2 + 2A_1 A_2 \cos(\varphi_2 - \varphi_1)}$$

$$= \sqrt{0.02^2 + 0.02^2 + 2 \times 0.02^2 \times \cos\left(\dfrac{\pi}{2} + \dfrac{\pi}{6}\right)} = 0.02(\text{m})$$

$$\tan\varphi = \frac{A_1\sin\varphi_1 + A_2\sin\varphi_2}{A_1\cos\varphi_1 + A_2\cos\varphi_2} = \frac{0.02 \times \sin\left(-\dfrac{\pi}{6}\right) + 0.02 \times \sin\dfrac{\pi}{2}}{0.02 \times \cos\left(-\dfrac{\pi}{6}\right) + 0.02 \times \cos\dfrac{\pi}{6}} = \frac{\sqrt{3}}{3}$$

$$\varphi = \frac{\pi}{6}$$

故　　　　　　　　$x = 0.02\cos\left(10t + \dfrac{\pi}{6}\right)$

解法二　用矢量图法求解(图 8-5).

$$x_1 = 0.02\cos\left(10t - \dfrac{\pi}{6}\right)$$

$$x_2 = 0.02\cos\left(10t + \dfrac{\pi}{2}\right)$$

故　　　　　　　　$x = 0.02\cos\left(10t + \dfrac{\pi}{6}\right)$

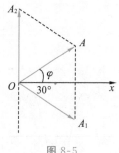

图 8-5

三、难点分析

　　1. 什么样的运动是简谐运动？这是本章的难点之一，更广泛地说，只要物理量 x 满足 $\dfrac{\mathrm{d}^2 x}{\mathrm{d}t^2} + \omega^2 x = 0$，就说物理量 x 在做简谐运动，这样的定义就不仅仅在机械振动的范围了.

　　2. 相位是简谐运动中的一个重要概念，也是本章的一个难点. 首先在于相位概念的理解及相位的判定，在简谐运动方程 $x = A\cos(\omega t + \varphi)$ 中，$(\omega t + \varphi)$ 称为相位，由它可确定振动物体任意时刻的位置、速度和加速度，即确定简谐运动物体的运动状态.

　　3. 旋转矢量法是本章的一个重要方法，用旋转矢量法可快速方便地判断相位. 计算简谐运动物体从一个状态到另一状态所需

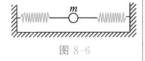

的时间是本章的又一难点,解决此类问题的最简便方法就是利用旋转矢量法,一般先确定两个状态对应的旋转矢量位置,写出两位置的相位差 $\Delta\varphi$,然后应用 $\Delta\varphi = \omega \cdot \Delta t$ 即可求出 Δt.

四、习题

（一）选择题

1. 质量为 m 的小球可视为质点,与两劲度系数为 k 的轻质弹簧连接,如图 8-6 所示,当小球沿左右水平方向做微小振动时,其振动周期为 （ ）

A. $\pi\sqrt{\dfrac{m}{k}}$　　B. $\pi\sqrt{\dfrac{m}{2k}}$　　C. $2\pi\sqrt{\dfrac{m}{2k}}$　　D. $2\pi\sqrt{\dfrac{2m}{k}}$

图 8-6

2. 一弹簧振子做简谐运动,弹簧的劲度系数为 k,现将两根相同的弹簧并联,组成新的弹簧振子,则新的弹簧振子的角频率是原弹簧振子角频率的 （ ）

A. 1 倍　　B. 2 倍　　C. $\dfrac{1}{2}$　　D. $\sqrt{2}$ 倍

3. 一质点做周期为 T 的简谐运动,质点由平衡位置向正方向运动到最大位移一半处所需的最短时间为 （ ）

A. $\dfrac{T}{2}$　　B. $\dfrac{T}{4}$　　C. $\dfrac{T}{8}$　　D. $\dfrac{T}{12}$

4. 某简谐运动的振动曲线如图 8-7 所示,则振动的初相位为 （ ）

A. $\dfrac{2\pi}{3}$　　B. $\dfrac{\pi}{3}$　　C. $-\dfrac{2\pi}{3}$　　D. $-\dfrac{\pi}{3}$

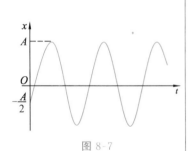

图 8-7

5. 一劲度系数为 k 的轻质弹簧上端固定,下端挂一质量为 m 的物体,现将 m 向下拉长一段距离后释放,使之做简谐运动.下列说法正确的是 （ ）

A. 该简谐运动的频率增大了　B. 该简谐运动的振幅减小了
C. 该简谐运动的周期变长了　D. 该简谐运动的角频率不变

6. 两个质点各自做简谐运动,它们的振幅相同、周期相同.第一个质点的运动方程为 $x_1 = A\cos(\omega t + \varphi)$.当第一个质点从相对平衡位置的正位移处回到平衡位置时,第二个质点正在最大位移处,则第二个质点的运动方程为 （ ）

A. $x_2 = A\cos\left(\omega t + \varphi + \dfrac{\pi}{2}\right)$　　B. $x_2 = A\cos\left(\omega t + \varphi - \dfrac{\pi}{2}\right)$

C. $x_2 = A\cos\left(\omega t + \varphi - \dfrac{3\pi}{2}\right)$　　D. $x_2 = A\cos(\omega t + \varphi + \pi)$

7. 一质点做简谐运动,已知振动周期为 T,则其振动动能变化的周期是 （　　）

　A. $\dfrac{T}{4}$　　　B. $\dfrac{T}{2}$　　　C. T　　　D. $2T$

8. 一弹簧振子做简谐运动,若将振幅加大一倍,发生变化的物理量有 （　　）

　A. 周期　　　B. 频率　　　C. 总能量　　　D. 角频率

9. 一弹簧振子做简谐运动,总能量为 E,若振幅增加为原来的 2 倍,振子的质量增加为原来的 4 倍,则它的总能量为 （　　）

　A. $2E$　　　B. $4E$　　　C. E　　　D. $16E$

10. 一弹簧振子做简谐运动,当其偏离平衡位置的位移大小为振幅的 $\dfrac{1}{4}$ 时,其动能为振动总能量的 （　　）

　A. $\dfrac{1}{4}$　　　B. $\dfrac{3}{4}$　　　C. $\dfrac{1}{16}$　　　D. $\dfrac{15}{16}$

11. 两个同周期简谐运动曲线如图 8-8 所示,x_1 的相位比 x_2 的相位 （　　）

　A. 落后 $\dfrac{\pi}{2}$　　　B. 超前 $\dfrac{\pi}{2}$　　　C. 落后 π　　　D. 超前 π

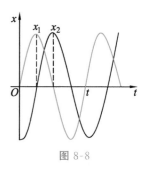

图 8-8

12. 在图 8-9 中,所画的是两个简谐运动的运动曲线.若这两个简谐运动可叠加,则合成的余弦振动的初相位为 （　　）

　A. $\dfrac{\pi}{2}$　　　B. π　　　C. $\dfrac{3\pi}{2}$　　　D. 0

（二）填空题

1. 一质量为 m 的质点在 $F = -\pi^2 x$ 作用下沿 x 轴运动,其运动周期为_____.

2. 一质点做简谐运动,振幅为 1×10^{-2} m,其最大加速度为 4 m $\cdot$ s^{-2},则振动的周期为_____.

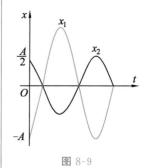

图 8-9

3. 一质点做简谐运动,$\omega = 4\pi$ rad $\cdot$ s^{-1},振幅为 $A = 2$ cm.当 $t = 0$ 时,质点位于 $x = -1$ cm 处,且向 x 轴负方向运动,则运动方程为_____.

4. 已知物体做简谐运动的曲线如图 8-10 所示,则该简谐运动的运动方程为_____.

5. 劲度系数 $k = 100$ N $\cdot$ m^{-1}、质量为 10 g 的弹簧振子,第一次将其拉离平衡位置 4 cm 后由静止释放;第二次将其拉离平衡位置 2 cm 并给以 2 m $\cdot$ s^{-1} 的初速度,这两次振动能量之比 $\dfrac{E_1}{E_2} =$ _____.

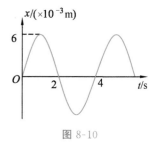

图 8-10

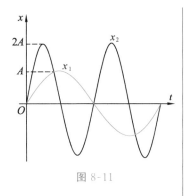

图 8-11

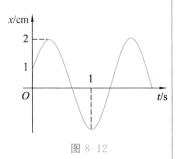

图 8-12

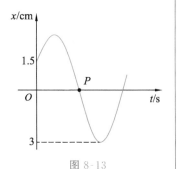

图 8-13

图 8-14

6. 两个质量相等的质点做如图 8-11 所示的简谐运动,则这两个简谐运动的频率之比 $\nu_1 : \nu_2 =$ _____,最大加速度之比 $a_{1m} : a_{2m} =$ _____,总能量之比 $E_1 : E_2 =$ _____.

7. 当质点以频率 ν 做简谐运动时,它的动能的变化频率为_____.

8. 两个同方向、同频率的简谐运动,其运动方程分别为

$$x_1 = 6 \times 10^{-2} \cos\left(5t + \frac{\pi}{2}\right), \quad x_2 = 2 \times 10^{-2} \cos\left(5t - \frac{\pi}{2}\right) \quad \text{（SI 单位）}$$

它们的合振动的振幅为_____,初相位为_____.

(三) 计算题

1. 一物体沿 x 轴做简谐运动,振幅为 0.06 m,周期为 2 s,$t = 0$ 时位移为 0.03 m,且向 x 轴正方向运动,试求:

(1) 该物体的运动方程;

(2) $t = 0.5$ s 时物体的位移、速度和加速度.

2. 若某简谐运动的运动方程为 $x = 0.10\cos\left(2\pi t + \frac{\pi}{4}\right)$ m,求:

(1) 振幅、频率、角频率、周期和初相位;

(2) $t = 2$ s 时的位移、速度和加速度.

3. 已知某简谐运动的运动曲线如图 8-12 所示,求简谐运动的运动方程.

4. 图 8-13 所示为一做简谐运动质点的运动曲线,周期为 2 s,求:

(1) 质点的简谐运动方程;

(2) 质点到达 P 点所需的时间.

5. 为了测月球表面的重力加速度,宇航员将地球上的"秒摆"(周期为 2.00 s)拿到月球上去,如测得周期为 4.90 s,地球表面的重力加速度 $g = 9.80$ m·s^{-2},则月球表面的重力加速度是多少?

6. 如图 8-14 所示的提升运输设备,重物的质量为 1.5×10^4 kg,当重物以速度 $v = 15$ m·min^{-1} 匀速下降时,机器发生故障,钢丝绳突然被轧住.此时,钢丝绳相当于劲度系数 $k = 5.78 \times 10^6$ N·m^{-1} 的弹簧.求因重物的振动而引起钢丝绳内的最大张力.

7. 质量为 0.1 kg 的物体,以振幅 0.01 m 做简谐运动,其最大速度为 2 m·s^{-1}.

(1) 求振动的周期.

(2) 求物体经过平衡位置时的动能.

(3) 物体在何处动能与势能相等?

(4) 当物体位移的大小为振幅的一半时,动能、势能各占总能量的多少?

8. 一氢原子在分子中的振动可视为简谐运动,已知氢原子的质量 $m = 1.68 \times 10^{-27}$ kg,振动频率 $\nu = 1.0 \times 10^{14}$ Hz,振幅 $A = 1.0 \times 10^{-11}$ m.试计算:

(1) 此氢原子的最大速度;

(2) 此振动的总能量.

9. 有三个同方向、同频率的简谐运动,运动方程分别为 $x_1 = 2\cos(\pi t)$,$x_2 = 2\cos\left(\pi t + \dfrac{\pi}{3}\right)$,$x_3 = 2\cos\left(\pi t + \dfrac{2}{3}\pi\right)$ (SI 单位).求合振动的运动方程.

10. 一质点同时参与两个在同一直线上的简谐运动,其表达式为

$$x_1 = 4\cos\left(2t + \frac{\pi}{6}\right), \quad x_2 = 3\cos\left(2t - \frac{5\pi}{6}\right)$$

试求其合振动的振幅和初相位.

振动习题答案

波　动

一、基本要求

1. 理解机械波产生的条件、振动与波动的关系，掌握描述波动的三个物理量（波速 u、波长 λ、频率 ν）的物理意义及相互关系.

2. 掌握平面简谐波的波动方程及其物理意义，会建立平面简谐波的波动方程，掌握波形图线的特点.

3. 理解波的能量传播特征.

4. 理解惠更斯原理和波的叠加原理.

5. 理解波的干涉条件，能应用相位差或波程差的概念，分析和确定相干波叠加后振幅加强和减弱的条件.

6. 理解驻波的概念及形成条件、驻波的特点和半波损失，能确定波腹、波节的位置.

7. 了解多普勒效应及其应用.

二、主要内容及例题

（一）波动的描述

1. 描述波动的三个特征量.

波速 u——由介质决定；

频率 ν——由振源决定；

波长 λ——由介质、振源共同决定.

三者的关系：

$$u = \nu\lambda \tag{9-1}$$

2. 几个概念.

波面、波线、波前.

（二）平面简谐波方程

设坐标原点 O 点处质点的运动方程为 $y = A\cos(\omega t + \varphi)$，则沿 x 轴正方向传播的平面简谐波的波动方程为

描述波动的物理量

波面　波线　波前

简谐波的波动方程

$$y=A\cos\left[\omega\left(t-\frac{x}{u}\right)+\varphi\right]=A\cos\left(\omega t-\frac{2\pi x}{\lambda}+\varphi\right)$$

$$=A\cos\left[2\pi\left(\frac{t}{T}-\frac{x}{\lambda}\right)+\varphi\right]$$

(9-2)

若波沿 x 轴负方向传播,式中的 x 用 $-x$ 代替.

对波动方程的各种形式,应从物理意义上去理解和把握.从实质上看,波动是振动的传播;从能量角度看,波动是能量的传播;从波形上看,波动是波形的传播.

波动方程的
含义及讨论

例 9-1　一平面简谐波沿 x 轴正方向传播,$t=0$ 时刻的波形如图 9-1 所示,则 P 处质点的振动在 $t=0$ 时刻的旋转矢量图是　　　　　　　　　　(　　)

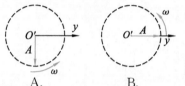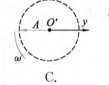

A.　　　　　　B.　　　　　　C.　　　　　　D.

分析:给出的图是波形图,每个质元的振动都是重复前一质元的振动,因此 O 点下一时刻是往位移负方向运动.速度小于零,P 点下一时刻向位移正方向运动.

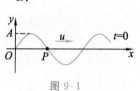

解答:A.

注意:图给的是波形图.要注意波形图和振动曲线图的区别.

图 9-1

例 9-2　一平面简谐波以速度 $u=0.08$ m·s^{-1} 向 x 轴正方向传播,$t=0$ 时刻的波形如图 9-2 所示,试求:

(1) 该波的波动方程;

(2) 图中 P 点的运动方程.

分析:由波形图可得到波长和 O 点的初相位,再根据波动方程标准形式得到波动方程.要求 P 点的运动方程,只要把 P 点坐标代入波动方程就能得到.

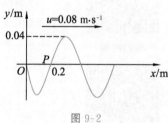

图 9-2

解答:(1) 由波形图可知,$A=0.04$ m,$\lambda=0.4$ m,则

$$\omega=2\pi\nu=\frac{2\pi u}{\lambda}=\frac{2\pi}{5}\text{ rad}\cdot\text{s}^{-1}$$

波动方程为

$$y=A\cos\left(\omega t-\frac{2\pi x}{\lambda}+\varphi\right)=0.04\cos\left(\frac{2}{5}\pi t-5\pi x+\varphi\right)$$

φ 的大小可由 $t=0$ 时 O 点的运动状态来确定:$t=0$ 时,O 点的 $x=0$,$y=0$,所以,$\cos\varphi=0$,$\varphi=\pm\frac{\pi}{2}$.根据波的传播方向,可知下一时刻,O 点将向 y 轴正方向移动,$v>0$,

由旋转矢量法得 $\varphi = -\dfrac{\pi}{2}$，波动方程为

$$y = 0.04\cos\left(\dfrac{2}{5}\pi t - 5\pi x - \dfrac{\pi}{2}\right)$$

（2）将 P 点的坐标 $x = 0.2$ m 代入波动方程，得 P 点的运动方程为

$$y = 0.04\cos\left(\dfrac{2}{5}\pi t - \pi - \dfrac{\pi}{2}\right) = 0.04\cos\left(\dfrac{2}{5}\pi t - \dfrac{3}{2}\pi\right) = 0.04\cos\left(\dfrac{2}{5}\pi t + \dfrac{\pi}{2}\right)$$

例 9-3　某波动方程的表达式为 $y = 2\cos(4t + 7x)$，y 的单位为 m，求振动周期 T、波长 λ 和波速 u．

分析：有了波动方程，可以和波动方程的标准形式来比对，就能得到 T、λ 和波速 u．

解答：将波动方程改写成

$$y = 2\cos\left[4\left(t + \dfrac{x}{\frac{4}{7}}\right)\right]$$

而波动方程标准形式为

$$y = A\cos\left[\omega\left(t - \dfrac{x}{u}\right) + \varphi\right]$$

可得 $\omega = 4$ rad·s^{-1}，$T = \dfrac{2\pi}{\omega} = \dfrac{\pi}{2}$ s，$u = \dfrac{4}{7}$ m·s^{-1}，$\lambda = uT = \dfrac{2\pi}{7}$ m．波沿 x 轴负方向传播．

波的能量

能流　能流密度
声强

惠更斯原理

（三）波的能量　能流　能流密度

波在传播过程中，任一体积元的动能与势能相等且随时间作周期性变化，该体积元在不断地从前一体积元接收能量和向后一体积元放出能量，总机械能不守恒，波的传播是能量的传播．

能流密度（波的强度）I 为

$$I = \dfrac{1}{2}\rho A^2 \omega^2 u \tag{9-3}$$

（四）惠更斯原理

介质中波动传播到的各点都可以看作发射子波的波源，而在其后的任意时刻，这些子波的包络线就是新的波前．

惠更斯原理的本质指出了波的传播方向．

（五）波的衍射和干涉

1. 波的衍射．

波在传播过程中遇到障碍物，能绕过障碍物的边缘，在障碍物的阴影区内继续传播的现象称为波的衍射．障碍物或缝的宽度远大于波长，衍射现象不明显．

障碍物或缝的宽度与波长相差不多或小于波长时,衍射现象比较明显.

2. 波的干涉.

相干波的条件:两列波同频率、同振动方向、同相位或相位差恒定.

波的衍射和干涉

(1) 合振幅: $A=\sqrt{A_1{}^2+A_2{}^2+2A_1A_2\cos\overline{\Delta\varphi}}$. (9-4)

(2) 相位差: $\Delta\varphi=\varphi_2-\varphi_1-2\pi\dfrac{r_2-r_1}{\lambda}$. (9-5)

当 $\Delta\varphi=\pm2k\pi$ 时,干涉加强, $A=A_1+A_2$;当 $\Delta\varphi=\pm(2k+1)\pi$ 时,干涉减弱, $A=|A_1-A_2|$.$(k=0,1,2,3,\cdots)$

当 $\varphi_2=\varphi_1$ 时,相位差 $\Delta\varphi=\dfrac{2\pi\delta}{\lambda}$,其中 δ 为波程差.当 $\delta=\pm k\lambda$ 时,干涉加强, $A=A_1+A_2$;当 $\delta=\pm(2k+1)\dfrac{\lambda}{2}$时,干涉减弱, $A=|A_1-A_2|$.$(k=0,1,2,3,\cdots)$

波干涉的
讨论及应用

例 9-4　A、B 两点相距 12 m,为同一介质中的两个相干波源,如图 9-3 所示.A、B 两波源的振幅均为 0.1 m,频率为 100 Hz,两波源振动的初相位相同,波速 $u=400$ m·s^{-1}.求 A、B 连线间因干涉而静止的点的位置.

分析:A、B 两波源发生的波在 A、B 连线间各点叠加而产生干涉,由于 A、B 两波源初相位相同,故 $\delta=(2k+1)\dfrac{\lambda}{2}$时干涉减弱.

解答:由题意得,两相干波的振幅 $A=0.1$ m,频率 $\nu=100$ Hz,波速 $u=400$ m·s^{-1},则波长

$$\lambda=\frac{u}{\nu}=4\text{ m}$$

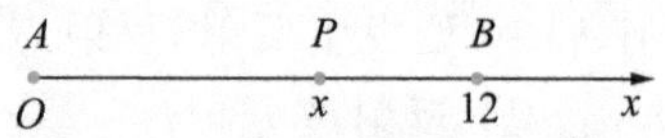

图 9-3

以 A 为坐标原点,建立 x 轴,如图 9-3 所示.

设 A、B 间坐标为 x 的 P 点因干涉而静止,则两列波在 P 点处的波程差为

$$\delta=(12-x)-x=12-2x$$

A、B 连线间因干涉而静止的点满足如下条件:

$$\delta=12-2x=(2k+1)\frac{\lambda}{2}=2(2k+1)$$

于是有

$$x=5-2k$$

取满足 $0<x<12$ 的 $k=-3,-2,-1,0,1,2$,得 A、B 连线间因干涉而静止的点的位置为 $x=1$ m,3 m,5 m,7 m,9 m,11 m,共 6 个静止的点.

本题中,若波源 B 的初相位比波源 A 超前 π,其他条件不变,则结果又如何?读者可根据波干涉的相位差公式进行判断.

（六）驻波　驻波方程

1. 设入射波和反射波的方程分别为

$$y_1 = A\cos 2\pi\left(\nu t - \frac{x}{\lambda}\right), \quad y_2 = A\cos 2\pi\left(\nu t + \frac{x}{\lambda}\right)$$

则驻波方程为

$$y = y_1 + y_2 = 2A\cos\frac{2\pi x}{\lambda}\cos 2\pi\nu t \qquad (9\text{-}6)$$

驻波方程

2. 波腹、波节的位置分别如下：

波腹：$\left|\cos\dfrac{2\pi x}{\lambda}\right| = 1$，$x = \pm k\dfrac{\lambda}{2}$，其中 $k = 0, 1, 2, \cdots$.

波节：$\left|\cos\dfrac{2\pi x}{\lambda}\right| = 0$，$x = \pm(2k+1)\dfrac{\lambda}{4}$，其中 $k = 0, 1, 2, \cdots$.

相邻波腹（波节）之间的距离为 $\dfrac{\lambda}{2}$.

3. 边界条件（半波损失）.

当波从波疏媒质垂直入射到波密媒质而又被反射回波疏媒质时，在反射处形成波节，有半波损失；反之，在反射处形成波腹.

驻波边界条件
驻波能量

波在固定端反射，则反射处为波节；波在自由端反射，则反射处为波腹.

例 9-5　已知一沿 x 轴负方向传播的平面简谐波的波动方程为

$$y_1 = 0.02\cos\left[\pi\left(t + \frac{x}{2}\right) + \frac{\pi}{2}\right] \text{ m}$$

在 $x = 0$ 处发生反射，反射点为一固定端，试求：

（1）反射波方程；

（2）合成的驻波方程；

（3）波腹和波节的位置.

分析：由入射波方程可写出反射波方程，然后合成驻波方程，进一步求出波腹、波节的位置坐标.

解答：（1）设反射波方程为

$$y_2 = 0.02\cos\left[\pi\left(t - \frac{x}{2}\right) + \varphi\right] \text{ m}$$

由于在 $x = 0$ 处发生反射，反射点为一固定端，有半波损失，入射波和反射波的相位差为 $\Delta\varphi = \pi$，$\varphi - \dfrac{\pi}{2} = \pi$，故 $\varphi = \dfrac{3\pi}{2}$，则

$$y_2 = 0.02\cos\left[\pi\left(t - \frac{x}{2}\right) + \frac{3\pi}{2}\right] \text{ m}$$
$$= 0.02\cos\left[\pi\left(t - \frac{x}{2}\right) - \frac{\pi}{2}\right] \text{ m}$$

（2）驻波方程为

$$y=y_1+y_2=0.04\cos\left(\frac{\pi x}{2}+\frac{\pi}{2}\right)\cos\pi t\ \text{m}$$

（3）波腹和波节的位置如下：

波腹： $\left|\cos\left(\frac{\pi x}{2}+\frac{\pi}{2}\right)\right|=1$ ，

$$\frac{\pi}{2}x+\frac{\pi}{2}=k\pi,$$

$$x=2k-1,\ k=1,2,3,\cdots$$

波节： $\left|\cos\left(\frac{\pi x}{2}+\frac{\pi}{2}\right)\right|=0$ ，

$$\frac{\pi}{2}x+\frac{\pi}{2}=k\pi+\frac{\pi}{2},$$

$$x=2k,\ k=0,1,2,\cdots$$

（七）多普勒效应

当波源与观察者相互接近时，观察者接收到的频率比振源的频率大．

当波源与观察者相互远离时，观察者接收到的频率比振源的频率小．

多普勒效应

三、难点分析

1．建立波动方程是本章的一个难点，同时也是重点，要正确写出各种情况下的波动方程，关键是要弄清机械波的产生和传播机理．机械波是机械振动在介质中的传播，传播的是振动状态，介质中各点的振动状态是波源振动的重复，不同的仅仅是相位．沿着波的传播方向，各质点振动相位逐一滞后．建立波动方程时，要弄清波源的振动情况，以及振动物理量与波动物理量的区别和联系．

2．惠更斯原理也是本章的一个难点，要理解子波的概念．惠更斯原理的实质是指出了波的传播方向问题，由惠更斯原理可得到反射定律、折射定律．物理上原理的层次通常要比定律和定理高，原理通常能解决一类问题．

3．驻波是本章的另一个难点，要理解驻波产生的条件，特别是驻波中各点的振动幅度不等，以及驻波中各点相位的特征、驻波中能量传递和行波的不同之处，驻波不是一列波，而是两列沿相反方向传播的相干波叠加发生干涉的结果．

四、习题

（一）选择题

1. 一平面简谐波沿 x 轴负方向传播，图9-4所示为 $t=0$ 时刻的波形，则 O 点处质点振动的初相位为 （ ）

A. 0　　　　　B. $\dfrac{\pi}{2}$　　　　　C. $-\dfrac{\pi}{2}$　　　　　D. π

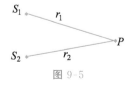

图 9-4

2. 平面简谐波在媒质中传播时，下列说法正确的是 （ ）

A. 相邻波峰与波峰或波谷与波谷之间的距离为一个波长

B. 在波动过程中，每个质元振动的能量是守恒的

C. 当平面简谐波在不同的介质中传播时，其波长是不变的

D. 当平面简谐波在不同的介质中传播时，其速度是不变的

3. 已知一平面简谐波的表达式为 $y=A\cos(at-bx)$，a、b 为正值，则 （ ）

A. 波的频率为 a　　　　　　　B. 波的传播速度为 $\dfrac{b}{a}$

C. 波长为 $\dfrac{\pi}{b}$　　　　　　　　　D. 波的周期为 $\dfrac{2\pi}{a}$

4. 波长为 λ 的平面简谐波，波线上两点振动的相位差为 $\dfrac{\pi}{2}$，则此两点相距 （ ）

A. $\dfrac{\lambda}{2}$　　　　B. 2λ　　　　C. λ　　　　D. $\dfrac{\lambda}{4}$

5. 当一平面简谐波通过两种不同的均匀介质时，不会发生变化的物理量有 （ ）

A. 波长和频率　　　　　　　B. 波速和频率

C. 波长和波速　　　　　　　D. 频率和周期

6. 在某介质中，波源做简谐运动，产生平面简谐波，则 （ ）

A. 振动的周期与波动的周期一样

B. 振动的速度与波动的速度一样

C. 振动的方向与波动的方向始终一样

D. 振动的相位与波动的相位一样

7. 如图9-5所示，两列波长均为 λ 的相干波在 P 点相遇，波在 S_1 点的初相位为 φ_1，在 S_2 点的初相位为 φ_2，则点 P 是干涉极大的条件为 （ ）

A. $r_2-r_1=k\lambda$

B. $\varphi_2-\varphi_1=2k\pi$

图 9-5

C. $\varphi_2 - \varphi_1 - 2\pi\dfrac{r_2 - r_1}{\lambda} = 2k\pi$

D. $\varphi_2 - \varphi_1 - 2\pi\dfrac{r_2 - r_1}{\lambda} = (2k+1)\pi$

8. 机械波在弹性媒质中传播时,若媒质中某质元刚好经过平衡位置,则它的　　　　　　　　　　　　　　　(　　)

A. 动能最大,势能也最大　　　B. 动能最小,势能也最小

C. 动能最大,势能最小　　　　D. 动能最小,势能最大

9. 一平面简谐波在弹性媒质中传播,在媒质质元从平衡位置到最大位置的过程中　　　　　　　　　　　　(　　)

A. 动能转换成势能

B. 势能转换成动能

C. 它把自己的能量传递给相邻的一段媒质质元,其能量逐渐减少

D. 它从相邻的一段媒质质元获得能量,其能量逐渐增加

10. 设入射波方程为 $y = A\cos 2\pi\left(\dfrac{t}{T} + \dfrac{x}{\lambda}\right)$,在 $x = 0$ 处发生反射,反射点为一固定端,则反射波方程为　　　　　　　　(　　)

A. $y = A\cos 2\pi\left(\dfrac{t}{T} - \dfrac{x}{\lambda}\right)$

B. $y = A\cos 2\pi\left(\dfrac{t}{T} + \dfrac{x}{\lambda}\right)$

C. $y = A\cos\left[2\pi\left(\dfrac{t}{T} - \dfrac{x}{\lambda}\right) + \pi\right]$

D. $y = A\cos\left[2\pi\left(\dfrac{t}{T} + \dfrac{x}{\lambda}\right) + \pi\right]$

11. 在驻波中,两个相邻波节间各质点的　　　　　　　　(　　)

A. 振幅相同,相位相同　　　　B. 振幅不同,相位相同

C. 振幅相同,相位不同　　　　D. 振幅不同,相位不同

12. 下列有关驻波的说法正确的是　　　　　　　　　　(　　)

A. 两个相邻波节间各质点的振幅相同,相位相同

B. 相邻两波节间的距离为 $\dfrac{\lambda}{4}$

C. 若反射端为自由端反射,则反射波与入射波反相

D. 相邻两波节间质点的相位相同,波节两侧质点的相位相反

(二) 填空题

1. 在简谐波的一条传播路径上,两点相距 2λ,则两点的相位差 $\Delta\varphi = \underline{\qquad}$.

2.在波动方程 $y = A\cos(2t - 3x)$ 中,其周期为_____,波速大小为_____.

3.一平面简谐波沿 x 轴正方向传播,已知 $x=0$ 处质点的运动方程为 $y = \cos(\omega t + \varphi)$,波速为 u,坐标为 x_1、x_2 两点的相位差为_____.

4.一平面简谐波沿 x 轴正方向传播,波动方程为 $y = 0.2\cos\left(\pi t - \dfrac{\pi}{2}x\right)$ m,则 $x = -3$ m 处介质质点的振动速度表达式为_____.

5.如图 9-6 所示,一平面简谐波沿 Ox 轴负方向传播,波长为 2 m,图中 P 处质点的运动方程为 $y = A\cos\left(2\pi t + \dfrac{\pi}{2}\right)$ m,则 O 点处质点的运动方程为_____,该波的波动方程为_____.

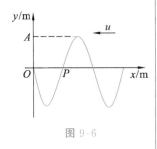

图 9-6

6.在简谐波的一条传播路径上,相距 0.2 m 两点的振动相位差为 $\dfrac{\pi}{6}$,又知振动周期为 0.4 s,则波长为_____,波速为_____.

7.如图 9-7 所示,P 点距波源 S_1 和 S_2 的距离分别为 3λ 和 $\dfrac{10\lambda}{3}$,λ 为两列波在介质中的波长.若 P 点的合振幅总是极大值,则两波源相位差应满足的条件为_____;若 P 点的合振幅总是极小值,则两波源应满足的条件为_____.

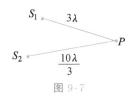

图 9-7

8.在驻波中,相邻两波腹间的距离为_____.

9.如图 9-8 所示,某时刻驻波的波形曲线如图所示,则 a、b 两点处的相位差为_____,a、c 两点处的相位差为_____.

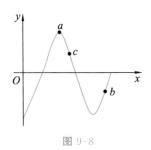

图 9-8

10.两列波在一根很长的弦线上传播,其方程为

$$y_1 = A\cos\dfrac{\pi(x - 4t)}{2} \text{ m}, \quad y_2 = A\cos\dfrac{\pi(x + 4t)}{2} \text{ m}$$

则合成波的方程为_____,在 $x=0$ 至 $x=10$ m 内波节的位置为_____,波腹的位置为_____.

11.如果在固定端 $x=0$ 处反射的反射波方程为 $y_2 = A\cos 2\pi\left(\nu t - \dfrac{x}{\lambda}\right)$,设反射波无能量损失,那么入射波的方程为 $y_1 = $_____,形成的驻波的表达式 $y = $_____.

12.如果入射波的方程为 $y_1 = A\cos 2\pi\left(\dfrac{t}{T} + \dfrac{x}{\lambda}\right)$,在 $x=0$ 处发生反射后形成驻波,反射点为波腹,波反射后的强度不变,则反射波的方程为 $y_2 = $_____,在 $x = \dfrac{2\lambda}{3}$ 处质点合振动的

振幅为_____.

（三）计算题

1. 如图 9-9 所示，一平面简谐波沿 x 轴正方向传播，波长为 2 m，已知 P 点处质点的运动方程为 $y=0.10\cos\left(2\pi t+\dfrac{\pi}{2}\right)$ m.

（1）写出以 P 为原点的波动方程；

（2）求 O 点的振动方程；

（3）求以 O 为原点的波动方程.

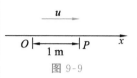

图 9-9

2. 如图 9-10 所示为一平面简谐波在 $t=0$ 时的波形图，波沿 x 轴负方向传播，波速 $u=330$ m·s^{-1}.

（1）试写出以 O 为原点的波动方程；

（2）试写出 P 点处质点的运动方程.

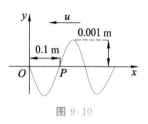

图 9-10

3. 某质点做简谐运动，周期为 2 s，振幅为 0.06 m，开始计时 $(t=0)$，质点恰好处在 $\dfrac{A}{2}$ 处且向 x 轴负方向运动.求：

（1）该质点的运动方程；

（2）此振动以速度 $u=2$ m·s^{-1} 沿 x 轴正方向传播时，平面简谐波的波动方程；

（3）该波的波长.

4. 一平面简谐波在介质中以速度 $u=20$ m·s^{-1} 沿 x 轴正方向传播，原点 O 的运动方程为

$$y=0.03\cos\left(4\pi t+\dfrac{\pi}{4}\right)\ \text{m}$$

试求：

（1）波的周期及波长；

（2）波动方程；

（3）$x=5$ m 处质点的运动方程.

5. 图 9-11 所示为一平面简谐波在 $t=0$ 时刻的波形图，设此简谐波的频率为 250 Hz，且此时质点 P 的运动方向向下.试求：

（1）该波的波动方程；

（2）在距原点 O 为 50 m 处质点的运动方程与速度表达式.

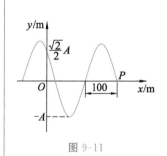

图 9-11

6. 如图 9-12 所示，一平面简谐波沿 x 轴反向传播，波长为 1 m，已知 P 点处质点的运动方程为 $y=0.20\cos\left(4\pi t+\dfrac{\pi}{2}\right)$ m.

（1）求 O 点的运动方程；

（2）写出以 O 为原点的波动方程；

（3）写出 Q 点的运动方程.

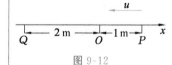

图 9-12

7. 振幅为 10 cm、波长为 200 cm 的一余弦横波,以 100 cm·s^{-1} 的速率,沿一拉紧的弦从左向右传播,坐标原点取在弦的左端.$t=0$ 时,弦的左端经平衡位置向下运动,求:

(1) 弦左端的运动方程;

(2) 波动方程;

(3) 离左端右方 150 cm 处质点的运动方程.

8. 如图 9-13 所示是干涉型消声器的结构原理图,利用这一结构可以消除噪声.当发动机排气声的声波经管道到达点 A 时,分成两路向前而在点 B 相遇,声波因干涉而相消.如果要消除频率为 250 Hz 的发动机排气噪声,图中弯道与直道管子的长度差 $\Delta r = r_2 - r_1$ 至少应为多少?(取空气中的声速 $v=341$ m·s^{-1})

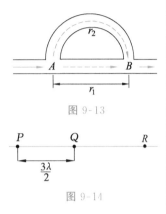

图 9-13

9. 如图 9-14 所示,两振幅相同的相干波源分别在 P、Q 两点,它们发出频率为 ν、波长为 λ、初相位相同的两列相干波,设 $PQ = \dfrac{3\lambda}{2}$,R 为 PQ 连线上的一点.求:

(1) 自 P、Q 发出的两列波在 R 处的相位差;

(2) 两列波在 R 处干涉时的合振幅.

图 9-14

10. 一弦上的驻波方程为 $y=0.03\cos(1.6\pi x)\cos(550\pi t)$,式中 y 和 x 的单位为 m,t 的单位为 s.

(1) 若将此驻波看成由传播方向相反、振幅及波速均相同的两列相干波叠加而成的,求它们的振幅及波速;

(2) 求相邻波节之间的距离;

(3) 求 $t=3\times10^{-3}$ s 时位于 $x=0.625$ m 处质点的振动速度.

11. 已知一沿 x 轴负方向传播的平面简谐波的波动方程为

$$y=0.01\cos\left(2\pi t+\pi x+\frac{\pi}{2}\right)\text{ m}$$

在 $x=0$ 处发生反射,反射点为一固定端,设反射时无能量损失.试求:

(1) 反射波方程;

(2) 合成的驻波方程;

(3) 波腹和波节的位置.

波动习题答案

光　学

一、基本要求

1. 理解光的相干性及获得相干光的方法.

2. 掌握杨氏双缝干涉条件、条纹分布规律,理解劳埃德镜光干涉规律.

3. 掌握光程的概念及光程差与相位差的关系.

4. 掌握半波损失的概念及产生条件.

5. 理解薄膜干涉条件,掌握等厚干涉(劈尖、牛顿环)条件、条纹分布规律及其应用.

6. 了解迈克耳孙干涉仪原理及其应用.

7. 了解惠更斯–菲涅耳原理.

8. 掌握夫琅禾费单缝衍射的规律(明、暗条纹的形成条件,宽度及分布情况,缝宽的影响).

9. 掌握光栅衍射的规律(衍射谱线的形成、位置,光栅常数及波长的影响).

10. 了解夫琅禾费圆孔衍射的结论,理解光学仪器的分辨率.

11. 了解 X 射线的衍射规律.

12. 理解自然光、偏振光、部分偏振光、起偏、检偏等概念.

13. 掌握马吕斯定律.

14. 理解反射和折射时光的偏振现象,掌握布儒斯特定律.

二、主要内容及例题

（一）光的干涉

1. 相干光及获得相干光的方法.

满足相干条件,即频率相同、振动方向相同,在相遇点上相位差保持恒定的两束光是相干光.

获得相干光的方法有两类:一类是分波阵面法,如双缝干涉;另一类是分振幅法,如薄膜干涉.

光学的发展

光学的相干性
相干光的获得

2．干涉明暗条件．

（1）光程、光程差、相位差、相位跃变．

介质的折射率 n 和光波经过的几何路程 L 的乘积 nL 叫作光程．两束相干光的光程之差叫作光程差，光程差 Δ 与相位差 $\Delta\varphi$ 的关系是

光程

$$\Delta\varphi = \frac{2\pi}{\lambda}\Delta \tag{10-1}$$

相位跃变是指当光从折射率较小的介质射向折射率较大的介质，在分界面上发生反射时，反射光波的相位跃变 π，相当于增加或减少了 $\frac{\lambda}{2}$ 的光程，又称为半波损失．

（2）干涉明暗条纹的条件：

杨氏双缝干涉

$$\Delta = \begin{cases} \pm k\lambda, & k = 0,1,2,\cdots \text{明纹中心} \\ \pm(2k+1)\dfrac{\lambda}{2}, & k = 0,1,2,\cdots \text{暗纹中心} \end{cases} \tag{10-2}$$

式中，正、负号选取及 k 的取值要视具体情况而定．

3．分波阵面法——双缝干涉．

杨氏双缝干涉原理图如图 10-1 所示，相干光源 S_1 和 S_2 所发出的光，到达点 P 的光程差为

杨氏双缝干涉讨论

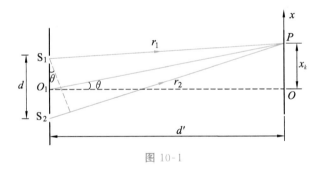

图 10-1

$$\Delta = r_2 - r_1 = d\sin\theta \approx d\frac{x_k}{d'}$$

明纹中心位置为

$$x_k = \pm k\frac{d'}{d}\lambda \tag{10-3}$$

暗纹中心位置为

$$x_k = \pm(2k+1)\frac{d'}{d}\cdot\frac{\lambda}{2} \tag{10-4}$$

相邻明纹（或暗纹）之间的距离为

$$\Delta x = x_{k+1} - x_k = \frac{d'}{d}\lambda$$

例 10-1　如图 10-2 所示,缝光源 S 发出波长为 λ 的单色光并照射在对称的双缝 S_1 和 S_2 上,通过空气后在屏 H 上形成干涉条纹.

(1) 若点 P 处为第 3 级明纹,求光从 S_1 和 S_2 到点 P 的光程差;

(2) 若将整个装置放于某种透明液体中,点 P 处为第 4 级明纹,求该液体的折射率;

(3) 装置仍在空气中,在 S_2 后面放一折射率为 1.5 的透明薄片,点 P 处为第 5 级明纹,求该透明薄片的厚度;

劳埃德镜
半波损失

(4) 若将缝 S_2 盖住,在 S_1、S_2 的对称轴上放一反射镜 M(图 10-3),则点 P 处有无干涉条纹? 若有,是明的还是暗的?

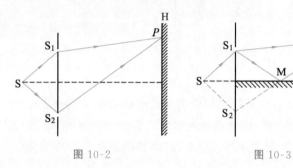

图 10-2　　　　　　　图 10-3

分析:干涉的强弱,即明、暗条纹取决于两相干光的光程差 Δ,计算对应情况下的 Δ,根据干涉明、暗条纹的条件式(10-2)即可解此题.

解答:(1) 光从 S_1 和 S_2 到点 P 的光程差为
$$\Delta_1 = 3\lambda$$

(2) 此时,光从 S_1 和 S_2 到点 P 的光程差为 $\Delta_2 = n\Delta_1 = 4\lambda$,所以
$$n = \frac{4\lambda}{\Delta_1} = \frac{4}{3} \approx 1.33$$

(3) 设该透明薄片厚度为 d,则此时光从 S_1 和 S_2 到点 P 的光程差为
$$\Delta_3 = \Delta_1 + (n'-1)d = 5\lambda$$
所以
$$d = \frac{2\lambda}{n'-1} = 4\lambda$$

(4) 如图 10-3 所示,从 S_1 经 M 反射至点 P 的光线,与从 S_1 直接到达点 P 的光线相干叠加后,在点 P 处产生干涉条纹.此时,两相干光在点 P 的相位差与(1)中相比相差 π(反射时的相位跃变),所以,此时点 P 处是暗纹.

注意:在讨论干涉强弱(明、暗纹)时,计算光程差要关注相位跃变(半波损失)存在与否.

薄膜干涉

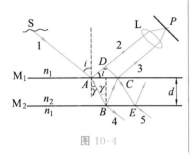

图 10-4

4.分振幅法——薄膜干涉.

（1）薄膜干涉.

薄膜干涉原理图如图 10-4 所示,明、暗纹条件如下：

$$\Delta = 2d\sqrt{n_2{}^2 - n_1{}^2\sin^2 i} + \frac{\lambda}{2}$$

$$= \begin{cases} k\lambda, & k=1,2,\cdots \text{明纹中心} \\ (2k+1)\dfrac{\lambda}{2}, & k=0,1,2,\cdots \text{暗纹中心} \end{cases} \tag{10-5}$$

当光垂直入射时,$i=0$,则

$$\Delta = 2n_2 d + \frac{\lambda}{2} = \begin{cases} k\lambda, & k=1,2,\cdots \text{明纹中心} \\ (2k+1)\dfrac{\lambda}{2}, & k=0,1,2,\cdots \text{暗纹中心} \end{cases} \tag{10-6}$$

例 10-2 如图 10-5(a)所示的照相机镜头玻璃的折射率为 1.50,上面镀有折射率为 1.38 的氟化镁(MgF_2)薄膜,以使垂直入射到镜头上的黄绿光(波长约为 550 nm,感光器件对此光最敏感)最大限度地进入镜头,此薄膜的厚度至少应为多少?

(a)照相机镜头

(b)镜头增透膜示意图

图 10-5

增透膜　增反膜

时间相干性

分析：根据题意,要求该薄膜成为对黄绿光的增透膜,需反射光干涉相消,即薄膜上、下表面的反射光的光程差符合干涉相消条件.

$$\Delta = (2k+1)\frac{\lambda}{2}$$

解答：如图 10-5(b)所示,因为 $n_1 < n_2 < n_3$,反射光 2 和 3 均有 π 的相位跃变,故无附加光程差,即

$$\Delta = 2n_2 d = (2k+1)\frac{\lambda}{2}, \ k=0,1,2,\cdots$$

所以,薄膜的厚度应为

$$d = \frac{(2k+1)\dfrac{\lambda}{2}}{2n_2}, \ k=0 \text{ 时 } d \text{ 最小}$$

$$d_{\min} = \frac{\lambda}{4n_2} = \frac{500}{4 \times 1.38} = 90.6 (\text{nm})$$

拓展：在实际生产中,这样的薄膜厚度太薄,镀膜时难以操作且不牢固,那该怎么办呢?

（2）等厚干涉.

① 劈尖.

劈尖干涉原理图如图 10-6 所示,明、暗纹条件如下:

$$\Delta = 2n_2 d + \frac{\lambda}{2} \begin{cases} k\lambda, & k=1,2,\cdots \text{明纹} \\ (2k+1)\frac{\lambda}{2}, & k=0,1,2,\cdots \text{暗纹} \end{cases} \quad (10\text{-}7)$$

干涉条纹为平行于棱边的等间距直条纹,如图 10-7 所示.

相邻明纹（或暗纹）处劈尖的厚度差为

$$\Delta d = \frac{\lambda}{2n_2} \quad (10\text{-}8)$$

相邻明纹（或暗纹）的距离为

$$b = \frac{\lambda}{2n_2 \sin\theta} \quad (10\text{-}9)$$

劈尖干涉

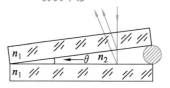

图 10-6

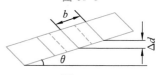

图 10-7

劈尖干涉应用

例 10-3　检验滚珠大小的干涉装置示意图如图 10-8(a)所示.其中 S 为光源,L 为会聚透镜,M 为半透半反镜.在平晶 T_1、T_2 之间放置 A、B、C 三个滚珠,其中 A 为标准件,直径为 d_0.用波长为 λ 的单色光垂直照射平晶,在 M 上方观察到等厚条纹,如图 10-8(b)所示,轻压 C 珠,条纹间距变大.求 B 珠的直径 d_1 和 C 珠的直径 d_2.

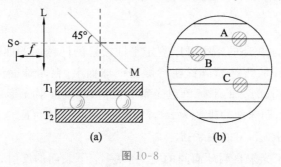

图 10-8

分析：A、B、C 三个滚珠直径不同,故在平晶 T_1、T_2 之间形成空气劈尖.这是等厚干涉问题,可用劈尖干涉的规律即式(10-8)和式(10-9)来解.

解答：等厚干涉两相邻明纹（或暗纹）处的劈尖厚度差为

$$\Delta d = \frac{1}{2}\lambda$$

由图 10-8(b)可知，B 珠的直径与 A 珠相差 $\frac{1}{2}\lambda$，C 珠的直径与 A 珠相差 $\frac{3}{2}\lambda$.

条纹间距为 $b = \frac{\lambda}{2\sin\theta}$，角 θ 减小时 b 增大. 所以轻压 C 珠，角 θ 减小，条纹间距变大. 显然，C 珠的直径最大，B 珠的直径其次，A 珠的直径最小，即

$$d_2 > d_1 > d_0$$

所以

$$d_1 = d_0 + \frac{1}{2}\lambda, d_2 = d_0 + \frac{3}{2}\lambda$$

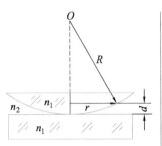

图 10-9

牛顿环

牛顿环的讨论

② 牛顿环.

牛顿环装置如图 10-9 所示.

明、暗纹条件：

$$\Delta = 2n_2 d + \frac{\lambda}{2} = \begin{cases} k\lambda, & k=1,2,\cdots \text{ 明纹} \\ (2k+1)\frac{\lambda}{2}, & k=0,1,2,\cdots \text{ 暗纹} \end{cases} \quad (10\text{-}10)$$

干涉条纹是以接触点为中心的明暗相间的同心圆环——牛顿环.

明环半径为

$$r = \sqrt{\left(k - \frac{1}{2}\right)\frac{R\lambda}{n_2}}, \quad k=1,2,3,\cdots \quad (10\text{-}11a)$$

暗环半径为

$$r = \sqrt{\frac{kR\lambda}{n_2}}, \quad k=0,1,2,\cdots \quad (10\text{-}11b)$$

例 10-4 利用牛顿环的条纹可以测定平凹透镜的凹球面的曲率半径.方法是：将已知半径的平凸透镜的凸球面放置在待测的凹球面上，在两球面间形成空气薄层.如图 10-10 所示，用波长为 λ 的平行单色光垂直照射，观察反射光形成的干涉条纹.若中心 O 点处刚好接触，凹球面的半径为 R_2，凸球面的半径为 R_1（$R_1 < R_2$），试求第 k 级暗环的半径 r_k 与 R_1、R_2 和 λ 的关系式.

分析：两束相干光来自两球面间的空气薄层上、下表面的反射，由两个直角三角形可得到图中的 d_1 和 d_2，两者之差即为入射点的空气层厚度，由此可算出光程差，再根据暗环条件即得所求关系式.

解答：如图 10-10 所示，设第 k 级暗环处空气膜厚度为 Δd，即

$$\Delta d = d_1 - d_2$$

根据几何关系，有

$$d_1 = \frac{r_k^2}{2R_1}, \quad d_2 = \frac{r_k^2}{2R_2}$$

因为

$$\Delta = 2\Delta d + \frac{\lambda}{2} = \frac{1}{2}(2k+1)\lambda, \quad k = 0,1,2,\cdots$$

即

$$2\Delta d = k\lambda, \quad 2\frac{r_k^2}{2}\left(\frac{1}{R_1} - \frac{1}{R_2}\right) = k\lambda$$

所以

$$r_k^2 = \frac{R_1 R_2 k\lambda}{R_2 - R_1}, \quad k = 0,1,2,\cdots$$

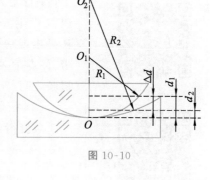

图 10-10

若 R_1 已知，测出 r_k，即可由此式得到凹球面的半径 R_2。

注意：式（10-11a）和式（10-11b）并非适用于所有情况的牛顿环，不同情况下应具体分析光程差，再根据明、暗条件求解。

拓展：若将图 10-9 中的平凸透镜改为平凹透镜且凹面朝下，该如何分析？

仍利用光程差的方法，这时中心对应的条纹级次高。

处理光的干涉问题，首先需确定发生干涉的两束相干光，分析、计算其光程差，再列出干涉明暗的具体条件，进而讨论干涉条纹及其分布规律。在此过程中，需特别注意分析有无半波损失。

（二）光的衍射

1. 惠更斯-菲涅耳原理。

从同一波阵面上各点发出的子波是相干的，经传播而在空间某点相遇时，各子波相干叠加。各子波的干涉形成衍射明暗条纹。

2. 夫琅禾费单缝衍射。

夫琅禾费单缝衍射装置如图 10-11 所示。

惠更斯-菲涅耳原理

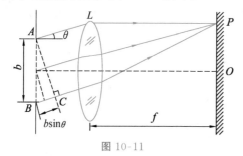

图 10-11

（1）菲涅耳波带法。

单缝 AB 上各点发出的子波在衍射角为 θ 方向的最大光程差

半波带法

单缝衍射的讨论

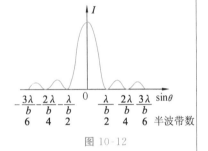

图 10-12

$BC = b\sin\theta$. 把 BC 分成间隔为半波长 $\frac{\lambda}{2}$ 的 N 个相等部分, 作 $N-1$ 个平行于 AC 的平面, 这些平面将把单缝上的波阵面 AB 切割成 N 个半波带. 当 N 为偶数时, 所有波带将成对地相互抵消, 使点 P 处出现暗纹; 当 N 为奇数时, 成对的波带抵消后还留下一个波带, 使点 P 处出现明纹. 若 N 不是整数, 点 P 处光强介于最明和最暗之间.

（2）衍射明、暗条纹.

单缝衍射条纹光强分布如图 10-12 所示.

$$b\sin\theta = \begin{cases} \pm 2k\dfrac{\lambda}{2} = \pm k\lambda, & \text{暗纹中心,} \\[2mm] & \qquad\qquad k=1,2,\cdots \quad (10\text{-}12) \\[1mm] \pm(2k+1)\dfrac{\lambda}{2}, & \text{明纹中心,} \end{cases}$$

中央明纹 $-\lambda < b\sin\theta < \lambda$, 其中心 $\theta = 0$.

中央明纹宽度为

$$\Delta x_0 = \frac{2\lambda f}{b} \qquad (10\text{-}13)$$

其他明纹宽度为

$$\Delta x = \frac{\lambda f}{b} \qquad (10\text{-}14)$$

式中, f 为透镜的焦距.

例 10-5 平行单色光垂直照射到缝宽为 0.5 mm 的单缝上, 缝后有一个焦距为 100 cm 的凸透镜, 在透镜焦平面的屏上形成衍射条纹, 若距离透镜焦点为 1.5 mm 的点 P 处为第 1 级明纹, 试求:

（1）入射光的波长;

（2）点 P 处条纹对应的狭缝可分成的波带数;

（3）中央明纹宽度.

分析: 这是夫琅禾费单缝衍射, 运用明纹条件, 由已知条件即可求得光的波长; 根据菲涅耳波带法原理即可知对应的波带数; 代入式（10-13）即可得中央明纹宽度.

解答:（1）明纹条件:

$$b\sin\theta = (2k+1)\frac{\lambda}{2}$$

其位置为

$$x = f\tan\theta \approx f\sin\theta = (2k+1)\frac{f\lambda}{2b}$$

则

$$\lambda = \frac{2bx}{(2k+1)f}$$

将 $k=1, b=0.5$ mm, $x=1.5$ mm, $f=100$ cm 代入上式, 得入射光的波长

$$\lambda = 500\ \text{nm}$$

（2）点 P 处为级次 $k=1$ 的明条纹，对应的波带数为

$$N = 2k + 1 = 3$$

（3）中央明纹宽度为

$$\Delta x_0 = \frac{2\lambda f}{b} = \frac{2 \times 500 \times 10^{-9} \times 100 \times 10^{-2}}{0.5 \times 10^{-3}} = 0.002\,(\text{m})$$

注意： 透镜焦点即为图 10-11 中的点 O，故题中所说离开透镜焦点的距离即为 x.

拓展： 若已知入射光为单色可见光（波长 400～760 nm），而未知 P 处明纹的级次，如何解此题？

P 点位置确定，即衍射角确定，利用 $b\sin\theta = (2k+1)\dfrac{\lambda}{2}$，取不同的 k 值，求出相应 λ，若 λ 值在 400～760 nm 内，即为所求波长.

3. 干涉与衍射的区别.

若入射的是单色光，干涉与衍射都产生明、暗相同的条纹，那么，它们的区别在哪里呢？

首先，干涉是两束光或有限束光的相干叠加，而衍射是从同一波阵面上各点发出的无数个子波（球面波）的相干叠加，从这个意义上看，衍射本质上也是干涉.

其次，在纯干涉的情况下，不同级次（k 不同）的光强是一样的；而衍射条纹不同级次的光强是不同的，级次越高（k 越大），光强越弱.

再次，若将双缝干涉条纹与单缝衍射条纹比较，双缝干涉条纹是等间距的；而单缝衍射条纹的中央明纹宽度是其他各级条纹宽度的两倍.

最后，需要特别注意的是，单缝衍射明、暗纹的条件与干涉恰好相反.

干涉：　　　　$\Delta = \pm(2k+1)\dfrac{\lambda}{2}$，　　　　　暗纹

单缝衍射：　　$\Delta = b\sin\theta = \pm(2k+1)\dfrac{\lambda}{2}$，　　明纹

这是因为前者两束相干光光程差为半波长的奇数倍时，两束光波的相位相反，干涉减弱；而后者，在衍射角 θ 的方向上，无数多条衍射光线的最大光程差为半波长的奇数倍时，单缝能分成奇数个半波带，相邻两波带上对应的衍射光彼此相消，最后剩下一个波带的衍射光不能相消，故得明纹.

4. 衍射光栅.

光栅衍射装置如图 10-13 所示.

衍射光栅
光栅方程

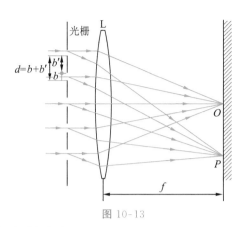

图 10-13

（1）光栅衍射图样.

光栅衍射图样是单缝衍射与多缝干涉的综合结果,其特点是明纹锐细、明亮,相邻明纹间有很宽的暗区.

（2）光栅方程.

P 处为明纹的条件,即光栅方程为

$$(b+b')\sin\theta = \pm k\lambda, \quad k=0,1,2,\cdots \tag{10-15}$$

（3）发生缺级的条件为

$$k=\frac{b+b'}{b}k', \quad k'=1,2,\cdots \tag{10-16}$$

缺级现象
衍射光谱

例 10-6 波长 $\lambda=600$ nm 的单色光垂直入射到一光栅上,测得第 2 级主极大出现在衍射角 θ 满足关系式 $\sin\theta=0.2$ 处,第 4 级是缺级.试求:

（1）光栅常数 $b+b'$;

（2）透光缝可能的最小宽度 b;

（3）可能观察到的全部主极大的级次.

解答:（1）由光栅方程

$$(b+b')\sin\theta = k\lambda$$

得

$$b+b' = \frac{k\lambda}{\sin\theta} = \frac{2\times600\times10^{-9}}{0.2} = 6\times10^{-6} \text{（m）}$$

（2）因为 $(b+b')\sin\theta' = k\lambda$,$k=4$ 缺级,对应于最小的 b,θ' 方向应由单缝衍射第 1 级暗纹公式 $b\sin\theta' = \lambda$ 确定,所以

$$b = \frac{b+b'}{4} = 1.5\times10^{-6} \text{ m}$$

（3）因为 $(b+b')\sin\theta = k\lambda$,$-\frac{\pi}{2}<\theta<\frac{\pi}{2}$,所以 $k=0,\pm1,\pm2,\pm3,\pm4,\pm5,\pm6,\pm7,\pm8,\pm9$.又因为 $k=\pm4,\pm8$ 缺级,所以可观察到的全部主极大级次为:$0,\pm1,\pm2,\pm3,\pm5,\pm6,\pm7,\pm9$.

例 10-7 　一双缝缝距 $d=0.4$ mm,两缝宽度都是 $b=0.080$ mm,用波长 $\lambda=480$ nm 的平行光垂直照射双缝,在双缝后放一焦距 $f=2.0$ m 的透镜,试求:

(1) 在透镜焦平面处的屏上,双缝干涉条纹的间距 Δx;

(2) 在单缝衍射中央明纹范围内的双缝干涉明纹数目 N 和相应的级次.

分析:双缝可看作一特殊光栅.

解答:(1)双缝干涉,相邻明纹(或暗纹)的间距为

$$\Delta x = \frac{f}{d}\lambda = 2.4 \text{ mm}$$

(2)单缝衍射中央明纹宽度为

$$\Delta x_0 = 2\frac{\lambda f}{b} = 24 \text{ mm}$$

故单缝衍射中央明纹范围可有 $\frac{\Delta x_0}{\Delta x}+1$ 个双缝干涉明纹,但中央明纹边缘处是 2 个缺级,则实际明纹数目为

$$N = \frac{\Delta x_0}{\Delta x} + 1 - 2 = 9$$

相应级次为 $0,\pm1,\pm2,\pm3,\pm4$(±5 级为缺级).

思考:还有没有其他方法判定中央明纹内的干涉明纹数目 N?

例 10-8 　波长为 500 nm 的单色光垂直入射到一个平面光栅上.如果要求第 1 级明纹的衍射角为 30°,光栅每毫米应该几条线?若换用另一单色光源,测得其第 2 级明纹的衍射角为 60°,求这个光源发光的波长.

分析:平面衍射光栅由许多条平行等距离的相同透光狭缝组成,相邻狭缝(或刻线)的间距为光栅常量($b+b'$),因此,求出光栅常量,即可得每毫米的刻线数,而光栅常量可根据光栅方程求得.换用光源后,根据已求得的光栅常量,运用光栅方程,即可求得入射光的波长.

解答:由光栅方程

$$(b+b')\sin\theta = k\lambda$$

得

$$b+b' = \frac{k\lambda}{\sin\theta} = \frac{1\times500}{\sin30°} \text{ nm} = 1\times10^{-3} \text{ mm}$$

所以,每毫米的刻线数为

$$N' = \frac{1}{b+b'} = 1\ 000(\text{条})$$

换用光源后,$k=2,\theta=60°$,代入光栅方程,得入射光的波长为

$$\lambda' = \frac{(b+b')\sin\theta}{k} = \frac{1\times10^{-3}\times10^6\times\frac{\sqrt{3}}{2}}{2} = 433(\text{nm})$$

拓展：若以白光(400～760 nm)垂直照射在该光栅上,且第 1 级光谱清晰可辨,那么共有几级光谱清晰可辨?

圆孔衍射
光学仪器分辨率

光的偏振性　三种光

马吕斯定律

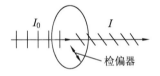

图 10-14

反射和折射时光的偏振

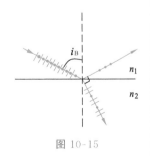

图 10-15

5. 光学仪器的分辨率.

（1）夫琅禾费圆孔衍射.

艾里斑对透镜中心的张角为

$$2\theta = \frac{d}{f} = 2.44\frac{\lambda}{D} \tag{10-17}$$

（2）光学仪器分辨率.

最小分辨角　　　　$$\theta_0 = \frac{1.22\lambda}{D} \tag{10-18}$$

分辨率　　　　　　$$R = \frac{1}{\theta_0} \tag{10-19}$$

（三）光的偏振

1. 光的偏振性.

（1）自然光、偏振光和部分偏振光.

（2）起偏（器）和检偏（器）.

（3）马吕斯定律.

如图 10-14 所示,强度为 I_0 的偏振光,其振动方向与检偏器偏振化方向的夹角为 α,则通过检偏器后的强度为

$$I = I_0\cos^2\alpha \tag{10-20}$$

2. 光在反射和折射时的偏振现象.

（1）现象.

反射光是垂直入射面的振动较强的部分偏振光,折射光是平行入射面的振动较强的部分偏振光.

（2）布儒斯特定律.

如图 10-15 所示,自然光入射到折射率分别为 n_1 和 n_2 的两种介质的分界面上时,反射光为偏振光的条件是

$$\tan i_B = \frac{n_2}{n_1} \tag{10-21}$$

式中,入射角 i_B 为起偏角或布儒斯特角.这时反射光线与折射光线的夹角恰好为 90°.

例 10-9 一束光强为 I_0 的自然光垂直穿过两个偏振片,两个偏振片的偏振化方向成 45°角,若不考虑偏振片的反射和吸收,求穿过两个偏振片后的光强 I.

分析:自然光穿过偏振片后,成为偏振光,强度减半.再通过偏振片,出射光强可由马吕斯定律求得.

解答:光强为 I_0 的自然光穿过一个偏振片后的光强为

$$I' = \frac{1}{2} I_0$$

其振动方向为该偏振片的偏振化方向,即与第二个偏振片的偏振化方向成 $\alpha = 45°$ 角,于是,最后出射光的光强为

$$I = I' \cos^2 \alpha = \frac{1}{4} I_0$$

拓展:要使某一偏振光的振动方向转过 90°,至少需要几个偏振片? 最后出射光的光强与原自然光的光强的比值是多少?

例 10-10 如图 10-16 所示的三种透明介质Ⅰ、Ⅱ、Ⅲ,其折射率分别为 $n_1 = 1.00$、$n_2 = 1.43$ 和 n_3,Ⅰ和Ⅱ、Ⅱ和Ⅲ的界面相互平行,一束自然光由介质Ⅰ中入射.若在两个交界面上的反射光都是线偏振光,试求:

(1) 入射角 i;

(2) 折射率 n_3.

分析:这是光在介质交界面上反射和折射时的偏振问题,可由布儒斯特定律求解.

解答:(1) 根据布儒斯特定律,有

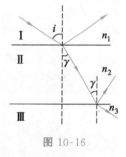

图 10-16

$$\tan i = \frac{n_2}{n_1} = 1.43$$

所以,$i = 55.03°$.

(2) 设在介质Ⅱ中的折射角为 γ,则 $\gamma = \frac{\pi}{2} - i$.介质Ⅱ、Ⅲ界面上的入射角等于 γ,由布儒斯特定律有

$$\tan \gamma = \frac{n_3}{n_2}$$

得

$$n_3 = n_2 \tan \gamma = n_2 \cot i = n_2 \cdot \frac{n_1}{n_2} = n_1 = 1.00$$

三、难点分析

本章的难点有两个:

一是光程概念的理解和光程差的计算,这也是本章的重要基础.光的干涉和衍射问题的分析及讨论都涉及光程和光程差的计

算.解决这一问题的关键是弄清引入光程和光程差概念的目的.光的干涉和衍射本质上都是光波的相干叠加,相干叠加的强弱取决于相位差,而光在介质中通过路程 L 时所引起的相位变化相当于光在真空中通过路程 nL 所产生的相位变化,nL 就是光程,光程差即两束光到达相遇点的光程之差.相位差取决于光程差.所以,引入光程和光程差是为了讨论相干强弱条件,进而分析干涉和衍射图样.计算光程差要在确定参与相干叠加的光线的基础上,由几何关系计算光线通过不同折射率区域的路径长度,乘以各对应区域的折射率,其总和即为该光线的光程,从而可写出两光线的光程差的表达式.计算光程差时特别要注意的是要分析有无相位跃变(半波损失)存在.

　　二是夫琅禾费单缝衍射条纹明暗条件的得出,并由于其形式上与杨氏双缝干涉条件正好相反而易于混淆.解决这一问题的关键在于正确理解菲涅耳半波带法,把握得出明暗条件的过程的三个层次.即:① 半波带的划分方法;② 从而可知,半波带的特点,即相邻两个半波带上对应点发出的子波在屏上相遇处相位相反,故相邻两半波带的各子波在屏上相遇处两两相消;③ 由此得到,屏上对应点的明、暗取决于半波带数目的奇偶性.对于所得结论,即明、暗条件,不能光看形式,而应理解它的物理实质.

四、习题

(一) 选择题

1. 来自不同光源的两束白光,如两束手电筒光照射在同一区域内,是不能产生干涉图样的,这是由于　　　　　　　　　(　　)

　　A. 白光是由不同波长的光构成的

　　B. 两光源发出不同强度的光

　　C. 两个光源是独立的,不是相干光源

　　D. 不同波长的光的光速是不同的

2. 在相同时间内,一束波长为 λ 的单色光在空气中和在玻璃中　　　　　　　　　(　　)

　　A. 传播的路程相等,走过的光程相等

　　B. 传播的路程相等,走过的光程不相等

　　C. 传播的路程不相等,走过的光程相等

　　D. 传播的路程不相等,走过的光程不相等

3. 在双缝干涉实验中,入射光的波长为 λ,用玻璃纸遮住双缝中的一个缝,若玻璃纸中光程比相同厚度的空气的光程大 2.5λ,则屏上原来的明纹处　　　　　　　　　(　　)

A. 仍为明纹   B. 变为暗纹

C. 既非明纹也非暗纹   D. 无法确定

4. 如图 10-17 所示,用波长 $\lambda=600$ nm 的单色光做杨氏双缝实验,在光屏 P 处有第 5 级明纹极大,现将折射率 $n=1.5$ 的薄透明玻璃片盖在其中一条缝上,此时 P 处变成中央明纹极大的位置,则此玻璃片的厚度为   (   )

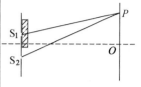

图 10-17

A. 5.0×10^{-4} cm   B. 6.0×10^{-4} cm

C. 7.0×10^{-4} cm   D. 8.0×10^{-4} cm

5. 如图 10-18 所示,S_1、S_2 为两个光源,它们到 P 点的距离分别为 r_1 和 r_2,S_1 至 P 路径垂直穿过一块厚度为 t_1、折射率为 n_1 的介质板,S_2 至 P 路径垂直穿过厚度为 t_2、折射率为 n_2 的另一介质板,其余部分可看作真空,这两条路径的光程差等于   (   )

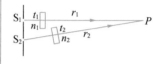

图 10-18

A. $(r_2+n_2t_2)-(r_1+n_1t_1)$

B. $[r_2+(n_2-1)t_2]-[r_1+(n_1-1)t_1]$

C. $(r_2-n_2t_2)-(r_1-n_1t_1)$

D. $n_2t_2-n_1t_1$

6. 在双缝干涉实验中,若单色光源 S 到两狭缝 S_1、S_2 的距离相等,则观察屏上中央明纹中心位于图 10-19 中 O 处,现将光源 S 稍稍向下移动到示意图中的 S' 位置,则   (   )

A. 中央明纹向下移动,且条纹间距不变

B. 中央明纹向上移动,且条纹间距增大

C. 中央明纹向下移动,且条纹间距增大

D. 中央明纹向上移动,且条纹间距不变

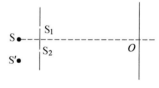

图 10-19

7. 波长为 λ 的单色光垂直入射到厚度为 e 的平行膜上,如图 10-20 所示,若反射光消失,则当 $n_1<n_2<n_3$ 时,应满足条件(1);当 $n_1<n_2,n_2>n_3$ 时应满足条件(2).条件(1)、条件(2)分别是   (   )

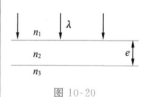

图 10-20

A. $2ne=k\lambda$,$2ne=k\lambda$

B. $2ne=k\lambda+\dfrac{\lambda}{2}$,$2ne=k\lambda+\dfrac{\lambda}{2}$

C. $2ne=k\lambda-\dfrac{\lambda}{2}$,$2ne=k\lambda$

D. $2ne=k\lambda$,$2ne=k\lambda-\dfrac{\lambda}{2}$

8. 如图 10-21 所示,平行单色光垂直照射到薄膜上,经上下两个表面反射的两束光发生干涉.若薄膜的厚度为 e,并且 $n_1<n_2,n_2>n_3$,λ_1 为入射光在折射率为 n_1 的媒质中的波长,则两束反射光在相遇点的相位差为   (   )

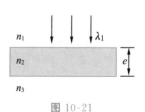

图 10-21

A. $\dfrac{2\pi n_2 e}{n_1 \lambda_1}$ B. $\dfrac{4\pi n_1 e}{n_2 \lambda_1} + \pi$

C. $\dfrac{4\pi n_2 e}{n_1 \lambda_1} + \pi$ D. $\dfrac{4\pi n_2 e}{n_1 \lambda_1}$

9. 折射率为 1.30 的油膜覆盖在折射率为 1.50 的玻璃片上. 用白光垂直照射油膜,观察到透射光中绿光($\lambda = 500$ nm)加强,则油膜的最小厚度是   ( )

  A. 83.3 nm   B. 250 nm   C. 192.3 nm   D. 96.2 nm

10. 两块平板玻璃构成空气劈尖,左边为棱边,用单色平行光垂直入射. 若上面的平板玻璃慢慢地向上平移,则干涉条纹( )

  A. 向棱边方向平移,条纹间隔变小

  B. 向棱边方向平移,条纹间隔变大

  C. 向棱边方向平移,条纹间隔不变

  D. 向远离棱边的方向平移,条纹间隔不变

  E. 向远离棱边的方向平移,条纹间隔变小

11. 两块平板玻璃构成空气劈尖,左边为棱边,用单色平行光垂直入射. 若上面的平板玻璃以棱边为轴,沿逆时针方向做微小转动,则干涉条纹的   ( )

  A. 间隔变小,并向棱边方向移动

  B. 间隔变大,并向远离棱边方向移动

  C. 间隔不变,并向棱边方向移动

  D. 间隔变小,并向远离棱边方向移动

12. 两个直径相差甚微的圆柱体夹在两块平板玻璃之间构成空气劈尖,如图 10-22 所示,单色光垂直照射,可看到等厚干涉条纹. 如果将两个圆柱体之间的距离 L 增大,则 L 范围内的干涉条纹   ( )

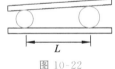

图 10-22

  A. 数目增加,间距不变   B. 数目增加,间距变小

  C. 数目不变,间距变大   D. 数目减小,间距变大

13. 如图 10-23(a) 所示,一光学平板玻璃 A 与待测工件 B 之间形成空气劈尖,用波长 $\lambda = 500$ nm 的单色光垂直照射,看到的反射光的干涉条纹如图 10-23(b)所示. 有些条纹弯曲部分的顶点恰好与其右边条纹的直线部分的切线相切,则工件的上表面缺陷是   ( )

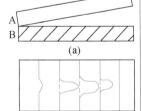

图 10-23

  A. 不平处为凸起纹,最大高度为 500 nm

  B. 不平处为凸起纹,最大高度为 250 nm

  C. 不平处为凹槽,最大深度为 500 nm

  D. 不平处为凹槽,最大深度为 250 nm

14. 一平凹柱面透镜与平板玻璃间构成一空气层,当一束光垂直照射时,形成的干涉条纹形状为 ( )

    A. 等间隔的直条纹   B. 不等间隔的直条纹

    C. 等间隔的圆条纹   D. 不等间隔的圆条纹

15. 在图 10-24 所示由三种透明材料构成的牛顿环装置中,用单色光垂直照射,在反射光中看到干涉条纹,则在接触点 P 处形成的圆斑为 ( )

    A. 全明   B. 全暗

    C. 左半部暗,右半部明   D. 左半部明,右半部暗

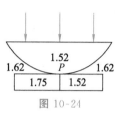

图 10-24

16. 若把牛顿环装置(都是用折射率为 1.52 的玻璃制成的)由空气搬入折射率为 1.33 的水中,则干涉条纹 ( )

    A. 中心暗斑变成亮斑   B. 变疏

    C. 变密   D. 间距不变

17. 当牛顿环装置中的透镜与玻璃之间充以液体时,则第十个亮环的直径由 1.40 cm 变为 1.27 cm,故这种液体的折射率为

( )

    A. 1.32   B. 1.10   C. 1.21   D. 1.43

18. 根据惠更斯-菲涅耳原理,若已知光在某时刻的波阵面为 S,则 S 的前方某点 P 的光强度取决于波阵面 S 上所有面积元发出的子波各自传到 P 点的 ( )

    A. 振动振幅之和   B. 光强之和

    C. 振动振幅之和的平方   D. 振动的相干叠加

19. 在单缝衍射实验中,缝宽 $b=0.2$ mm,透镜焦距 $f=0.4$ m,入射光波长 $\lambda=500$ nm,则在距离中央亮纹中心位置 2 mm 处是亮纹还是暗纹?从这个位置看上去可以把波阵面分为几个半波带? ( )

    A. 亮纹,3 个半波带   B. 亮纹,4 个半波带

    C. 暗纹,3 个半波带   D. 暗纹,4 个半波带

20. 在夫琅禾费单缝衍射实验中,对于给定的入射单色光,当缝宽度变小时,除中央亮纹的中心位置不变外,各级衍射条纹 ( )

    A. 对应的衍射角变小   B. 对应的衍射角变大

    C. 对应的衍射角不变   D. 光强也不变

21. 在如图 10-25 所示的单缝夫琅禾费衍射装置中,设中央明纹的衍射角范围很小,若使单缝宽度 b 变为原来的 $\dfrac{3}{2}$,同时使入射的单色光的波长 λ 变为原来的 $\dfrac{3}{4}$,则屏幕上单缝衍射条纹中央明纹的宽度 Δx 变为原来的 ( )

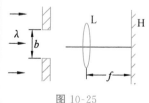

图 10-25

A. $\dfrac{3}{4}$ B. $\dfrac{2}{3}$ C. $\dfrac{9}{8}$ D. $\dfrac{1}{2}$

22. 在如图 10-26 所示的夫琅禾费衍射装置中,将单缝宽度 b 稍稍变窄,同时使会聚透镜 L 沿 y 轴正方向做微小位移,则屏幕 H 上的中央衍射条纹将   ( )

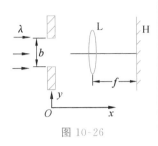

图 10-26

  A. 变宽,同时向上移动   B. 变宽,同时向下移动

  C. 变宽,不移动   D. 变窄,同时同上移动

23. 一衍射光栅宽 3.00 cm,用波长 600 nm 的光照射,第二级主极大出现在衍射角 30° 处,则光栅上总刻线数为   ( )

  A. 1.25×10^4 B. 2.50×10^4

  C. 6.25×10^3 D. 9.48×10^3

24. 在光栅的夫琅禾费衍射中,当光栅在所在平面内沿刻线的垂直方向上做微小移动时,则衍射花样   ( )

  A. 将向与光栅移动方向相同的方向移动

  B. 将向与光栅移动方向相反的方向移动

  C. 中心不变,衍射花样变化

  D. 没有变化

25. 波长为 520 nm 的单色光垂直投射到 2 000 线/cm 的平面光栅上,则第 1 级衍射最大所对应的衍射角近似为   ( )

  A. 3°   B. 6°   C. 9°   D. 12°

26. 波长为 600 nm 的单色光垂直入射到光栅常数为 2.5×10^{-3} mm 的光栅上,光栅的刻痕与缝宽相等,则光谱上呈现的全部级数为   ( )

  A. 0、±1、±2、±3、±4   B. 0、±1、±3

  C. ±1、±3   D. 0、±2、±4

27. 测量单色光的波长时,下列方法最为精确的是   ( )

  A. 双缝干涉   B. 牛顿环   C. 单缝衍射   D. 光栅衍射

28. 一束光强为 I_0 的自然光垂直穿过两个偏振片,且两个偏振片的偏振化方向成 45° 角,若不考虑偏振片的反射和吸收,则穿过两个偏振片后的光强 I 为   ( )

  A. $\dfrac{\sqrt{2} I_0}{4}$ B. $\dfrac{I_0}{4}$ C. $\dfrac{I_0}{2}$ D. $\dfrac{\sqrt{2} I_0}{2}$

29. 一束光强为 I_0 的自然光,相继通过三个偏振片 P_1、P_2、P_3 后出射光强为 $\dfrac{I_0}{8}$.已知 P_1 和 P_3 的偏振化方向相互垂直.若以入射光线为轴旋转 P_2,要使出射光的光强为零,P_2 至少应转过的角度是   ( )

  A. 30°   B. 45°   C. 60°   D. 90°

30. 自然光从空气连续射入介质 A 和 B.当光的入射角为 60° 时,得到的反射光 R_A 和 R_B 都是完全偏振光(振动方向垂直于入射面),由此可知,介质 A 和 B 的折射率之比为　　　(　)

A. $1 : \sqrt{3}$ 　　　　　　　　　B. $\sqrt{3} : 1$

C. $1 : 2$ 　　　　　　　　　D. $2 : 1$

31. 自然光以 60° 的入射角照射到两介质交界面时,反射光为完全偏振光,则折射光为　　　　　　　　　　(　)

A. 完全偏振光,且折射角为 30°

B. 部分偏振光,且只是在该光由真空入射到折射率为 $\sqrt{3}$ 的介质时,折射角是 30°

C. 部分偏振光,但须知两种介质的折射率,才能确定折射角

D. 部分偏振光,且折射角是 30°

32. 在真空中行进的单色自然光以布儒斯特角 $i_B = 57°$ 入射到平板玻璃上.下列叙述不正确的是　　　　　　(　)

A. 入射角的正切等于玻璃的折射率

B. 反射线和折射线的夹角为 $\dfrac{\pi}{2}$

C. 折射光为部分偏振光

D. 反射光为平面偏振光,其光矢量的振动面平行于入射面

33. 一束自然光自空气射向一块平板玻璃(图 10-27),入射角等于布儒斯特角 i_B,则在界面 2 的反射光　　(　)

A. 光强为零

B. 是完全偏振光,且光矢量的振动方向垂直于入射面

C. 是完全偏振光,且光矢量的振动方向平行于入射面

D. 是部分偏振光

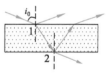

图 10-27

34. 在双缝干涉实验中,用单色自然光在屏上形成干涉条纹,若在两缝后放一个偏振片,则　　　　　　　　　(　)

A. 干涉条纹的间距不变,但明纹的亮度加强

B. 干涉条纹的间距不变,但明纹的亮度减弱

C. 干涉条纹的间距变窄,但明纹的亮度减弱

D. 无干涉条纹

(二) 填空题

1. 在双缝干涉实验中,若使两缝之间的距离增大,则屏幕上干涉条纹间距_____;若使单色光的波长减小,则干涉条纹间距_____.

2. 波长为 500 nm 的绿光投射在间距 d 为 0.022 cm 的双缝上,在距离 180 cm 处的光屏上形成干涉条纹,则相邻两个亮纹之间的距离为_____.若改用波长为 700 nm 的红光投射到此双缝

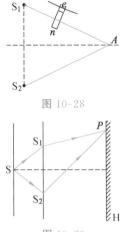

图 10-28

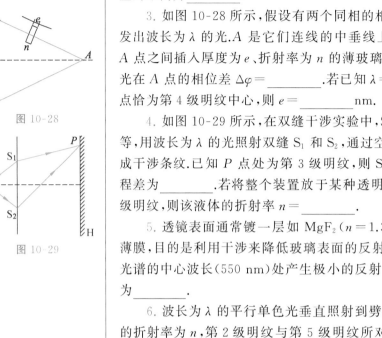

图 10-29

上,相邻两个亮纹之间的距离为_____.这两种光第 2 级亮纹位置的距离为_____.

3. 如图 10-28 所示,假设有两个同相的相干点光源 S_1 和 S_2,发出波长为 λ 的光.A 是它们连线的中垂线上的一点.若在 S_1 与 A 点之间插入厚度为 e、折射率为 n 的薄玻璃片,则两光源发出的光在 A 点的相位差 $\Delta\varphi=$_____.若已知 $\lambda=500$ nm,$n=1.5$,A 点恰为第 4 级明纹中心,则 $e=$_____nm.

4. 如图 10-29 所示,在双缝干涉实验中,S 到 S_1、S_2 的距离相等,用波长为 λ 的光照射双缝 S_1 和 S_2,通过空气后在屏幕 H 上形成干涉条纹.已知 P 点处为第 3 级明纹,则 S_1 和 S_2 到 P 点的光程差为_____.若将整个装置放于某种透明液体中,P 点为第 4 级明纹,则该液体的折射率 $n=$_____.

5. 透镜表面通常镀一层如 MgF_2($n=1.38$)一类的透明物质薄膜,目的是利用干涉来降低玻璃表面的反射.为了使透镜在可见光谱的中心波长(550 nm)处产生极小的反射,则镀层的厚度最少为_____.

6. 波长为 λ 的平行单色光垂直照射到劈尖薄膜上,劈尖薄膜的折射率为 n,第 2 级明纹与第 5 级明纹所对应的薄膜厚度之差是_____.

7. 利用劈尖的等厚干涉条纹可以测量很小的角度.今在很薄的劈尖玻璃板上,垂直射入波长为 589.3 nm 的钠光,相邻暗纹间距为 5.0 mm,玻璃的折射率为 1.52,则此劈尖的夹角为_____.

8. 波长为 680 nm 的平行光垂直照射到 12 cm 长的两块玻璃片上,两玻璃片一边相互接触,另一边被厚为 0.048 mm 的纸片隔开,则在这 12 cm 内呈现_____条明纹.

9. 波长 $\lambda=600$ nm 的单色光垂直照射到牛顿环的装置上,第 2 级明纹与第 5 级明纹所对应的空气膜厚度之差为_____nm.

10. 折射率 $n_2=1.2$ 的油滴掉在 $n_3=1.50$ 的平板玻璃上,形成一上表面近似于球面的油膜,用单色光垂直照射油膜,看到油膜周边是_____.(填"明环"或"暗环")

11. 惠更斯引入_____的概念提出了惠更斯原理,菲涅耳再用_____的思想补充了惠更斯原理,发展成了惠更斯-菲涅耳原理.

12. 在单缝夫琅禾费衍射示意图 10-30 中,所画出的各条入射光线间距离相等,那么光线 1 与 3 在屏幕上 P 点相遇时的相位差为_____,P 点应为_____点.

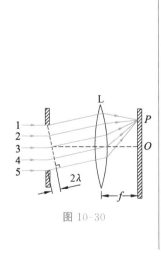

图 10-30

13. 如图 10-31 所示，用波长 $\lambda = 500$ nm 的单色光垂直照射单缝，透镜 L 的焦距 $f = 0.4$ m.

（1）如果点 P 是第 1 级暗纹所在位置，那么 AB 之间的距离是_____；

（2）如果点 P 是第 2 级暗纹所在位置，且 $y = 2.0 \times 10^{-3}$ m，则单缝的宽度 $b =$ _____；

（3）如果改变单缝的宽度，使点 P 处变为第 1 级明纹中心，此时单缝的宽度 $b' =$ _____.

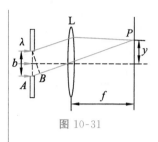

图 10-31

14. 钠光通过宽 0.2 mm 的狭缝后，投射到与缝相距 300 cm 的照相底片上.所得的第一最小值与第二最小值间的距离为 0.885 cm，则钠光的波长为_____.若改用 X 射线（$\lambda = 0.1$ nm）做此实验，则底片上这两个最小值之间的距离为_____.

15. 为测定一个光栅的光栅常数，用波长 632.8 nm 的光垂直照射光栅，测得第 1 级主极大的衍射角为 $18°$，则光栅常数 $d =$ _____，第 2 级主极大的衍射角 $\theta =$ _____.

16. 可见光的波长范围是 $400 \sim 760$ nm，用平行的白光垂直入射在平面透射光栅上时，它产生的不与另一级光谱重叠的完整的可见光光谱是第_____级光谱.

17. 使光强为 I_0 的自然光依次垂直通过三块偏振片 P_1、P_2 和 P_3，其偏振化方向均成 $45°$ 角，则透过三块偏振片后的光强 I 为_____.

18. 如图 10-32 所示的杨氏双缝干涉装置，若用单色自然光照射狭缝 S，在屏幕上能看到干涉条纹.若在双缝 S_1 和 S_2 的前面分别加一同质同厚的偏振片 P_1、P_2，则当 P_1 与 P_2 的偏振化方向相互_____时，在屏幕上仍能看到很清楚的干涉条纹.

19. 检验自然光、线偏振光和部分偏振光时，使被检验光入射到偏振片上，然后旋转偏振片.若从偏振片射出的光线_____，则入射光为自然光；若射出的光线_____，则入射光为部分偏振光；若射出的光线_____，则入射光为完全偏振光.

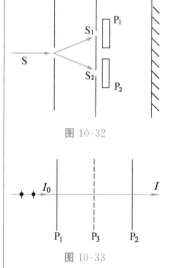

图 10-32

20. 如图 10-33 所示，P_1、P_2 为偏振化方向间夹角为 α 的两个偏振片，光强为 I_0 的平行自然光垂直入射到 P_1 表面上，则通过 P_2 的光强 $I =$ _____.

若在 P_1、P_2 之间插入第三块偏振片 P_3，则通过 P_2 的光强发生了变化.实验发现，以光线为轴旋转 P_2，使其偏振化方向旋转一角度 θ 后，发生消光现象，从而可以推算出 P_3 的偏振化方向与 P_1 的偏振化方向之间的夹角 $\alpha' =$ _____.（假设题中所涉及的角均为锐角，且 $\alpha' < \alpha$）

图 10-33

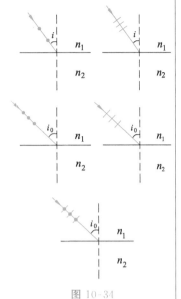

图 10-34

21. 在图 10-34 所示的五幅图中，前四幅图表示线偏振光入射于两种介质的分界面上，最后一幅图表示入射光是自然光. n_1、n_2 为两种介质的折射率且 $n_2 > n_1$，图中入射角 $i_0 = \arctan \dfrac{n_2}{n_1}$，$i < i_0$. 试在图上画出实际存在的折射光线和反射光线，并用点或短线把振动方向表示出来.

（三）计算题

1. 薄钢片上有两条紧靠的平行细缝，有波长 $\lambda = 456.1$ nm 的平面光波正入射到钢片上. 屏幕距双缝的距离 $D = 2.00$ m，测得中央明纹两侧的第 5 级明纹间的距离 $\Delta x = 12.0$ mm.

（1）求两缝间的距离；

（2）从任一明纹（记作 0）向一边数到第 20 条明纹，共经过多大距离？

2. 波长为 500 nm 的单色平行光垂直照射在间距为 0.5 mm 的双狭缝上，在离狭缝 1 200 mm 的光屏上形成干涉图样.

（1）求干涉条纹的间距；

（2）如果用厚度为 0.01 mm、折射率为 1.58 的透明薄膜覆盖在其中一条缝的后面，求干涉条纹移动的距离和方向.

3. 在杨氏双缝实验装置中，光源波长为 640 nm，两狭缝间距为 0.4 mm，光屏离狭缝的距离为 50 cm.

（1）求光屏上第 1 级亮纹和中央亮纹之间的距离；

（2）若 P 点离中央亮纹的距离为 0.1 mm，问两束光在 P 点的相位差是多少？

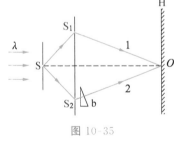

图 10-35

4. 如图 10-35 所示，用波长为 λ 的单色光垂直照射双缝干涉实验装置，并将一折射率为 n、劈角为 $\alpha(\alpha$ 很小）的透明劈尖 b 插入光线 2 中. 设缝光源 S 和屏 H 上的 O 点都在双缝 S_1 和 S_2 连线的中垂线上. 问要使 O 点的光强由最亮变为最暗，劈尖 b 至少应向上移动多大距离 d（只遮住 S_2）？

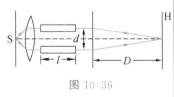

图 10-36

5. 图 10-36 所示为用双缝干涉来测定空气折射率的装置. 实验前，在长度为 l 的两个相同密封玻璃管内都充以一大气压的空气. 现将上管中的空气逐渐抽去，则

（1）光屏上的干涉条纹将向什么方向移动？

（2）当上管中空气完全被抽到真空时，发现屏上波长为 λ 的干涉条纹移动 N 条，试计算空气的折射率.

6. 白光垂直照射到空气中一厚度为 360 nm 的肥皂膜上，试问肥皂膜表面呈现什么颜色？（肥皂膜的折射率为 1.33）

7. 在折射率 $n=1.50$ 的玻璃上,镀上折射率 $n'=1.35$ 的透明介质薄膜.入射光垂直于介质膜表面照射,观察反射光的干涉,发现对 $\lambda_1=600$ nm 的光干涉相消,对 $\lambda_2=700$ nm 的光干涉相长,且在 $600\sim700$ nm 之间没有别的波长是最大限度相消或相长的情形,求所镀介质膜的厚度.

8. 在 Si 的表面镀了一层厚度均匀的 SiO_2 薄膜,为了测量薄膜的厚度 d,将它的一部分磨成劈形(图 10-37).现用波长为 600 nm 的平行光垂直照射,观察反射光形成的干涉条纹.图中 AB 段共有 6 条暗纹,且 B 处恰好是一条暗纹,求薄膜的厚度.(Si 的折射率为 3.42,SiO_2 的折射率为 1.50)

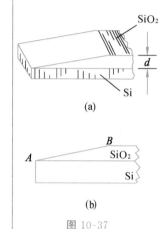

(a)

(b)

图 10-37

9. 用波长 $\lambda=500$ nm 的单色光垂直照射在由两块玻璃板构成的空气劈尖上(一端刚好接触成为劈棱),劈尖角 $\theta=2\times10^{-4}$ rad,如果劈尖内充满折射率 $n=1.40$ 的液体,求从劈棱数起第 5 级明纹在充入液体前后移动的距离.

10. 用不同波长 $\lambda_1=600$ nm 和 $\lambda_2=450$ nm 的光观察牛顿环,观察到用 λ_1 时第 k 个暗环与用 λ_2 时的第 $k+1$ 个暗环重合,已知透镜的曲率半径为 190 cm,求 λ_1 时第 k 个暗环的半径.

11. 用波长为 λ 的平行单色光垂直照射图 10-38 所示的装置,观察空气薄膜上下表面反射光形成的等厚干涉条纹.试在装置图下方的方框内画出相应的干涉条纹,只画暗纹,表示出它们的形状、条数和疏密.

12. 如图 10-39 所示,n_1 为空气的折射率,折射率 $n_2=1.2$ 的油滴落在 $n_3=1.50$ 的平板玻璃上,形成一上表面近似于球面的油膜,测得油膜中心最高处的高度 $d_m=1.1$ μm,用 $\lambda=600$ nm 的单色光垂直照射油膜.问:

(1) 油膜周边是暗环还是明环?

(2) 整个油膜可看到几个完整暗环?

13. 波长为 600 nm 的单色光垂直入射在宽度 $b=0.10$ mm 的单缝上,观察夫琅禾费衍射图样,透镜的焦距 $f=1.0$ m,屏在透镜的焦平面处.试求:

(1) 中央衍射明纹的宽度 Δx_0;

(2) 第 2 级暗纹离透镜焦点的距离 x_2.

14. 波长为 480 nm 的平行单色光垂直照射到宽度为 0.4 mm 的狭缝上,缝后放一焦距为 60 cm 的会聚透镜,在焦平面处有一接收屏,屏上有一点 P.分别计算当缝的两边到 P 点的相位差为 $\dfrac{\pi}{2}$ 和 $\dfrac{\pi}{6}$ 时 P 点离焦点的距离.

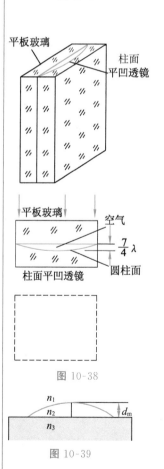

图 10-38

图 10-39

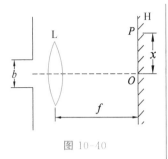

图 10-40

15. 如图 10-40 所示,狭缝宽度 $b=0.60$ mm,透镜焦距 $f=0.40$ m,一与缝平行的屏 H 放在透镜的焦平面处,若以单色平行光垂直照射狭缝,则在屏上离 O 点 $x=1.4$ mm 的 P 点看到衍射明纹.试求:

(1) 该入射光的波长;

(2) P 点条纹的级数;

(3) 从 P 点看,对该光波而言,狭缝处的波阵面可作半波带的数目.

16. (1) 在单缝夫琅禾费衍射实验中,入射光中有两种波长的光,$\lambda_1=400$ nm,$\lambda_2=760$ nm.已知单缝宽度 $b=1.0\times10^{-2}$ cm,透镜焦距 $f=50$ cm.求这两种光的第 1 级衍射明纹中心的距离.

(2) 若用光栅常数 $d=1.0\times10^{-3}$ cm 的光栅替换单缝,其他条件和上一问相同,求这两种光第 1 级主极大之间的距离.

17. 用钠光($\lambda=589.3$ nm)垂直照射到某光栅上,测得第 3 级光谱的衍射角为 $60°$.

(1) 若换用另一光源测得第 2 级光谱的衍射角为 $30°$,求后一光源发光的波长;

(2) 若以白光($400\sim760$ nm)照射在该光栅上,求第 2 级光谱的张角.

18. 一衍射光栅,每厘米有 200 条透光缝,每条透光缝宽 $b=2\times10^{-3}$ cm,在光栅后放一焦距 $f=1$ m 的凸透镜,现以 $\lambda=600$ nm 的单色平行光垂直照射光栅.试问:

(1) 透光缝的单缝衍射中央明纹宽度为多少?

(2) 在该宽度内有几个光栅衍射主极大?

19. 由强度为 I_a 的自然光和强度为 I_b 的线偏振光混合而成的一束入射光,垂直入射在一块偏振片上,当以入射光方向为转轴旋转偏振片时,出射光将出现最大值和最小值,其比值为 n.试求出 $\dfrac{I_a}{I_b}$ 与 n 的关系.

20. 让入射的平面偏振光依次通过偏振片 P_1 和 P_2,P_1 和 P_2 的偏振化方向与原入射光光矢量振动方向的夹角分别为 α 和 β.欲使最后透射光振动方向与原入射光振动方向互相垂直,并且透射光有最大的光强,问 α 和 β 各应满足什么条件?

21. 将三块偏振片叠放在一起,第二块和第三块偏振片的偏振化方向分别与第一块偏振片的偏振化方向成 $45°$ 和 $90°$ 角.

(1) 强度为 I_0 的自然光垂直入射到这一堆偏振片上,试求经每一块偏振片后的光强和偏振状态;

(2) 如果将第二块偏振片抽走,情况又如何?

22. 一束自然光由空气入射到某种不透明介质的表面上,今测得此不透明介质的起偏角为 56°,求这种介质的折射率.若把此种介质放入水(折射率为 1.33)中,使自然光自水中入射到该介质表面上,求此时的起偏角.

光学习题答案

相对论基础

1. 理解伽利略变换及牛顿力学的绝对时空观.

2. 了解迈克耳孙-莫雷实验.

3. 理解狭义相对论的两条基本原理,掌握洛伦兹变换式.

4. 理解同时的相对性,以及长度收缩和时间延缓的概念,掌握狭义相对论的时空观.

5. 掌握狭义相对论中质量、动量与速度的关系及质量与能量间的关系.

二、主要内容及例题

（一）狭义相对论的基本原理

爱因斯坦相对性原理：物理定律在所有的惯性系中都具有相同的表达形式,即所有惯性参考系对运动的描述都是等效的.

光速不变原理：真空中的光速是常量,与光源或观测者的运动无关.

（二）洛伦兹坐标变换式

设 $S'(x',y',z',t')$ 系相对于 $S(x,y,z,t)$ 系以匀速度 v 沿 x 轴运动,在 $t=t'=0$ 时,两坐标系的原点 O、O' 重合,观察两参考系中同一事件的时空关系,有

洛伦兹坐标变换式：

狭义相对论的
两条基本原理

洛伦兹变换

$$\begin{cases} x'=\dfrac{x-vt}{\sqrt{1-\left(\dfrac{v}{c}\right)^2}}, \\ y'=y, \\ z'=z, \\ t'=\dfrac{t-\dfrac{vx}{c^2}}{\sqrt{1-\left(\dfrac{v}{c}\right)^2}} \end{cases} \tag{11-1}$$

逆变换为

$$
\begin{cases}
x=\dfrac{x'+vt'}{\sqrt{1-\left(\dfrac{v}{c}\right)^2}}, \\
y=y', \\
z=z', \\
t=\dfrac{t'+\dfrac{vx'}{c^2}}{\sqrt{1-\left(\dfrac{v}{c}\right)^2}}
\end{cases}
\qquad (11\text{-}2)
$$

例 11-1 设 S' 系以速度 $v=0.6c$ 相对于 S 系沿 x 轴运动,且在 $t=t'=0$ 时,$x=x'=0$.

(1) 若有一物体,在 S 系中发生一事件于 $t=2\times10^{-7}$ s、$x=50$ m 处,则该事件在 S' 系中发生在何时、何处?

(2) 此后,该物体发生的另一个事件在 S 系中发生在 $t=3\times10^{-7}$ s、$x=10$ m 处,在 S' 系中测得这两个事件的时间间隔为多少?

分析: 这是已知在 S 参考系中的时间和坐标,求在 S' 系中发生事件的时间和坐标,可直接利用洛伦兹坐标变换式求解.

解答:(1) 由洛伦兹坐标变换式可得 S' 系观察者测得的第一事件发生的时间和地点分别为

$$
t_1'=\frac{t_1-\dfrac{vx_1}{c^2}}{\sqrt{1-\left(\dfrac{v}{c}\right)^2}}=1.25\times10^{-7}\text{ s}
$$

$$
x_1'=\frac{x_1-vt_1}{\sqrt{1-\left(\dfrac{v}{c}\right)^2}}=17.5\text{ m}
$$

(2) 同理,第二个事件的发生时刻为

$$
t_2'=\frac{t_2-\dfrac{vx_2}{c^2}}{\sqrt{1-\left(\dfrac{v}{c}\right)^2}}=3.5\times10^{-7}\text{ s}
$$

所以,在 S' 系中两个事件的时间间隔为

$$
\Delta t'=t_2'-t_1'=2.25\times10^{-7}\text{ s}
$$

注意: 从洛伦兹坐标变换式可以看出,空间与时间是紧密联系、不可分割的.离开时间的空间和离开空间的时间都是不可能的.不存在孤立的时间,也不存在孤立的空间,只存在时空的统一体.

（三）狭义相对论时空观

当两个事件在惯性系 S 中发生的时空位置分别为 (x_1, y_1, z_1, t_1) 和 (x_2, y_2, z_2, t_2)，在惯性系 S' 中发生的时空位置分别为 (x_1', y_1', z_1', t_1') 和 (x_2', y_2', z_2', t_2') 时，在惯性系 S 中两个事件的空间和时间间隔分别为 $\Delta x = x_2 - x_1$ 和 $\Delta t = t_2 - t_1$. 根据洛伦兹坐标变换式，在惯性系 S' 中两个事件的空间和时间间隔分别为

$$\Delta x' = \frac{\Delta x - v\Delta t}{\sqrt{1 - \left(\dfrac{v}{c}\right)^2}} \tag{11-3}$$

$$\Delta t' = \frac{\Delta t - \dfrac{v}{c^2}\Delta x}{\sqrt{1 - \left(\dfrac{v}{c}\right)^2}} \tag{11-4}$$

1. 同时是相对的.

在惯性系 S 中同时发生的两个事件满足 $\Delta t = t_2 - t_1 = 0$，在惯性系 S' 中 $\Delta t' = \dfrac{-\dfrac{v}{c^2}\Delta x}{\sqrt{1 - \left(\dfrac{v}{c}\right)^2}}$（不一定是同时发生的）. 仅当这两个事件在惯性系 S 中同时且同地发生时，在 S' 中才是同时的. 同理，在考虑惯性系 S' 中同时发生的两个事件时，上述结论依然成立.

2. 时间延缓效应.

时间测量是指观测者记录下的"同地"两个事件时间差别. 在与物体相对静止的参照系中测量出来的时间间隔，称为固有时间 Δt_0. 在与物体相对运动的参考系中测出的时间间隔会产生"延缓"，其值为

$$\Delta t = \frac{\Delta t_0}{\sqrt{1 - \left(\dfrac{v}{c}\right)^2}} \tag{11-5}$$

3. 长度收缩效应.

长度是指观测者记录下的物体两端的"同时"位置. 在与物体相对静止的参照系中测量出来的长度，称为固有长度 l_0. 在与物体相对运动的参照系中测出的长度会在运动方向上产生"收缩"，其值为

$$l = l_0 \sqrt{1 - \left(\dfrac{v}{c}\right)^2} \tag{11-6}$$

同时的相对性

时间延缓效应

双生子佯谬
双生子效应

长度的收缩

火车进隧道效应

例 11-2 宇宙线在大气上层产生的 μ 子是一种不稳定的粒子,在静止参考系中观察,它们平均经过 2×10^{-6} s(其固有寿命)就衰变为电子和中微子,其速度可以达到 $0.998c$.问:μ 子可以穿透 9 000 多米的大气到达地面的实验室并被实验人员探测到吗?

分析:以地面为参考系,如果没有时间延缓效应,μ 子从产生到衰变的一段时间里平均走过的距离为

$$\Delta x = v\Delta t = 0.998c\times2\times10^{-6}\approx600(\text{m})$$

μ 子是不可能到达地面的实验室的.但实际上,地面的实验人员观察 μ 子,μ 子是运动的,所以 μ 子的"运动寿命"会延缓.因此,要考虑时间延缓效应.另外,若从 μ 子的参考系来观察,大气层就不是 9 000 多米,因为长度有收缩效应.

解答:解法一 以地面为参考系,μ 子的"运动寿命"为

$$\Delta t = \frac{\Delta t_0}{\sqrt{1-\dfrac{v^2}{c^2}}} = \frac{2\times10^{-6}}{\sqrt{1-0.998^2}} \approx 3.16\times10^{-5}(\text{s})$$

$$\Delta x = v\cdot\Delta t = 0.998c\times3.16\times10^{-5}\approx9\,500(\text{m})$$

所以 μ 子可以穿透 9 000 多米的大气到达地面的实验室.

解法二 以 μ 子为参考系,μ 子从产生到衰变的一段时间平均走过的距离为

$$\Delta x = v\Delta t = 0.998c\times2\times10^{-6}\approx600(\text{m})$$

而大气层的距离

$$l = l_0\sqrt{1-\frac{v^2}{c^2}} = 9\,000\sqrt{1-0.998^2}\approx570(\text{m})$$

所以 μ 子可以穿透大气到达地面的实验室并被实验人员探测到.

注意:解答相对论的题时确定好参考系非常重要.

例 11-3 一列火车长 0.30 km(火车上观察者测得),以 100 km·h^{-1} 的速度行驶,地面上观察者发现有两个闪电同时击中火车的前后两端.问火车上的观察者测得两个闪电击中火车前后两端的时间间隔为多少?

分析:首先应确定参考系,如设地面为 S 系,火车为 S' 系,把两闪电击中火车前后端视为两个事件(两组不同的时空坐标).地面观察者看到两闪电同时击中,即两闪电在 S 系中的时间间隔 $\Delta t = t_2 - t_1 = 0$.火车的长度是相对火车静止的观察者测得的长度(注:物体长度在不指明观察者的情况下,均指相对其静止参考系测得的长度),即两个事件在 S' 系中的空间间隔 $\Delta x' = x_2' - x_1' = 0.30\times10^3$ m.S' 系相对 S 系的速度即为火车速度(对初学者来说,完成上述基本分析是十分必要的).由洛伦兹变换,可得两个事件时间间隔之间的关系式为

$$t_2 - t_1 = \frac{(t_2'-t_1') + \dfrac{v}{c^2}(x_2'-x_1')}{\sqrt{1-\dfrac{v^2}{c^2}}} \tag{1}$$

$$t_2' - t_1' = \frac{(t_2 - t_1) - \dfrac{v}{c^2}(x_2 - x_1)}{\sqrt{1 - \dfrac{v^2}{c^2}}} \tag{2}$$

将已知条件代入式(1)可直接解得结果,也可利用式(2)求解,此时应注意,式中 $x_2 - x_1$ 为地面观察者测得两个事件的空间间隔,即 S 系中测得的火车长度,而不是火车原长.

运动物体(火车)有长度收缩效应,即 $x_2 - x_1 = (x_2' - x_1')\sqrt{1 - \left(\dfrac{v}{c}\right)^2}$.考虑这一关系,方可利用式(2)求解.

解答:解法一 根据分析,由式(1)可得火车(S'系)上的观察者测得两闪电击中火车前后端的时间间隔为

$$t_2' - t_1' = -\frac{v}{c^2}(x_2' - x_1') \approx -9.26 \times 10^{-14}\ \text{s}$$

负号说明火车上的观察者测得闪电先击中车头 x_2' 处.

解法二 根据分析,将

$$x_2 - x_1 = (x_2' - x_1')\sqrt{1 - \left(\frac{v}{c}\right)^2}$$

代入式(2),也可得与解法一相同的结果.

相对论性动量
和能量

(四) 相对论性动量和能量

1. 相对论性质量.

在狭义相对论中,质量 m 是与速度有关的,称为相对论性质量:

$$m = \frac{m_0}{\sqrt{1 - \left(\dfrac{v}{c}\right)^2}} \tag{11-7}$$

式中, m_0 是质点相对某惯性系静止时的质量,称为静止质量.

2. 相对论性动量:

$$p = mv = \frac{m_0 v}{\sqrt{1 - \left(\dfrac{v}{c}\right)^2}} \tag{11-8}$$

3. 相对论性能量.

物体静止时具有的静止能量:

$$E_0 = m_0 c^2 \tag{11-9}$$

物体运动时具有的总能量:

$$E = mc^2 \tag{11-10}$$

式中, m 为相对论性质量.该方程指出:质量是能量的蕴藏,当一个系统的质量改变 Δm 时,其蕴藏的能量将改变:

$$\Delta E = \Delta mc^2 \tag{11-11}$$

相对论性动能为

$$E_k = E - E_0 = mc^2 - m_0 c^2 \qquad (11\text{-}12)$$

需要注意：经典力学中的动能表达式 $\frac{1}{2}mv^2$ 仅仅是相对论性动能表达式在 $v \ll c$ 情形下的近似.

4. 相对论性动量和能量的关系.

相对论性动量 p、静止能量 E_0 和总能量 E 之间满足如下关系：

$$E^2 = E_0^2 + p^2 c^2 \qquad (11\text{-}13)$$

对光子，$E_0 = 0$，则

$$E = pc \qquad (11\text{-}14)$$

例 11-4　一匀质立方体静止时，测得其长、宽、高分别为 a、b、c，质量为 m_0，若它沿着长度方向以速度 v 运动，则它的体密度为多少？

分析：问这个立方体以速度 v 运动时的体密度，那就是以地面为参考系来测量. 以地面为参考系时，立方体沿长度方向以 v 运动，所以长度要收缩，另外，立方体质量也是运动质量.

解答：运动质量为

$$m = \frac{m_0}{\sqrt{1 - \left(\dfrac{v}{c}\right)^2}}$$

运动方向上长度收缩为

$$l = a\sqrt{1 - \left(\dfrac{v}{c}\right)^2}$$

所以，该匀质立方体的体密度为

$$\rho = \frac{m_0}{abc\left[1 - \left(\dfrac{v}{c}\right)^2\right]}$$

例 11-5　某快速运动的介子总能量为 3 000 MeV，在静止时的能量为 100 MeV. 若这种介子的固有寿命为 2×10^{-6} s，则它到衰变前的运动距离为多少？

分析：这个题是涉及总能量和静止能量方面的题，根据总能量和静止能量可得到运动介子的速率，再利用时间延缓效应，可以得到介子的"运动寿命"，从而可以求到介子在衰变前的运动距离.

解答：由于

$$E = mc^2, \quad E_0 = m_0 c^2$$

则

$$\frac{E_0}{E} = \frac{m_0}{m} = \sqrt{1 - \frac{v^2}{c^2}} = \frac{1}{30}$$

解得

$$v = 0.999c$$

而固有寿命是介子相对观测者静止时测得的,以速度 v 运动后观测者测得的寿命为非固有寿命,即

$$\Delta t = \frac{\Delta t_0}{\sqrt{1-\left(\frac{v}{c}\right)^2}} = 6 \times 10^{-5}(\mathrm{s})$$

因此,观测者测得其运动距离为

$$l = v \cdot \Delta t = 0.999c \times 6 \times 10^{-5} \approx 17\ 982(\mathrm{m})$$

例 11-6 若一电子的总能量为 5.0 MeV,求该电子的静止能量、动能、动量和速度.

分析: 电子的静止能量 $E_0 = m_0 c^2$ 可直接得到,电子的总能量已知,则动能 $E_k = E - E_0$,而动量由 $E^2 = p^2 c^2 + E_0^2$ 可得到.

解答: 电子的静止能量为

$$E_0 = m_0 c^2 = 0.91 \times 10^{-30} \times (3 \times 10^8)^2\ \mathrm{J} \approx 0.512\ \mathrm{MeV}$$

动能 $\qquad\qquad E_k = E - E_0 = (5.0 - 0.512)\mathrm{MeV} = 4.488\ \mathrm{MeV}$

由 $E^2 = p^2 c^2 + E_0^2$,得到电子的动量为

$$p = \frac{1}{c}(E^2 - E_0^2)^{\frac{1}{2}} = 2.65 \times 10^{-21}\ \mathrm{kg \cdot m \cdot s^{-1}}$$

由 $E = \dfrac{E_0}{\sqrt{1-\dfrac{v^2}{c^2}}}$,得到电子的速率为

$$v = c \left(\frac{E^2 - E_0^2}{E^2}\right)^{\frac{1}{2}} = 0.995c$$

三、难点分析

狭义相对论这部分内容学习的难点就在于要彻底摆脱经典力学绝对时空观的束缚,在思想方法上建立全新的狭义相对论时空观,即时空是与物质运动有密切联系且不可分割的.要学会运用狭义相对论的新观点去思考问题.本章的难点之一是对同时的相对性、时空量度的相对性的理解和运用.分析或计算问题时,要分析清楚时空坐标的对应关系和变换关系,是在哪个坐标系中测量,是否属于"同一事件",对长度收缩 $l = l_0 \sqrt{1-\dfrac{v^2}{c^2}}$ 和时间延缓 $\Delta t = \dfrac{\Delta t_0}{\sqrt{1-\dfrac{v^2}{c^2}}}$ 两个公式的理解和使用,要想清楚是在哪个参考系中进行测量的,什么情况下测出来的是固有长度 l_0 和固有时间 Δt_0.本章的难点之二是相对论动力学,要注意物体的质量与速度有关,物

体静止时具有静止能量 E_0.特别值得注意的是,相对论中物体的动能 $E_k = E - E_0 = mc^2 - m_0 c^2 \neq \frac{1}{2}mv^2$.当 $v \ll c$ 时,狭义相对论的时空观、运动学和动力学所给出的规律都会过渡到经典物理规律.

四、习题

（一）选择题

1. 下列说法正确的是 （ ）

（1）两个相互作用的粒子系统对某一惯性系满足动量守恒,对另一个惯性系来说,其动量不一定守恒;

（2）在真空中,光的速度与光的频率、光源的运动状态无关;

（3）在任何惯性系中,光在真空中沿任何方向的传播速率都相同.

A. 只有（1）、（2）是正确的 　　B. 只有（1）、（3）是正确的

C. 只有（2）、（3）是正确的 　　D. 三种说法都是正确的

2. 宇宙飞船相对于地面以速度 v 匀速直线飞行,某时刻飞船头部的宇航员向尾部发出一个光信号,经过 Δt（飞船上的钟）后,被尾部的接收器收到,则由此可知飞船的固有长度为 （ ）

A. $c\Delta t$ 　　　　　　　　B. $v\Delta t$

C. $c\Delta t\sqrt{1-\left(\dfrac{v}{c}\right)^2}$ 　　　D. $\dfrac{c\Delta t}{\sqrt{1-\left(\dfrac{v}{c}\right)^2}}$

3. 按照相对论时空观,下列叙述正确的是 （ ）

A. 在一个惯性系中两个同时的事件在另一惯性系中一定也是同时事件

B. 在一个惯性系中两个同时的事件在另一惯性系中一定不是同时事件

C. 在一个惯性系中两个同时又同地的事件在另一惯性系中一定也是同时同地事件

D. 在一个惯性系中两个同时不同地的事件在另一惯性系中只可能是同时不同地事件

E. 在一个惯性系中两个同时不同地的事件在另一惯性系中只可能是同地不同时事件

4. 坐在做匀速直线运动的飞船上的旅客,观察到船的前、后门是同时关上的.地面上的观察者看到 （ ）

A. 门同时关上 　　　　　B. 前门先于后门关上

C. 后门先于前门关上 　　D. 不能确定

5. 观察者甲以 $\dfrac{4}{5}c$ 的速度相对静止的观察者乙运动. 若甲携带一长度为 l、横截面积为 S、质量为 m 的棒, 此棒放在运动方向上, 则甲、乙各自测得其密度为 （　　）

  A. $\dfrac{m}{Sl}$、$\dfrac{5}{4}\dfrac{m}{Sl}$ B. $\dfrac{m}{Sl}$、$\dfrac{5}{3}\dfrac{m}{Sl}$

  C. $\dfrac{5}{3}\dfrac{m}{Sl}$、$\dfrac{25}{9}\dfrac{m}{Sl}$ D. $\dfrac{m}{Sl}$、$\dfrac{25}{9}\dfrac{m}{Sl}$

6. 有一直尺固定在 S' 系中, 它与 Ox' 轴的夹角 $\theta'=45°$. 如果 S' 系以速度 v 沿 Ox 轴方向相对于 S 系运动, 则 S 系中观察者测得该尺与 Ox 轴的夹角为 （　　）

  A. 大于 $45°$

  B. 小于 $45°$

  C. 等于 $45°$

  D. 当 S' 系沿 Ox 轴正向运动时, 其夹角大于 $45°$; 当 S' 系沿 Ox 轴负向运动时, 其夹角小于 $45°$

7. 静止的 π^+ 介子的半衰期 $\tau_{\frac{1}{2}}=1.77\times10^{-8}$ s, 假如 π^+ 介子束产生后以速率 $u=0.99c$ 离开介子源, 则在实验室系经过多少米后, 强度减小为原来的一半? （　　）

  A. 5.3   B. 37.2   C. 12.5   D. 263.8

8. 把一个静止质量为 m_0 的粒子, 由静止加速到 $0.6c$（c 为真空中的光速）, 需做的功等于 （　　）

  A. $0.18m_0c^2$ B. $0.25m_0c^2$

  C. $0.36m_0c^2$ D. $1.25m_0c^2$

9. 根据相对论力学, 动能为 $\dfrac{1}{4}$ MeV 的电子的运动速度为（设电子的静止能量为 0.5 MeV） （　　）

  A. $0.1c$ B. $0.5c$ C. $0.75c$ D. $0.85c$

（二）填空题

1. 惯性系 S' 相对于惯性系 S 的速率为 $0.6c$, 在 S 系中观测, 一事件发生在 $t=2\times10^{-4}$ s、$x=5\times10^3$ m 处, 则在 S' 系中观测, 该事件发生在 $t'=$ _____ s、$x'=$ _____ m 处.

2. 地面观测者测得地面上甲、乙两地相距 8.0×10^6 m, 假想一列火车做匀速直线运动, 由甲地到乙地历时 2.0 s. 在一与列车同方向相对地面运行、速率 $u=0.6c$ 的宇宙飞船中观测, 该列车由甲地到乙地相对地面运行的路程为 _____ m, 时间为 _____ s, 速度为 _____ m/s.

3. 一艘飞船以恒定速度 $u=0.6c$ 飞离地球, 假设飞船头部向尾部发出一个光信号,在飞船上测得经 $\Delta t=1$ μs 后尾部接收器接收到该光信号,则地面上观测者测得,在这一过程中,光信号行进的距离为_____ m.

4. 静止时长为 1 200 m 的火车,相对车站以匀速率 u 直线运行,已知车站站台长 900 m,站台上观察者看到车尾通过站台进口时,车头刚好通过站台出口,则车速 $u=$ _____ m/s,车上乘客看站台的长度为_____ m.

5. 牛郎星与地球间距离 16 光年,宇宙飞船若以_____的速度飞行,将用 4 年的时间(宇宙飞船上的钟指示的时间)抵达牛郎星.

6. 设电子的静止质量为 m_0,将此电子从静止开始加速到 $0.1c$ 的速度,需做功_____;将此电子的速度从 $0.9c$ 加速到 $0.99c$,又需做功_____.

7. E_k 是粒子的动能,p 表示它的动量,则粒子的静止能量为_____.

8. 在 $v=$ _____的情况下,粒子的动量等于非相对论性动量的两倍;$v=$ _____时粒子的动能等于其静止能量.

9. 一粒子的动能等于其静止能量的 n 倍,则粒子的速率为_____,粒子的动量为_____.

(三) 计算题

1. S 系中记录到两事件空间间隔 $\Delta x=600$ m,时间间隔 $\Delta t=8\times10^{-7}$ s,而 S' 系中记录 $\Delta t'=0$,求 S' 系相对 S 系的速度.

2. 作为静止的自由粒子时的中子平均寿命为 930 s,它能自发地转变为一个电子、一个质子和一个中微子.试问:一个中子必须以多大的平均最小速率离开太阳,才能在转变之前到达地球? 已知地球到太阳的平均距离为 1.496×10^{11} m.

3. 火箭相对于地面以 $u=0.6c$ 的匀速度向上飞离地球.在火箭发射 10 s 后(火箭上的钟),该火箭向地面发射一导弹,其速度相对于地面为 $v=0.3c$.问:火箭发射后多长时间导弹到达地球(地球上的钟)? 计算中假设地面不动.

4. 一艘宇宙飞船船身固有长度 $l_0=90$ m,相对于地面以 $u=0.8c$ 的匀速度从一观测站的上空飞过.

(1) 观测站测得飞船的船身通过观测站的时间间隔是多少?

(2) 宇航员测得船身通过观测站的时间间隔是多少?

5. 设有宇宙飞船 A 和 B,固有长度均为 $l_0=100$ m,沿同一方向匀速飞行,在飞船 B 上观测飞船 A 的船头、船尾经过飞船 B 船头的时间间隔为 $\dfrac{5}{3}\times10^{-7}$ s.求飞船 B 相对于飞船 A 的速度大小.

6. 一物体的速度使其质量增加了 10%,试问此物体在运动方向上缩短了百分之几?

7. 一静止电子(静止能量为 0.51 MeV)被 1.3 MV 的电势差加速,然后以恒定速度运动.问:

(1)电子在达到最终速度后飞越 8.4 m 的距离需要多长时间?

(2)在与电子的运动相对静止的观察系中测量,电子飞越了多少距离?

8. 若把 $0.5×10^6$ eV 的能量给予电子,使其垂直于磁场运动,其运动轨迹是半径为 2 cm 的圆.

(1)试求该磁场的磁感应强度的大小.

(2)该电子的动质量为静止质量的多少倍?

相对论基础习题答案

第 12 章

量子物理基础

一、基本要求

1. 了解经典物理在说明黑体辐射时所遇到的困难,了解普朗克量子假说的内容和意义.

2. 了解经典理论在解释光电效应时所遇到的困难,掌握爱因斯坦的光子假说、爱因斯坦方程和康普顿效应的实验规律及理论解释.

3. 理解微观粒子的波粒二象性,掌握德布罗意假设及不确定关系.

4. 了解经典物理在应用原子核模型解释氢光谱时所遇到的困难,掌握玻尔氢原子理论.

5. 掌握微观粒子波函数的统计解释及波函数的性质,了解如何应用薛定谔方程处理一维势阱等问题.

6. 理解原子的壳层结构及原子中电子状态按四个量子数分布的规律.

二、主要内容及例题

(一)黑体辐射　普朗克能量子理论

1. 黑体辐射.

(1)热辐射:物体由其温度所决定的电磁辐射称为热辐射.在一定温度 T 下,物理单位表面积在单位时间内发出的辐射能,称为该物体在温度 T 的辐出度 $M(T)$:

$$M(T) = \int_0^\infty M_\lambda(T)\mathrm{d}\lambda \tag{12-1}$$

式中,$M_\lambda(T)$ 表示波长在 $\lambda \to \lambda + \mathrm{d}\lambda$ 范围的辐出度,称为单色辐出度,它是波长 λ 和温度 T 的函数.

(2)黑体:能够全部吸收各种波长辐射能而完全不发生反射和透射的物体称为绝对黑体.黑体的单色辐出度 $M_\lambda(T)$ 的函数形式基于经典物理学理论得到的结果均与实验不符.

黑体辐射

普朗克能量子理论

2. 普朗克能量子理论.

1900 年,普朗克提出了一个全新的黑体 $M_\lambda(T)$ 的表达式,与实验结果符合得很好.他用了一个与经典物理截然不同的假设,即普朗克能量子假设:构成物体的带电粒子可视为谐振子,其能量不可能具有经典物理学所允许的任意值,而是以与谐振子频率成正比的能量子为基本单元来吸收或发射能量.

能量子 $\qquad \varepsilon = h\nu \qquad$ (12-2)

式中,h 为普朗克常量,$h \approx 6.626 \times 10^{-34}$ J·s.

而带电粒子的总能量只能是能量子的整数倍,即 $nh\nu$.其中 n 为正整数,也称量子数.

（二）光电效应

1. 概念:当光照射到金属或金属氧化物等固体表面时,会有电子从表面逸出,这种现象称为光电效应.

光电效应的实验现象

1905 年,爱因斯坦提出了光子学说:光是一束粒子流,光子的能量与光子的频率成正比,即

$$E = h\nu \qquad (12\text{-}3)$$

光的强度 $\qquad I = Nh\nu \qquad$ (12-4)

2. 爱因斯坦的光电效应方程为

$$h\nu = W + \frac{1}{2}mv^2 \qquad (12\text{-}5)$$

光电效应的
量子解释

式中,$\frac{1}{2}mv^2$ 为光电子的最大动能,W 为金属的逸出功.若以 ν_0 表示红限频率,则 $W = h\nu_0$;若以 U_a 表示反向遏止电压,则 $eU_a = \frac{1}{2}mv^2$.因此,光电效应方程可变为

$$eU_a = h\nu - h\nu_0 \qquad (12\text{-}6)$$

3. 光的波粒二象性.

光子的静止质量为 0,所以根据相对论性能量和动量的关系式,可得

光电效应的应用

$$E = pc \qquad (12\text{-}7)$$

所以动量为

$$p = \frac{h\nu}{c} = \frac{h}{\lambda} \qquad (12\text{-}8)$$

与能量表达式(12-3)共同表明光是既具有粒子性也具有波动性的物质.

光的波粒二象性
康普顿实验现象

例 12-1 光电管的阴极用逸出功 $W = 2.2$ eV 的金属制成,今用一单色光照射此光电管,阴极发射出光电子,测得遏止电压 $|U_a| = 5.0$ V,试求:

(1) 光电管阴极金属的光电效应红限波长;

(2) 入射光的波长.

(已知普朗克常量 $h = 6.63 \times 10^{-34}$ J·s,元电荷 $e = 1.6 \times 10^{-19}$ C)

分析:这是光电效应的题,直接利用光电效应方程来解题即可.

解答:(1) 由 $W = h\nu_0 = \dfrac{hc}{\lambda_0}$,得

$$\lambda_0 = \frac{hc}{W} = 5.65 \times 10^{-7} \text{ m} = 565 \text{ nm}$$

(2) 由 $\dfrac{1}{2}mv^2 = e|U_a|$,$h\nu = \dfrac{hc}{\lambda} = e|U_a| + W$,得

$$\lambda = \frac{hc}{e|U_a| + W} = 1.73 \times 10^{-7} \text{ m} = 173 \text{ nm}$$

(三)康普顿效应

1. 概念:当波长为 λ_0 的射线(如 X 射线)投射到石墨等物质上,将发生向各个方向的散射,散射光中除波长不变(λ_0)的射线外,还有波长变长($\lambda > \lambda_0$)的射线,这种现象称为康普顿效应.

2. 实验规律:波长的改变量 $\Delta\lambda = \lambda - \lambda_0$ 与散射角 θ 的关系为

$$\Delta\lambda = \lambda_c(1 - \cos\theta) = 2\lambda_c \sin^2\frac{\theta}{2} \qquad (12\text{-}9)$$

式中,$\lambda_c = \dfrac{h}{m_0 c} = 2.43 \times 10^{-12}$ m,称为康普顿波长.

3. 康普顿效应的光子理论解释:入射的光子与石墨中的自由电子发生完全弹性碰撞,遵守能量守恒和动量守恒定律.

假设入射光的频率为 ν_0,散射光的频率为 ν,电子的静止质量为 m_0,则根据能量守恒有

$$h\nu_0 + m_0 c^2 = h\nu + mc^2 \qquad (12\text{-}10)$$

又由相对论得电子的动能 $E_k = mc^2 - m_0 c^2$,所以

$$h\nu_0 = h\nu + E_k \qquad (12\text{-}11)$$

由于入射光子的能量部分转化为反冲电子的动能,所以散射光子的能量减少,ν 减小,则 λ 增加.

康普顿效应的
定量计算及讨论

例 12-2 波长 $\lambda = 1.00 \times 10^{-10}$ m 的 X 射线与静止的自由电子发生弹性碰撞,在与入射角成 90° 角的方向上观察,问:

(1) 散射波长的改变量 $\Delta\lambda$ 为多少?

（2）反冲电子得到多少动能？

（3）在碰撞中，光子的能量损失了多少？

分析：在已知散射角的基础上求波长改变量 $\Delta\lambda$，只要代入式（12-9）求解即可．根据能量守恒定律，反冲电子获得的能量即为光子损失的能量，可由式（12-11）计算．

解答：（1）$\Delta\lambda = \lambda_c(1-\cos\theta) = \lambda_c(1-\cos90°) = \lambda_c = 2.43\times10^{-12}$ m

（2）反冲电子的动能为

$$E_k = mc^2 - m_0c^2 = \frac{hc}{\lambda} - \frac{hc}{\lambda'} = \frac{hc}{\lambda}\left(1-\frac{\lambda}{\lambda'}\right) = 295 \text{ eV}$$

（3）光子损失的能量等于反冲电子的动能，为 295 eV．

玻尔氢原子理论的
基础

（四）玻尔氢原子理论

1．氢原子光谱的实验规律总结．

里德伯公式

$$\sigma = \frac{1}{\lambda} = R\left(\frac{1}{k^2} - \frac{1}{n^2}\right) \qquad (12\text{-}12)$$

$$k = 1,2,3,\cdots, \quad n = k+1, k+2, \cdots$$

式中，$R = 1.097\times10^7$ m^{-1}，称为里德伯常量，由此式可得出氢原子光谱的线系如下：

莱曼系（$k=1$）：$\sigma = R\left(\frac{1}{1^2} - \frac{1}{n^2}\right)$ （$n=2,3,4,\cdots$）紫外区

巴耳末系（$k=2$）：$\sigma = R\left(\frac{1}{2^2} - \frac{1}{n^2}\right)$ （$n=3,4,5,\cdots$）可见光

帕邢系（$k=3$）：$\sigma = R\left(\frac{1}{3^2} - \frac{1}{n^2}\right)$ （$n=4,5,6,\cdots$）红外区

布拉开系（$k=4$）：$\sigma = R\left(\frac{1}{4^2} - \frac{1}{n^2}\right)$ （$n=5,6,7,\cdots$）红外区

普丰德系（$k=5$）：$\sigma = R\left(\frac{1}{5^2} - \frac{1}{n^2}\right)$ （$n=6,7,8,\cdots$）红外区

2．玻尔氢原子理论．

（1）定态假设：原子能够而且只能够稳定地存在于离散能量相对应的一系列状态——定态，提出（$E_1, E_2, \cdots$）定态能级概念．

玻尔氢原子理论

（2）跃迁条件：

$$h\nu = E_n - E_m \qquad (E_n > E_m) \qquad (12\text{-}13)$$

（3）轨道角动量量子化假设：

$$L = \frac{nh}{2\pi} = n\hbar \qquad (12\text{-}14)$$

3．玻尔氢原子的能级公式和轨道半径公式．

能级：$\qquad E_n = \frac{E_1}{n^2} \quad (n=1,2,3,\cdots) \qquad (12\text{-}15)$

式中，$E_1 = -13.6$ eV，称为基态能量.

轨道半径： $\qquad r_n = n^2 r_1 \quad (n = 1, 2, 3, \cdots)$ $\qquad$ (12-16)

式中，第一轨道半径 $r_1 = 0.053$ nm，称为玻尔半径.

根据玻尔理论得到的氢原子光谱和由实验总结的里德伯公式的结果相一致.

例 12-3 （1）将一个氢原子从基态激发到 $n = 4$ 的激发态需要多少能量？

（2）处于 $n = 4$ 的激发态的氢原子可发出多少条谱线？其中有多少条可见光谱线，其光波波长各为多少？

分析： 求能级跃迁时需要的能量直接用玻尔氢原子的能级公式即可.处于 $n = 4$ 的激发态的氢原子可向低能级跃迁，其中属于可见光谱线的是向 $n = 2$ 的轨道跃迁.

解答： （1）$\Delta E = E_4 - E_1 = \dfrac{E_1}{4^2} - E_1 = \left[\dfrac{-13.6}{4^2} - (-13.6) \right]$ eV

$$\approx 2 \times 10^{-18} \text{ J}$$

（2）在某一瞬间，一个氢原子只能发射与某一谱线相应的一定频率的一个光子，在一段时间内可以发出的谱线跃迁如图 12-1 所示，共有 6 条谱线.

由图 12-1 可知，可见光的谱线属于巴耳末系，为 $n = 4$ 和 $n = 3$ 跃迁到 $n = 2$ 的两条：

$$\frac{1}{\lambda_{42}} = R \left(\frac{1}{2^2} - \frac{1}{4^2} \right) = 1.097 \times 10^7 \times \left(\frac{1}{4} - \frac{1}{16} \right)$$

$$\approx 0.206 \times 10^7 \, (\text{m}^{-1})$$

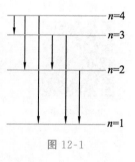

图 12-1

因此 $\qquad\qquad\qquad \lambda_{42} \approx 485.4$ nm

$$\frac{1}{\lambda_{32}} = R \left(\frac{1}{2^2} - \frac{1}{3^2} \right) \approx 0.152 \times 10^7 \text{ m}^{-1}$$

所以 $\qquad\qquad\qquad \lambda_{32} \approx 657.9$ nm

（五）德布罗意波（物质波）

德布罗意提出：实物粒子也具有波粒二象性，与实物粒子相伴随的波称为德布罗意波.

德布罗意波长：

$$\lambda = \frac{h}{p} = \frac{h}{mv} \qquad (12\text{-}17)$$

德布罗意波

德布罗意波与经典意义的波不同，如机械波是机械振动在介质中的传播，而德布罗意波则是对微观粒子运动的统计描述.

德布罗意波是物质波，是概率波，波加强的地方，是粒子出现概率大的地方.

例 12-4 在一电子束中,电子的动能为 200 eV,求此电子的德布罗意波长.

分析：给出电子的动能可以得到电子的速度,有了速度直接利用公式可以求得德布罗意波长.

解答：由于电子的动能值并不大,不必用相对论来处理问题.由 $E_k = \dfrac{1}{2} m_0 v^2$ 得到电子的运动速度为

$$v = \sqrt{\frac{2E_k}{m_0}}$$

电子 $m_0 = 9.1 \times 10^{-31}$ kg,1 eV$=1.6 \times 10^{-19}$ J,代入得

$$v = 8.4 \times 10^6 \text{ m} \cdot \text{s}^{-1}$$

电子的德布罗意波长

$$\lambda = \frac{h}{p} = \frac{h}{m_0 v} = \frac{6.63 \times 10^{-34}}{9.1 \times 10^{-31} \times 8.4 \times 10^6} \approx 8.67 \times 10^{-11} \text{(m)}$$

（六）量子力学简介

不确定关系

* 1. 不确定关系.

$$\Delta x \cdot \Delta p_x \geqslant h, \quad \Delta y \cdot \Delta p_y \geqslant h, \quad \Delta z \cdot \Delta p_z \geqslant h \qquad (12\text{-}18)$$

意义：不确定关系是海森堡在 1927 年首先提出来的.它是粒子波粒二象性的体现,不是测量技术问题,也不是误差,即对于微观粒子,不能同时用确定的位置和确定的动量来描述.如果粒子的坐标确定得越准确,那么粒子的动量在该坐标方向上的分量就确定得越不准确；反之亦然.

2. 波函数.

（1）波函数的概念：电子、质子等微观粒子具有波动性,因此可用波函数描述它的运动状态.对沿 x 方向运动的自由粒子,其相应的波函数为

波函数

$$\Psi(x,t) = \Psi_0 e^{-i\frac{2\pi}{h}(Et - px)} \qquad (12\text{-}19)$$

式(12-19)即为描述能量为 E、动量为 p 的自由粒子物质波的波函数.

波函数振幅的平方为

$$|\Psi_0|^2 = \Psi \Psi^* = |\Psi|^2 \qquad (12\text{-}20)$$

式中,Ψ^* 为波函数 Ψ 的共轭复数,$|\Psi|^2$ 称为概率密度.

（2）波函数的统计意义.

对应于自由粒子在空间的一个状态,就有一由伴随该状态的德布罗意波确定的概率,所以该波又叫作概率波.

（3）波函数的归一化条件.

粒子在整个空间出现的概率为

$$\iiint_{-\infty}^{+\infty} | \varPsi |^2 \mathrm{d}x\,\mathrm{d}y\,\mathrm{d}z = 1 \qquad (12\text{-}21)$$

式(12-21)称为波函数的归一化条件.

波函数的标准化条件：波函数是单值、有限、连续函数.

*3. 薛定谔方程.

在量子力学中,用波函数描述微观粒子的运动状态,而波函数满足薛定谔方程.势场中一维运动粒子的定态薛定谔方程为

$$\frac{\mathrm{d}^2 \varPsi(x)}{\mathrm{d}x^2} + \frac{8\pi^2 m}{h}(E-E_{\mathrm{p}})\varPsi(x) = 0 \qquad (12\text{-}22)$$

薛定谔方程

*4. 原子中电子的壳层结构.

（1）四个量子数.

原子中电子的状态可由四个量子数来决定：

① 主量子数 $n=1,2,3,\cdots$,可决定电子中主要能量.

② 副量子数 $l=0,1,2,\cdots,n-1$,可决定电子绕核运动的动量矩.

③ 磁量子数 $m_l=0,\pm1,\pm2,\cdots,\pm l$,可决定电子绕核运动轨道动量矩空间取向.

④ 自旋量子数 $m_s=\pm\dfrac{1}{2}$,决定电子自旋动量矩空间取向.最早证实电子自旋的实验是斯特恩-盖拉赫实验.

氢原子的量子理论
和四个量子数

（2）电子的排列遵循泡利不相容原理和能量最小原理,它是按照壳层和分壳层分布的.

当 n 一定时,不同量子态的数目为 $2n^2$；当 n、l 一定时,不同量子态的数目为 $2(2l+1)$；当 n、l、m_l 一定时,不同量子态的数目为 2.

例 12-5 一维无限深势阱中粒子的定态波函数为

$$\varPsi_n = \sqrt{\frac{2}{a}}\sin\frac{n\pi x}{a}$$

求：（1）粒子处于基态时的概率密度；

（2）粒子处于 $n=1$ 的状态时,在 $x=0$ 到 $x=\dfrac{a}{3}$ 之间找到粒子的概率.

解答：（1）概率密度为

$$| \varPsi_n |^2 = \frac{2}{a}\sin^2\left(\frac{n\pi x}{a}\right), \quad n=1,2,3,\cdots$$

当 $n=1$ 时, $\qquad | \varPsi_n |^2 = \dfrac{2}{a}\sin^2\left(\dfrac{\pi x}{a}\right)$

（2）在 $x=0$ 到 $x=\dfrac{a}{3}$ 之间找到粒子的概率为

$$\int_0^{\frac{a}{3}} \frac{2}{a} \sin^2\left(\frac{\pi x}{a}\right) \mathrm{d}x = \frac{2}{a} \int_0^{\frac{a}{3}} \sin^2 \frac{\pi x}{a} \cdot \frac{a}{\pi} \mathrm{d}\left(\frac{\pi}{a}x\right)$$

$$= \frac{2}{\pi}\left[\frac{1}{2}\frac{\pi}{a}x - \frac{1}{4}\sin\frac{2\pi x}{a}\right]\Bigg|_0^{\frac{a}{3}} = 0.195$$

例 12-6 求波函数归一化常数和概率密度.

$$\Psi(x) = \begin{cases} 0, & x \leqslant 0, x \geqslant a \\ A\mathrm{e}^{-\frac{\mathrm{i}}{\hbar}Et}\sin\frac{\pi}{a}x, & 0 < x < a \end{cases}$$

解答： 利用归一化条件：

$$\int_{-\infty}^{+\infty} |\Psi(x)|^2 \mathrm{d}x = \int_0^a A^2 \sin^2 \frac{\pi x}{a} \mathrm{d}x = \frac{A^2 a}{2} = 1$$

求得 $A = \sqrt{\dfrac{2}{a}}$，则概率密度为

$$p = |\Psi|^2 = \begin{cases} 0, & x \leqslant 0, x \geqslant a \\ \dfrac{2}{a}\sin^2\dfrac{\pi x}{a}, & 0 < x < a \end{cases}$$

三、难点分析

　　量子物理的学习难点在于如何正确理解微观领域中经典物理不再适用，要理解量子理论建立的过程.本章的难点之一是对黑体辐射实验、光电效应、康普顿效应、玻尔氢原子理论等的理解.首先从一些实验现象的描述，试图用经典理论加以解释，出现矛盾，解释失败，从而不得不突破旧理论，以假设的形式提出新观点，在新观点的基础上能对实验结果做出完美的解释，然后提出的假设就成了新的理论.在此基础上再去理解新理论的含义，掌握新理论的一些基本概念和结论.

　　本章的难点之二是量子物理中抽象的概念和原理，需突破经典物理形成的思维定势，要理解德布罗意波、实物粒子的波粒二象性、不确定关系、波函数等概念和物理意义，构建微观领域中实物粒子运动的图像.

　　本章的难点之三是能否基于薛定谔方程理解氢原子核外电子运动的数学图像是"电子云"图，要与经典的电子运动轨道划清界限，要弄清楚 n、l、m_l 量子数在量子力学中不是人为设立的，而是在求解薛定谔方程的过程中自然出现的，说明只有量子力学才能

解释粒子运动状态的量子化和量子化条件.

本章的难点之四是如何理解电子自旋及用来描述核外电子状态的物理量是四个量子数,并基于泡利不相容原理和能量最小原理掌握多电子原子体系中电子的分布规律和相应的电子组态.

四、习题

(一) 选择题

1. 黑体辐射、光电效应及康普顿效应皆突出表明了光的 ( )

A. 波动性   B. 粒子性   C. 单色性   D. 偏振性

2. 对于同一种金属,频率为 ν_1 和 ν_2 的两种单色光均能产生光电效应.已知此金属的红限频率为 ν_0,测得两种单色光的截止电压分别为 U_{a1} 和 $U_{a2}(2U_{a1}=U_{a2})$,则 ( )

A. $\nu_2=\nu_1-\nu_0$ B. $\nu_2=\nu_1+\nu_0$

C. $\nu_2=2\nu_1-\nu_0$ D. $\nu_2=\nu_1-2\nu_0$

3. 已知某单色光照射到一金属表面产生了光电效应,若此金属的逸出电势是 U_0(使电子从金属逸出需做功 eU_0),则此单色光的波长 λ 必须满足 ( )

A. $\lambda \leqslant \dfrac{hc}{eU_0}$ B. $\lambda \geqslant \dfrac{hc}{eU_0}$ C. $\lambda \leqslant \dfrac{eU_0}{hc}$ D. $\lambda \geqslant \dfrac{eU_0}{hc}$

4. 用频率为 ν_1 的单色光照射某种金属时,逸出光电子的最大动能为 E_k;若改用频率为 $2\nu_1$ 的单色光照射此种金属时,则逸出光电子的最大动能为 ( )

A. $2E_k$ B. $2h\nu_1-E_k$

C. $h\nu_1-E_k$ D. $h\nu_1+E_k$

5. 在光电效应实验中,测得某金属的遏止电压 $|U_a|$ 与入射光频率 ν 的关系曲线如图 12-2 所示,则该金属的逸出功为 ( )

A. 5 eV   B. 4 eV   C. 3 eV   D. 2 eV

6. 当照射光的波长从 λ_1 变到 λ_2 时$(\lambda_1>\lambda_2)$,对同一金属,在光电效应实验中测得的遏止电压将 ( )

A. 减小 $\dfrac{hc}{e}\left(\dfrac{1}{\lambda_2}-\dfrac{1}{\lambda_1}\right)$ B. 增大 $\dfrac{hc}{e}\left(\dfrac{1}{\lambda_2}+\dfrac{1}{\lambda_1}\right)$

C. 减小 $\dfrac{hc}{e}\left(\dfrac{1}{\lambda_2}+\dfrac{1}{\lambda_1}\right)$ D. 增大 $\dfrac{hc}{e}\left(\dfrac{1}{\lambda_2}-\dfrac{1}{\lambda_1}\right)$

7. 关于光电效应和康普顿效应中电子与光子的相互作用过程,下列说法正确的是 ( )

A. 两种效应中电子和光子的相互作用都服从动量守恒定律和能量守恒定律

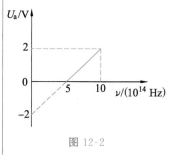

图 12-2

B. 前一效应中电子吸收光子能量,后一效应中电子与光子的相互作用是弹性碰撞过程

C. 两种效应中电子和光子的相互作用都是弹性碰撞过程

D. 以上说法都不正确

8. 光子能量为 0.5 MeV 的 X 射线,入射到某种物质上而发生康普顿散射.若反冲电子的动能为 0.1 MeV,则散射光波长的改变量 $\Delta\lambda$ 与入射光波长 λ_0 之比为 （　　）

A. 0.20　　　B. 0.25　　　C. 0.30　　　D. 0.35

9. 在康普顿效应实验中,若散射光波长是入射光波长的 1.2 倍,则散射光光子能量与反冲电子动能之比为 （　　）

A. 2　　　　B. 3　　　　C. 4　　　　D. 5

10. 康普顿效应的主要特点是 （　　）

A. 散射光的波长均比入射光的波长短,且随散射角增大而减小,但与散射体的性质无关

B. 散射光的波长均与入射光的波长相同,与散射角、散射体的性质无关

C. 散射光中既有与入射光波长相同的,也有比入射光波长长的和比入射光波长短的,这与散射体的性质有关

D. 散射光中有些波长比入射光的波长长,且随散射角的增大而增大,有些散射光的波长与入射光的波长相同,这都与散射体的性质无关

11. 已知氢原子从基态激发到某一定态所需能量为 10.19 eV,若氢原子从能量为 -0.85 eV 的状态跃迁到上述定态时,所发射光子的能量为 （　　）

A. 2.56 eV　　B. 3.14 eV　　C. 4.25 eV　　D. 9.95 eV

12. 氢原子光谱的巴耳末线系中波长最大的谱线用 λ_1 表示,其次波长用 λ_2 表示,则它们的比值 $\lambda_1:\lambda_2$ 为 （　　）

A. 9:8　　　B. 16:9　　　C. 27:20　　　D. 20:27

13. 氢原子的莱曼系是原子由激发态跃迁至基态而发射的谱线系,为使处于基态的氢原子发射此线系中最大波长的谱线,则向该原子提供的能量至少应是 （　　）

A. 1.5 eV　　B. 3.4 eV　　C. 10.2 eV　　D. 13.6 eV

14. 有两种粒子,其质量 $m_1=2m_2$,动能 $E_{k1}=2E_{k2}$,则它们的德布罗意波长之比 $\dfrac{\lambda_1}{\lambda_2}$ 为 （　　）

A. $\dfrac{1}{4}$　　　B. $\dfrac{1}{2}$　　　C. $\dfrac{1}{\sqrt{2}}$　　　D. $\dfrac{1}{8}$

15. 如果两种不同质量的粒子,其德布罗意波长相同,则这两种粒子的 ( )

  A. 动量相同   B. 能量相同

  C. 速度相同   D. 动能相同

16. 某可见光的波长为 500 nm,若电子的德布罗意波长为该值时,其非相对论动能为 ( )

  A. 6.03×10^{-6} eV   B. 7.98×10^{-25} eV

  C. 1.28×10^{-4} eV   D. 6.63×10^{-5} eV

17. 电子显微镜中的电子从静止开始通过电势差为 U 的静电场加速后,其德布罗意波长为 0.04 nm,则 U 约为 ( )

  A. 150 V   B. 330 V   C. 630 V   D. 940 V

18. 粒子在一维无限深方势阱中运动,图 12-3 所示为粒子在某一能态上的波函数 $\Psi(x)$ 的曲线,概率密度最大的位置是
( )

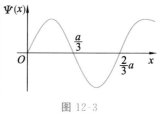

图 12-3

  A. $\dfrac{a}{2}$

  B. $\dfrac{1}{6}a$,$\dfrac{5}{6}a$

  C. $\dfrac{1}{6}a$,$\dfrac{1}{2}a$,$\dfrac{5}{6}a$

  D. 0,$\dfrac{1}{3}a$,$\dfrac{3}{2}a$,a

19. 已知在一维无限深矩形势阱中,粒子的波函数为 $\Psi(x) = \dfrac{1}{\sqrt{a}} \cos \dfrac{3\pi x}{2a}$ $(-a \leqslant x \leqslant a)$,则粒子在 $x = \dfrac{5a}{6}$ 处出现的概率密度为
( )

  A. $\dfrac{1}{2a}$ B. $\dfrac{1}{a}$ C. $\dfrac{1}{\sqrt{a}}$ D. $\dfrac{1}{\sqrt{2a}}$

* 20. 有下列四组量子数:

  (1) $n=3, l=2, m_l=0, m_s=\dfrac{1}{2}$;

  (2) $n=3, l=3, m_l=1, m_s=\dfrac{1}{2}$;

  (3) $n=3, l=1, m_l=-1, m_s=-\dfrac{1}{2}$;

  (4) $n=3, l=0, m_l=0, m_s=-\dfrac{1}{2}$.

其中可以描述原子中电子状态的 ( )

  A. 只有(1)、(3)   B. 只有(2)、(4)

  C. 只有(1)、(3)、(4)   D. 只有(2)、(3)、(4)

* 21. 对于氢原子中处于 $2p$ 状态的电子,描述其量子态的四个量子数(n, l, m_l, m_s) 可能的取值是 ( )

A. $\left(3, 2, 1, -\dfrac{1}{2}\right)$ 　　　　B. $\left(2, 0, 0, \dfrac{1}{2}\right)$

C. $\left(2, 1, -1, -\dfrac{1}{2}\right)$ 　　　D. $\left(1, 0, 0, \dfrac{1}{2}\right)$

（二）填空题

1. 已知某金属的逸出功为 W，用频率为 ν_1 的光照射使金属产生光电效应，则该金属的红限频率 $\nu_0=$ _____，光电子的最大速度 $v_m=$ _____.

2. 当波长为 300 nm 的光照射在某金属表面时，光电子的能量为 $0\sim4.0\times10^{-19}$ J.在做上述光电效应实验时遏止电压为 $|U_0|=$ _____ V，此金属的红限频率 $\nu_0=$ _____ Hz.

3. 分别以频率 ν_1、ν_2 的单色光照射某一光电管，若 $\nu_1>\nu_2$（ν_1、ν_2 均大于红限频率 ν_0），则当两种频率的入射光的光强相同时，所产生的光电子的最大初动能 E_1 _____ E_2，为阻止光电子到达阳极，所加的遏止电压 $|U_{01}|$ _____ $|U_{02}|$，所产生的饱和光电流 I_{01} _____ I_{02}.（填"<"、"="或">"）

4. 在康普顿散射中，当散射光子与入射光子方向所成的夹角 $\varphi=$ _____ 时，散射光子的频率小得最多；当 $\varphi=$ _____ 时，散射光子的频率与入射光子的频率相同.

5. 在康普顿效应中，波长为 λ_0 的入射光子与静止的自由电子碰撞后又反向弹回，则反冲电子获得的动能为 _____.（已知康普顿波长为 λ_c）

6. 使氢原子中电子从 $n=3$ 的状态电离，至少需要供给的能量为 _____ eV.（已知基态氢原子的电离能为 13.6 eV）

7. 在氢原子发射光谱的巴耳末线系中有一频率为 6.15×10^{14} Hz 的谱线，它是氢原子从能级 $E_n=$ _____ eV 跃迁到能级 $E_k=$ _____ eV 而发出的.

8. 能量为 15 eV 的光子，被处于基态的氢原子吸收，使氢原子电离发射一个光电子，则此光电子的德布罗意波长为 _____.

9. 具有相同德布罗意波长的低速运动的质子和 α 粒子的动量之比 $p_p:p_\alpha=$ _____，动能之比 $E_p:E_\alpha=$ _____.

10. $\lambda_0=0.1$ nm 的 X 射线，其光子的能量 $E=$ _____，动量 $p=$ _____.

11. 设描述微观粒子运动的波函数为 $\Psi(r,t)$，则 $\Psi\Psi^*$ 表示 _____.

12. 宽度为 0.1 nm 的无限深势阱中，$n=1$ 时，电子的能量为 _____ eV；宽度为 1 cm 的无限深势阱中，$n=1$ 时，电子的能量为 _____ eV.（$E_n=\dfrac{h^2n^2}{8ma^2}$，$n=1,2,3,\cdots$）

13. 粒子在一维无限深势阱中运动(势阱宽度为 a),其波函数为 $\Psi(x)=\sqrt{\dfrac{2}{a}}\sin\dfrac{3\pi x}{a}(0<x<a)$,则粒子出现的概率最大的各个位置是 $x=$ _____.

(三) 计算及证明题

1. 波长为 λ 的单色光照射某金属 M 表面产生光电效应,发射的光电子(电量绝对值为 e,质量为 m)经狭缝 S 后垂直进入磁感应强度为 $\boldsymbol{B}$ 的均匀磁场,如图 12-4 所示.今已测出电子在该磁场中做圆周运动的最大半径为 R,求:

(1) 金属材料的逸出功;

(2) 遏止电势差.

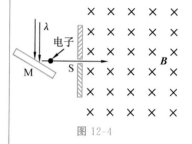

图 12-4

2. 铝的逸出功为 4.2 eV,今用波长为 200 nm 的紫外光照射到铝表面上,发射的光电子的最大初动能为多少? 遏止电势差为多少? 铝的红限波长是多少?

3. 图 12-5 所示为在一次光电效应实验中得出的曲线.

(1) 求证:对不同材料的金属,AB 线的斜率相同;

(2) 由图上数据求出普朗克常量 h.

(基本电荷 $e=1.60\times10^{-19}$ C)

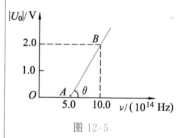

图 12-5

4. 已知 X 射线光子的能量为 0.60 MeV,在康普顿散射之后波长变化了 20%,求反冲电子获得的动能.

5. 波长 $\lambda=0.070\,8$ nm 的 X 射线在石墨上受到康普顿散射,求在 $\dfrac{\pi}{2}$ 和 π 方向上散射 X 射线的波长.

6. 用波长 $\lambda_0=0.1$ nm 的光子做康普顿实验.

(1) 散射角 $\varphi=90°$ 的康普顿散射波长是多少?

(2) 分配给反冲电子的动能有多大?

7. 氢原子光谱的巴耳末线系中,有一光谱线的波长为 434 nm.试问:

(1) 与这一谱线相应的光子能量为多少电子伏特?

(2) 该谱线是氢原子由能级 E_n 跃迁到能级 E_k 产生的,n 和 k 各为多少?

(3) 最高能级为 E_5 的大量氢原子,最多可以发射几个线系? 共几条谱线? 其中属于巴尔末线系的有几条? 请在氢原子能级图中表示出来,并说明波长最短的是哪一条谱线.

8. 将一束光子照射到金属铯上,所释放出的光电子去激发基态氢原子.已知光子的能量 $\varepsilon=14.65$ eV,金属铯的逸出功 $W=1.9$ eV.

(1) 该氢原子将被激发到哪一激发态上?

大学物理学习指导（微课版）

（2）将可能观察到几条氢原子光谱线？求出其中属于莱曼系的谱线波长．

9. 当氢原子从某初始状态跃迁到激发能（从基态到激发态所需的能量）为 $\Delta E = 10.19$ eV 的状态时，发射出光子的波长是 $\lambda = 486$ nm，试求该初始状态的能量和主量子数．

10. α 粒子在磁感应强度 $B = 0.025$ T 的均匀磁场中沿半径 $R = 0.83$ cm 的圆形轨道运动．

（1）试计算其德布罗意波长（α 粒子的质量 $m_\alpha = 6.64 \times 10^{-27}$ kg）；

（2）若使质量 $m = 0.1$ g 的小球以与 α 粒子相同的速率运动，则其波长为多少？

11. 让电子在电压 $U = 300$ V 的电场中加速，已知电子的质量 $m = 9.11 \times 10^{-31}$ kg，电子的电量 $e = 1.60 \times 10^{-19}$ C，初速度为 0，普朗克常量 $h = 6.63 \times 10^{-34}$ J·s．

（1）求加速后电子的德布罗意波长；

（2）若利用金属晶格（大小约 10^{-10} m）作为障碍物，把上述加速过的电子射到金属晶格上后能否得到明显的电子衍射图样，请给出理由．

12. 试证明玻尔圆轨道的周长恰好等于电子的德布罗意波长的整数倍，即定态轨道满足形成驻波的条件．

13. 已知粒子在一维无限深势阱中运动，其波函数 $\Psi(x) = \sqrt{\dfrac{2}{a}} \sin\left(\dfrac{\pi x}{a}\right)\ (0 \leqslant x \leqslant a)$，求：

（1）发现粒子概率最大的位置；

（2）在 $x = 0$ 到 $x = \dfrac{a}{4}$ 区间内发现该粒子的概率．

14. 一粒子被限制在相距为 l 的两个不可穿透的壁之间，如图 12-6 所示．描写粒子状态的波函数 $\Psi = cx(l-x)$，其中 c 为待定常量，求在 $0 \sim \dfrac{l}{4}$ 区间发现粒子的概率．

15. 一个粒子沿 x 方向运动，可以用下列波函数描述：

$$\Psi(x) = \frac{A}{1 + \mathrm{i}x}$$

（1）由归一化条件定出常数 A；

（2）求概率密度；

（3）什么地方出现粒子的概率最大？其最大值为多少？

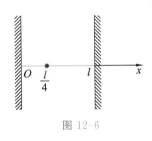

图 12-6